CMP BOOKS
机工IT

计算机前沿技术丛书

图解
仓颉高效编程

吴京润 张琪琛 / 编著

机械工业出版社
CHINA MACHINE PRESS

仓颉编程语言（简称“仓颉”）是全场景应用开发语言，具有强类型、空安全、高效开发、高性能和易学习等优点。在本书中，作者通过丰富的思维导图、流程图、类图、时序图等图解方式，辅以作者独家总结的使用仓颉开发的心得和官方文档未曾提及的诸多细节，完整展示了仓颉的各种特性和重难点。

本书第一作者受邀参加“2024华为开发者年度盛典”并荣获“卓越社区价值贡献奖”，有丰富的 Java、C 等传统编程语言开发经验，书中代码是多年开发经验的总结，作者选取工作中常见和常用的案例和开发框架，用仓颉重新实现它们，并将其运用到仓颉开发当中。这些代码可操作性极强，读者可以基于书中代码实例加以扩展、增强，进而实现自己的开发框架和工具库。

随书附赠完整可运行的案例代码（均配有实际项目代码库）、授课用 PPT 课件、进阶学习视频（扫码观看），以及作者独家设计的应用仓颉开发服务器的工具库等海量学习资源。同时，考虑集合和 IO 两个模块并没有难以理解或者容易用错的 API，基本是重复标准库文档，因此为节约读者学习时间和购书成本，这部分内容以电子书形式提供。以上资源获取方式见本书封底文字说明。

本书适合渴望了解仓颉或需要使用仓颉做开发工作的人群阅读。对于已经掌握数据结构和任意一种编程语言的读者，阅读本书将毫不费力；而对于零基础的读者，也不必过于担心，书中对涉及的技术知识均进行了详细介绍，不会存在阅读障碍。

图书在版编目（CIP）数据

图解仓颉高效编程 / 吴京润，张琪琛编著. -- 北京：机械工业出版社，2025. 4. --（计算机前沿技术丛书）.

ISBN 978-7-111-78042-7

Ⅰ. TP312

中国国家版本馆 CIP 数据核字第 20257T2D51 号

机械工业出版社（北京市百万庄大街 22 号　邮政编码 100037）

策划编辑：丁　伦　　责任编辑：丁　伦　李晓波

责任校对：王文凭　马荣华　景　飞　　责任印制：常天培

河北虎彩印刷有限公司印刷

2025 年 6 月第 1 版第 1 次印刷

185mm×260mm · 18.5 印张 · 469 千字

标准书号：ISBN 978-7-111-78042-7

定价：119.00 元

电话服务

客服电话：010-88361066

010-88379833

010-68326294

网络服务

机　工　官　网：www.cmpbook.com

机　工　官　博：weibo.com/cmp1952

金　　书　　网：www.golden-book.com

机工教育服务网：www.cmpedu.com

推荐序 1

PREFACE

在当今科技飞速发展的时代，编程语言作为创新的基石，持续推动着各个领域的技术变革。仓颉编程语言（简称“仓颉”）作为一股新兴力量，正以其独特的优势在编程世界中崭露头角。它打破传统束缚，以简洁、高效和强大的表达能力，为开发者开启了通往全场景智能化应用开发的大门。在仓颉编程语言蓬勃发展的进程中，《图解仓颉高效编程》这本书的问世，无疑具有重要的意义。

本书作者是一位深耕于仓颉的开发者。在日常交流中，能够深切感受到他对这门语言的热爱与执着。正是这份热忱，驱使他在繁忙的工作之余，精心创作了本书。他希望通过自己的努力，将仓颉编程语言的精妙之处分享给广大开发者，帮助大家快速掌握这门语言，从而开启高效编程之旅。

翻阅此书，可以见得作者的巧思：运用丰富的图表，将抽象的编程概念直观呈现。对于编程新手而言，书中循序渐进的引导，能使其轻松跨越入门门槛，建立起对编程的信心；对于有一定经验的开发者，书中对仓颉编程语言高级特性的深入探讨以及实用技巧的分享，也能为技术提升带来新的启发。

书中的案例生动且实用，作者作为多年开发经验的资深开发者，用仓颉编程语言实现了工作中最常见、最常用的案例和开发框架。本书还特别加入了 C++注释和 Java 注释，为具有其他语言基础的程序员提供了参考。

作为仓颉编程语言的推广者，我深知推动一门新兴语言的发展需要付出巨大努力。这本书的出版，为仓颉编程语言的普及与推广注入了强劲动力。它不仅是一本技术指南，更是连接仓颉编程语言与开发者的桥梁，将吸引更多人投身于该语言的开发实践中，为其生态的繁荣添砖加瓦。

在此，我要向作者致以诚挚的感谢与崇高的敬意。感谢他为仓颉编程语言发展所做出的卓越贡献，感谢他用智慧和汗水为我们带来这样一本极具价值的著作。我也衷心期待更多开发者能通过这本书，领略仓颉编程语言的魅力，加入到该语言的开发队伍中来，共同见证这门语言的辉煌未来。相信在不久的将来，随着仓颉编程语言生态的不断完善，必将在全球编程舞台上绽放更加耀眼的光芒，为我们的数字生活带来更多创新与惊喜。

华为技术有限公司/仓颉语言生态与产业发展总监　王学智

推荐序 2

PREFACE

作者以丰富的实战经验与独到的技术洞察，将仓颉编程语言的“灵魂特性”娓娓道来：从简洁优雅的语法到高性能的 AOT/JIT 混合编译，从跨语言互操作到元编程的深度定制，从并发安全到网络数据库全栈开发，全书以层层递进的逻辑构建起完整的知识体系。书中大量贴合日常开发的代码实例，如 HTTP 服务端、RESTful 服务器、数据库交互等，让抽象概念瞬间具象化，即使是零基础读者也能轻松上手。

值得一提的是，作者对技术细节的呈现充满温度和趣味，以《白雪公主》的故事类比面向对象设计，用“贴合人的身体曲线的石头”比喻诠释语法设计哲学，这种将技术理性与人文思考结合的写作方式，让编程语言的学习不再是枯燥的代码堆砌，而是一场思维认知的升级之旅。书中每一章结尾的思维导图与编程心得，更如同灯塔般指引读者在技术海洋中找准方向。

对于开发者而言，仓颉语言的价值不仅在于其自身特性，更在于它构建的生态体系。本书深入剖析了项目构建、工具链使用、垃圾回收优化等工程化细节，这种“从理论到落地”的闭环设计，为实际开发提供了完整解决方案。无论是希望提升开发效率的资深工程师，还是渴望探索新技术的编程爱好者，都能从中获得启发。

我由衷相信，这本书将成为打开仓颉编程语言世界的重要钥匙。它不仅是技术手册，更是思维工具，让我们在领略语言设计之美时，真正感受到“编程”这件原本充满挑战的事，也可以像躺在贴合曲线的石头上那般舒适自然。

华为开发者专家(HDE)、九丘教育　张荣超

推荐序3

PREFACE

在计算机科学的浩瀚星空中，编程语言始终是开发者探索世界的“文字”。而当一门由国人自主研发的语言诞生，并真正实现用本土化思维编写程序时，这不仅是一次技术突破，更是一场属于中国开发者的“圆梦之旅”。本书正是这场旅程的见证者与引路人。

作为一门完全由国人设计、实现的编程语言，“仓颉编程语言”承载着打破技术依赖、重塑开发话语权的深远意义。书中并未止步于对“国产”标签的歌颂，而是以扎实的技术对比与工程实践，诠释其独特价值。作者匠心独运，每一章均以 Java 和 C++为“坐标”，从语法结构、内存模型到并发机制，逐层拆解仓颉语言的设计哲学。例如，通过对比 Java 的虚拟机机制与仓颉的轻量化运行时，读者既能理解其高效资源调度的根源，也能感受到本土团队在性能与易用性上的取舍智慧。这种“以经典映照创新”的写法，既为开发者降低了认知门槛，也凸显了仓颉语言“站在巨人肩上”的兼容性与突破性。

更可贵的是，本书始终紧扣“用自主语言解决真实问题”的愿景。从基础数据类型到高阶函数式编程，从算法优化到全栈 Web 开发，作者以丰富的案例展现仓颉如何将现代工程需求融入语言特性。这种“从语言到应用”的闭环设计，既验证了仓颉的实用性，也为国产技术生态的繁荣提供了范本。

这本书的出版，不仅是一本技术指南，更是一份写给中国开发者的宣言：当我们能用自主语言编写程序时，技术创新的土壤便真正扎根于本土。无论你是渴望探索国产语言潜力的工程师，还是期待见证技术自主化进程的见证者，这本书都将以理性的对比、感性的情怀与务实的案例，为你打开一扇属于中国开发者的“新视界”。

易架构信息科技有限公司技术总负责人　李　傲

前　言

PREFACE

对于仓颉编程语言，我实在是太喜欢它了，并用它开发了一个工具库。传统编程语言中的动态语言给我的感受是有相当的弹性，几乎可以自由地发挥想象力。对于静态语言就不得不忍受更多的限制，它们的语法规则冰冷、坚硬、不留余地。然而仓颉给了我完全不一样的感受，它是一种特别像动态语言的静态语言。

从参加内测以来，我发布了数百条 issue（问题），并开发了一个工具库，现在我想把自己使用仓颉的经验做一个总结，也就是本书。在本书中，我将选用大量典型的示例代码演示仓颉的每一个语言特性和标准库特性。

关于本书

第 1 章对仓颉语言的特性和开发环境等进行概述，详细论述如何下载、安装仓颉，并通过编译运行典型的仓颉程序，指导读者使用仓颉 SDK、仓颉 VSCODE 插件。

第 2 章和第 3 章开始讨论仓颉语言的基本特性。这两章涉及的基础知识有各种数据类型、变量、循环以及函数、类型转换、空安全等。对于熟练使用 C/C++、Java、Go 的程序员来说，学习这两章的内容会比较容易，因为仓颉语言的语法特性与这几种语言都有相似之处。

第 4 章将介绍仓颉复合类型——结构体、类和枚举。

第 5 章介绍仓颉的面向对象编程思想和面向对象的高级特性，包括继承、多态等，还对如何完成合理的 OOP 设计给出忠告。

第 6 章介绍如何使用仓颉的接口、扩展、操作符重载和泛型。

截至本章，仓颉的全部类型介绍完毕，结尾提供了仓颉类型关系图，并对仓颉类型进行总结。

第 7 章讨论异常处理。异常处理是仓颉的一种健壮机制，用于处理运行程序时可能出现的意外情况，提供了一种将正常业务代码与错误处理代码分开的有效手段。

第 8 章讨论仓颉多线程与并发编程。

第 9 章介绍一些常用标准库 API，包括 core、regex、json、math、time、convert、压缩、安全、进程等，并为某些 API 提供比官方文档更丰富的细节。

第 10 章讨论 HTTP 和数据库 API。

第 11 章讨论常量、注解、反射、宏与跨语言互操作。很多语言对常量的定义只是用关键词声明的不可修改的变量，而仓颉拥有不可变量、可变量、字面量和常量。由于常量在注解上面用得比较多，其相关的知识也在本章介绍。仓颉元编程包含运行期的反射 API 和配合反射使用的注解，还有编译期可以修改代码的语法宏。

第 12 章讨论项目创建、项目目录结构、开发工具链和垃圾回收等内容。本章会以一个简单的项目为例，介绍如何用仓颉标准库开发一个 Web 服务项目，并以这个项目为基础介绍垃圾回收的相关内容，包括控制垃圾回收行为的初始化参数等。

附录列出了仓颉语言的关键词、操作符、可重载操作符、元编程 TokenKind、语言特性总结等。

本书介绍的所有仓颉编程语言特性都基于开发版 0.57.3。

约定

本书使用以下图标表示特殊内容。

提示："提示"信息会用"提示"标示。

警告： 对于可能出现的危险， 用"警告"图标做出警示。

C++注释：书中有许多用来解释仓颉与 C++编程差异的注释。

Java 注释：书中有许多用来解释仓颉与 Java 编程差异的注释。

仓颉有一个标准程序设计库，即应用程序标准编程接口。本书会对它们进行概要描述。这些描述十分通俗易懂。书中程序样例以下述程序清单的形式给出。

程序清单 1-1：001/helloworld. cj

示例代码

本书有完整的示例代码，均在开发版 0.57.3 下开发并完成测试。

适合人群

本书适合希望了解仓颉编程语言相关知识，或需要使用仓颉编程语言做开发工作且已具备编程基础知识的人群阅读。同时，各种编程知识的相关概念本书均做了介绍，即使是零基础读者也不会有阅读障碍。

附赠资源

书中附赠全部案例源代码，授课用 PPT 课件，书中出现的各种思维导图、流程图、时序图的原图，以及教学视频（扫码观看）等海量学习资源。同时，考虑集合和 IO 两个模块并没有难以理解或者容易用错的 API，基本是重复标准库文档，因此为节约读者学习时间和购书成本，这两部分内容也以电子书形式提供。

致谢

感谢仓颉编程语言团队的专家吴森老师，他为笔者在使用仓颉语言开发时的很多技术细节和疑问提供了指导。

感谢仓颉编程语言团队的专家刘俊杰老师，他从技术角度提供了很多高价值的建议。

感谢仓颉编程语言团队的专家王学智老师，他为笔者写作本书时对仓颉语言的很多技术细节提供了指导。

更多其他的仓颉团队的老师，在此也一并感谢，他们为本书的 MySQL 驱动、线程模型等语言特性细节提供了专业解答。

感谢机械工业出版社的丁伦老师，他从图书出版的角度提供了大量专业建议，包括书中内容选取、写作编排格式等。

感谢为本书作推荐的各位老师，感谢他们对笔者的信任。

唯愿本书能帮助读者尽快掌握仓颉编程语言并体会到使用仓颉编程的乐趣，谨以本书与各位读者共勉。兰州职业技术学院的张琪琛老师编写了第 1～4 章和第 9 章，共约 18 万字。其余章节和案例测试由吴京润老师完成，并负责全书统稿。另外，由于笔者水平所限，书中难免有不足之处，望各位读者见谅，并欢迎提出宝贵意见及建议。

CONTENTS 目录

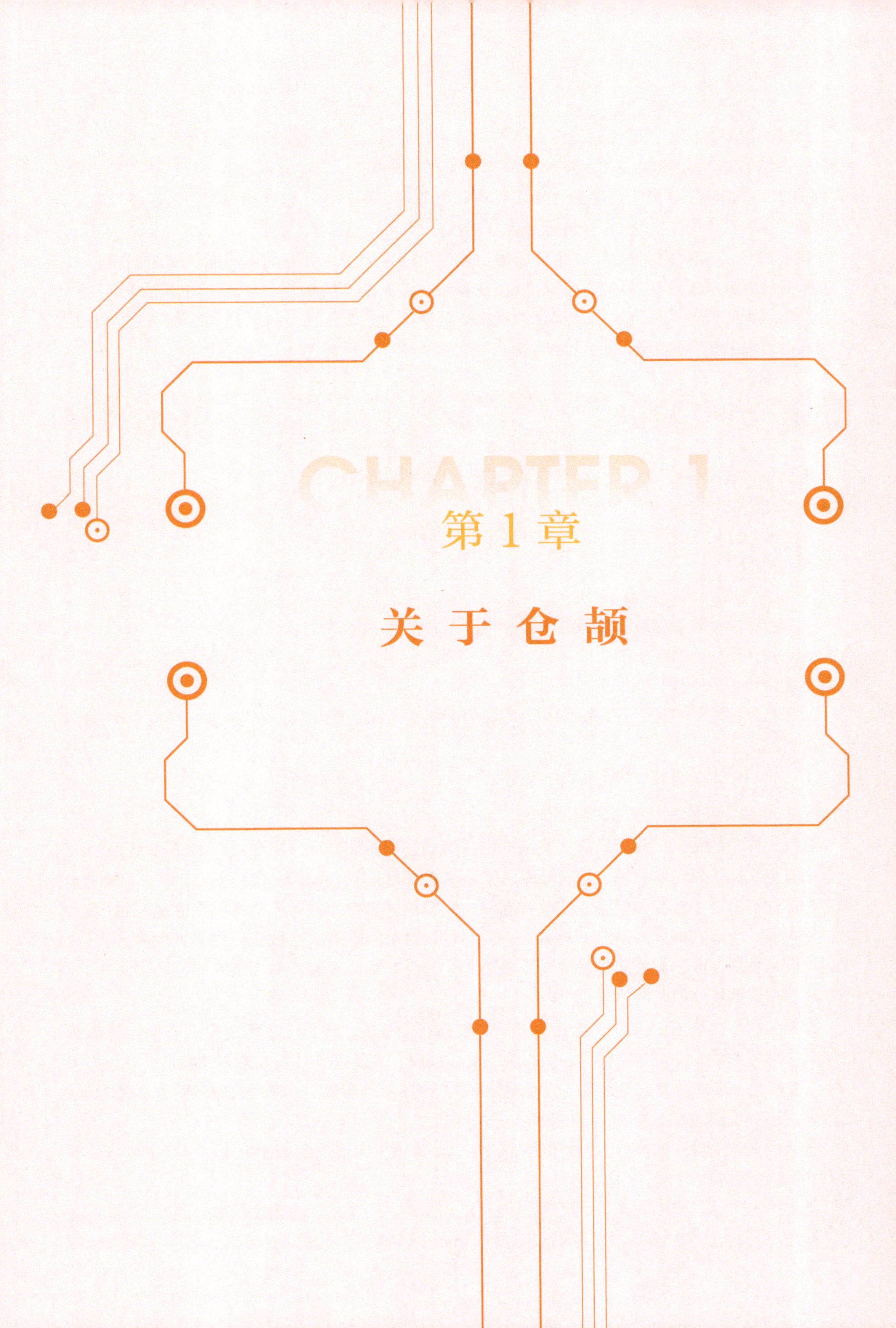

CHAPTER 1

第1章

关于仓颉

仓颉编程语言结合了现代编程语言技术，它的设计目标是面向全场景的应用开发语言。这无疑是一个相当宏大的愿景，从 UI 到 AI，从客户端到服务器，从云计算到边缘计算，从高算力到低算力，仓颉都提供了从语法特性到 API 工具库和编译优化的支持。它支持面向过程、函数式、面向对象等多种开发风格，适合习惯各种编程风格的开发人员迅速学习使用。

我们在学习一种编程语言时，希望编程语言学习曲线平滑，拥有简单易懂且表达能力强、在开发阶段就能够尽量规避各种常见问题的语法特性，减少防御性编程，丰富易用的标准库，界面简洁功能强大的开发工具链，以及丰富的生态。笔者认为仓颉作为一种新兴的编程语言，除了生态尚需时日以外，其他方面都已完全具备了。

1.1 仓颉语言的特性

下面将对仓颉编程语言的主要特性进行介绍，其关键特性如下。

- 多范式、高效开发。
- 类型安全、自动推断。
- 空安全。
- 垃圾收集、内存安全。
- 领域易扩展、高效构建领域抽象。
- 高效跨语言。
- 易用的并发编程。

未来仓颉编程语言还会在语法和标准库层面继续增强 AI、DSL、late-stage 宏、模板宏和分布式开发等特性。

下面将对以上关键特性做更详细的论述。

1. 简单性、灵活性与严格的限制

编程工作曾经是一门艰深又高度复杂的脑力劳动，需要计算机专家面对一堆二进制指令排列组合出有意义的逻辑运算过程。后来汇编语言简化了这个工作。编程理论经过几十年的发展进步，越来越多的复杂性被包装到编译器或解释器中，而编程语言作为面向人的编程界面越来越接近人的思维习惯。仓颉在编程简单性上更进一步，同时又对编程的自由性做了一些必要的限制，以减少运行期的程序错误，兼具简单易用和强表达力。它没有难以理解、易混淆的特性，同时还对空指针等易出错的特性做了严格限制。

仓颉编程语言没有头文件、指针运算、联合体、虚基类、多重继承等，但拥有操作符重载、抽象类、不可继承的值类型结构体、引用类型类和接口，以及简单且强大的并发特性。它没有 C、C++和 Java 的 switch 分支，但是有不会跨越分支执行的 match 特性。仓颉还拥有各种表达能力强大的循环，还有带模式匹配的 if-let 和 while-let。

仓颉是支持变量类型推断的强类型静态语言，编译器可以根据变量初始化值推断出变量类型，而不必显式指定变量类型。

仓颉代码可以分成两大部分，即声明和表达式。类、结构体、变量、函数、属性、接口、枚举等都是声明，仓颉也遵循着先声明后使用的原则。赋值、函数调用、分支、循环、算术运算、

逻辑运算、比较运算、位运算等都是表达式，每个表达式都会有一个值。

2. 面向对象

如今的面向对象技术已经相当成熟。仓颉的面向对象特性与其他以面向对象为主要特性的编程语言不同在于，仓颉只支持单继承，而且可以定义抽象的静态函数。仓颉还提供了丰富的运行期自省功能（在继承相关的第 5 章将详细介绍）。

3. 函数式

函数式在如今的编程工作中占据着越来越重要的地位，广泛应用于 UI、AI、服务器、分布式等各种编程场景。

函数是仓颉的“一等公民”，有专门的函数类型，函数可以作为函数参数或返回类型，也可以作为跟类、结构体、枚举等类型一样的顶级声明，还支持在函数体内声明嵌套函数。

作为函数式编程的重要体现，仓颉对于函数实参或返回值的函数，可以用闭包的形式定义。

4. 扩展

仓颉可以扩展已经存在的类型，增强它们的能力，包括语言内置的基本类型、标准库类型和开发者自定义的类型。这个特性可以实现很多巧妙的设计。

5. 分布式

仓颉有一个丰富的网络库，用户只需要简单地创建一个类的实例，就可以完成 TCP UDP HTTP 相关的编程。未来还会增加 actor 并发模型。

6. 健壮性

仓颉的设计目标之一是让其编写的程序具有多方面的可靠性，尽最大可能消除重写内存和损坏数据的可能性。为了灵活性，仓颉支持在 unsafe 块内通过内置类型 **CPointer** 以类似 C/C++指针的方式操作堆内或堆外内存，还可以把 **CPointer** 通过 ffi 作为函数实参传给 C/C++函数。

很多编程语言在运行期才能暴露的问题，对于仓颉来说，其语法特性和编译器使得在编译期就可以将问题暴露出来。比如空指针问题，仓颉的空安全特性彻底杜绝了无值的可能，“空”本身也是仓颉的一类值。在仓颉的代码中，任意一个变量要么一定有一个确定类型的值，要么必须先解构 Option 才能得到一个值，这个解构的过程既是取值过程，也是判空过程，从语法层面杜绝了空指针的可能性。

7. 安全性

仓颉支持动态伸缩且有上限的线程栈，有限的堆空间，严格限制程序运行在自身的进程空间之内，尽量避免了占用过多内存导致整个计算机系统不可用。仓颉对读写文件有严格的授权限制。仓颉对数值运算的溢出做了严格限制，可以明确指定溢出时的程序行为，默认是抛出异常。仓颉没有默认类型转换，它必须是类型明确的，而且所谓的强制类型转换也不能直接转换成目标类型。仓颉为转换时类型不匹配导致运行期错误设置了多道防火墙，从而尽量避免了由于类型转换导致的错误。

8. 多线程

多线程将会带来更好的交互响应和实时行为。如今的编程工作非常关注并发性，表现为现在的芯片技术相对于追求性能更强的单核处理器，正在更多地倾向于多核处理器，而且要让它们一直工作，因此，编程语言提供并行运行的特性相当有必要。

并发编程绝非易事，仓颉语法特性和标准库 API 为此做出了相当多的努力，提供了用户态轻量化线程和简单易用的并发编程机制。

9. AOT

仓颉支持 AOT 编译，把源代码编译成本地可执行文件或链接库。

10. 元编程

仓颉同时以反射的形式支持运行期元编程，并以语法宏的形式支持编译期元编程。宏在编译期展开形成新的代码，且展开的代码只在编译期生成而不会修改项目代码，拥有很多动态语言支持的运行期元编程特性。仓颉的反射可以在运行期获取类型信息和类型内声明的公共成员并执行它们。注解可以为类型和类型成员提供运行逻辑以外的元信息，辅助反射时的元编程工作。

11. 跨语言互操作

仓颉 FFI 支持与 C 语言和 Python 互操作。

12. 交叉编译

现在仓颉支持数种指令集架构的芯片，且有 Linux、Windows、macOS 三个操作系统的 SDK；可以交叉编译成不同指令集和操作系统平台的二进制程序，作为华为的重要战略部署自然也为鸿蒙操作系统提供了支持。

13. 可移植性

仓颉有 IntNative 和 UIntNative 两个依赖具体平台的整数类型，其他的数据类型大小和相关运算都有严格说明。比如仓颉的数值类型名称就明确指明了类型的大小，UInt32 一定是四字节无符号整型，Int64 一定是八字节有符号整型，Float64 一定是八字节浮点型。而且整型之间转换如果是宽定义域类型向窄定义域类型转换，且原值超出目标类型，默认会抛出异常。数值类型有固定大小，消除了代码移植时令人头痛的主要问题。二进制数据可以指定端序存储和传输，消除了字节顺序的困扰。字符串使用 UTF-8 格式存储。

系统组成部分的类库，定义了可移植的接口，并给出了 Linux、Windows 和鸿蒙的不同实现。大部分的标准库 API 都能很好地支持平台独立性。对于处理文件、正则表达式、JSON、时间、数据库、IO、网络、线程等来说，不必“操心”操作系统的底层技术细节。

14. 高性能

仓颉编译器支持很多“激进”的 AOT 编译优化特性。比如 LLVM 支持的 LTO，仓颉编译器也支持。仓颉虽然不是 C、C++、Rust 这类系统级编程语言，但是它通过值类型优化、多层级静态分析优化、全并发 GC、编译期的 GC 优化、逃逸分析和栈上分配、超轻量运行时等优化机制，在计算机语言基准测试中比同样拥有 GC 的语言取得了明显的性能优势。

15. 垃圾回收

仓颉采用高性能的全并发垃圾回收算法自动管理内存，垃圾回收的各个阶段并发执行，没有全局暂停（STW）。同时还会在编译期确定是否可栈上分配等。

1.2 仓颉程序开发环境

本小节主要介绍如何运行仓颉 SDK 和仓颉 IDE，以及如何编译仓颉应用程序。现在仓颉 SDK 支持 Windows、Linux、macOS 三个操作系统，也可以编译为鸿蒙支持的应用程序格式。

仓颉 SDK 在各操作系统的安装过程如下。

1.2.1 Windows 版仓颉 SDK

1. 安装

首先下载 Windows 版 SDK（https://gitcode.com/Cangjie/CangjieSDK-Win-Beta/blob/main/Cangjie-0.57.3-windows_x64.exe），双击 exe 文件完成安装。如果需要在 gitbash、MSYS shell 等命令行运行仓颉工具链，可以在 gitbash 命令行到安装的仓颉 SDK 目录下运行 source ./envsetup.sh，建议把这行命令加入 home 目录的.bashrc。如果需要使用 Windows 命令行使用仓颉 SDK，则在仓颉 SDK 目录下运行./envsetup.bat 批处理文件。如果使用 PowerShell 则在仓颉 SDK 目录下运行. ./envsetup.ps1。

在命令行运行 cjc -v，如果能显示以下内容即安装成功。

Cangjie Compiler：0.57.3（cjnative）

Target：x86_64-w64-mingw32

2. 卸载

运行安装目录下的 unins000.exe，跟随向导操作，即可完成卸载。

3. 更新

若需要更新仓颉 SDK，重复之前的第一步，进行安装的操作。

1.2.2 Linux 版仓颉 SDK

1. 准备工作

现在的仓颉 Linux SDK 支持 x86_64 和 aarch64 两种 CPU 架构，见表 1-1。

表 1-1 仓颉 Linux SDK

架构	环境要求
x86_64	glibc 2.22、Linux Kernel 4.12 或更高版本，系统安装 libstdc++ 6.0.24 或更高版本
aarch64	glibc 2.27、Linux Kernel 4.15 或更高版本，系统安装 libstdc++ 6.0.24 或更高版本

2. 安装依赖的软件包

现在的仓颉 SDK 支持 Ubuntu 18.04、Ubuntu 20.04、SUSE Linux Enterprise Server 12 SP5 或 OpenEulerOS。首先需要安装依赖的工具链。

- Ubuntu 18.04
  - apt-get install binutils libc-dev libc++-dev libgcc-7-dev
- Ubuntu 20.04

- apt-get install binutils libc-dev libc++-dev libgcc-9-dev
- OpenEulerOS
  - yum install binutils glibc-devel gcc
- SUSE
  - zypper install binutils glibc-devel gcc-c++

3. 下载安装

下面是 Linux 版 SDK 的下载链接。

```
https://gitcode.com/Cangjie/CangjieSDK-Linux-Beta/blob/main/Cangjie-0.57.3-linux_x64.tar.gz
https://gitcode.com/Cangjie/CangjieSDK-Linux-Beta/blob/main/Cangjie-0.57.3-linux_aarch64.tar.gz
```

从以上链接下载 Linux 版 SDK，注意挑选符合自己需要的 SDK 压缩包。如果要使用 native SDK，就运行 tar zxf Cangjie-{version}-linux_{CPU}.tar.gz。把解压缩的文件复制到希望安装的目录。进入 SDK 目录，运行 source ./envsetup.sh。

1.2.3 macOS 版仓颉 SDK

首先下载 macOS 仓颉 SDK（https://gitcode.com/Cangjie/CangjieSDK-Darwin），挑选符合自己需要的 SDK 压缩包。安装过程跟 Linux 版几乎一样，不同之处在于需要在 envsetup.sh 指定 DYLD_LIBRARY_PATH 的代码后面添加以下内容。

```
xattr -dr com.apple.quarantine ${script_dir}/bin/*
xattr -dr com.apple.quarantine ${script_dir}/third_party/llvm/bin/*
xattr -dr com.apple.quarantine ${script_dir}/third_party/llvm/lib/*
xattr -dr com.apple.quarantine ${script_dir}/runtime/lib/darwin_${hw_arch}_llvm/*
xattr -dr com.apple.quarantine ${script_dir}/tools/bin/*
```

1.3 安装依赖工具

当前仓颉工具链中的部分工具和部分标准库使用了 OpenSSL3。当前的安装包没有提供 OpenSSL3，需要开发者自行安装。仓颉文档推荐使用 openssl3.0.7 或更高版本。

1.3.1 安装 Linux 版 OpenSSL3

运行以下命令。

```
wget https://www.openssl.org/source/openssl-3.0.14.tar.gz
tar zxf openssl-3.0.14.tar.gz
cd openssl-3.0.14
./Configure --libdir=lib
make
make test
make install
# 或者使用 make install --prefix=<path_to_install>
```

如果安装时指定了--prefix，则需要指定以下环境变量。如果没有指定--prefix 就不用执行了。

```
export LIBRARY_PATH=<prefix>/lib:$LIBRARY_PATH
export LD_LIBRARY_PATH=<prefix>/lib:$LD_LIBRARY_PATH
```

1.3.2 安装 Windows 版 OpenSSL3

在这个 URL（https://slproweb.com/products/Win32OpenSSL.html）下载对应版本的 OpenSSL 安装。确保安装目录下含有 libcrypto.dll.a（或 libcrypto.lib）、libcrypto-3-x64.dll 这两个库文件。将 libcrypto.dll.a（或 libcrypto.lib）所在的目录路径设置到环境变量 LIBRARY_PATH 中，将 libcrypto-3-x64.dll 所在的目录路径设置到环境变量 PATH 中。

1.3.3 安装 macOS 版 OpenSSL3

使用 brew install openssl3 安装，确保安装目录下有 libcrypto.dylib 和 libcrypto.3.dylib 这两个动态链接库文件。

如果不能使用上述方式安装，参考 Linux 源码安装，并确保安装目录下有上述两个动态链接库文件。如果当前系统没有安装 OpenSSL，可以选择安装到系统路径；或者安装到自定义路径，并将上述文件所在目录配置到环境变量 DYLD_LIBRARY_PATH 和 LIBRARY_PATH。

1.4 安装集成开发环境

鸿蒙系统的仓颉项目可以使用 deveco 和它的仓颉插件进行开发，也可以使用 VSCODE 的仓颉插件开发仓颉服务器项目，将来还会有专门的 CangjieStudio。本小节假设读者已经安装了 VSCODE，安装仓颉插件的具体操作步骤如下。

1）从下面的链接下载插件。

https://gitcode.com/Cangjie/CangjieVScodePlugin/overview

2）解压缩后选择从 vsix 安装。

3）选择刚解压缩的 vsix 文件。

4）从安装的插件列表找到刚安装的名为 Cangjie 的插件，单击右下角的齿轮图标，进入插件配置界面，如图 1-1 所示。

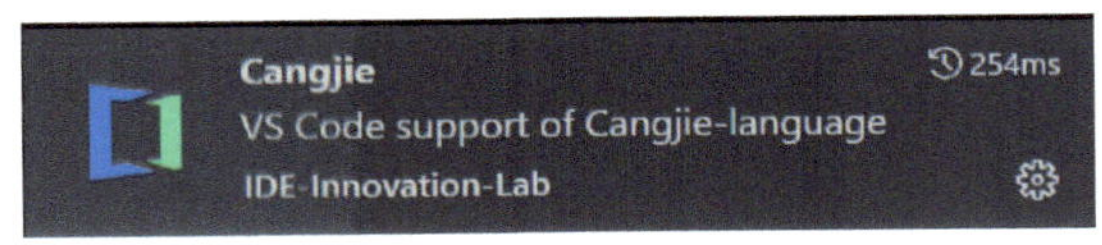

图 1-1 仓颉的 VSCODE 插件

5）在插件配置界面指定刚安装的仓颉 SDK 路径，如图 1-2 所示。

6）还可以按照自己的需要指定其他配置参数。

```
Cangjie Sdk Path: CJNative Backend
The absolute path to CJNative-sdk, e.g.: /path/to/CJNative/cangjie
D:\docs\work\cangjie\cangjie-win-bin
```

• 图 1-2　仓颉的 VSCODE 插件配置

1.5 仓颉文档

用户可以打开 https://gitcode.com/Cangjie/CangjieDocs 链接，其中包含仓颉开发指南（语言特性）、API 文档、工具链文档等文档。

> **提示**
>
> 该链接包含仓颉开发指南（语言特性）、API 文档、工具链文档等各类文档。该链接及前面介绍的 SDK 下载链接都是仓颉 Canary Version 的文档链接和 SDK 链接，需要在 https://cangjie-lang.cn/download 申请试用 Canary Version，申请通过之后才能打开该链接。

1.6 仓颉的官方网站

在仓颉的官网（https://cangjie-lang.cn/）中，用户可以下载长期支持版、Beta 版和开发版，其中还有在线文档链接。

1.7 第一个仓颉应用程序

选择一个目录用来保存代码，比如在 home 目录下创建 cangjie_code 子目录。

> **提示**
>
> 本书的代码都将使用 Linux 命令行编辑、编译、运行。

然后在 cangjie_code 目录下创建一个扩展名是.cj 的文件，输入程序清单 1-1 的代码。退出编辑器，执行 cjc helloworld.cj -o helloworld && ./helloworld 命令，会输出 Hello world.。

程序清单 1-1：001/helloworld.cj

```
// vim helloworld.cj
main(){
  println("Hello world.")
}
```

提示

仓颉代码文件的文件名必须以字母开头，可以包含数字和下划线，文件的扩展名是.cj，而 cjc 是仓颉编译器命令。

1.8 本章知识点总结和思维导图

本章介绍了仓颉的关键特性和安装仓颉 SDK、集成开发环境，编译运行仓颉程序的相关知识。下一章将正式开始学习仓颉编程语言。图 1-3 所示为本章要点。

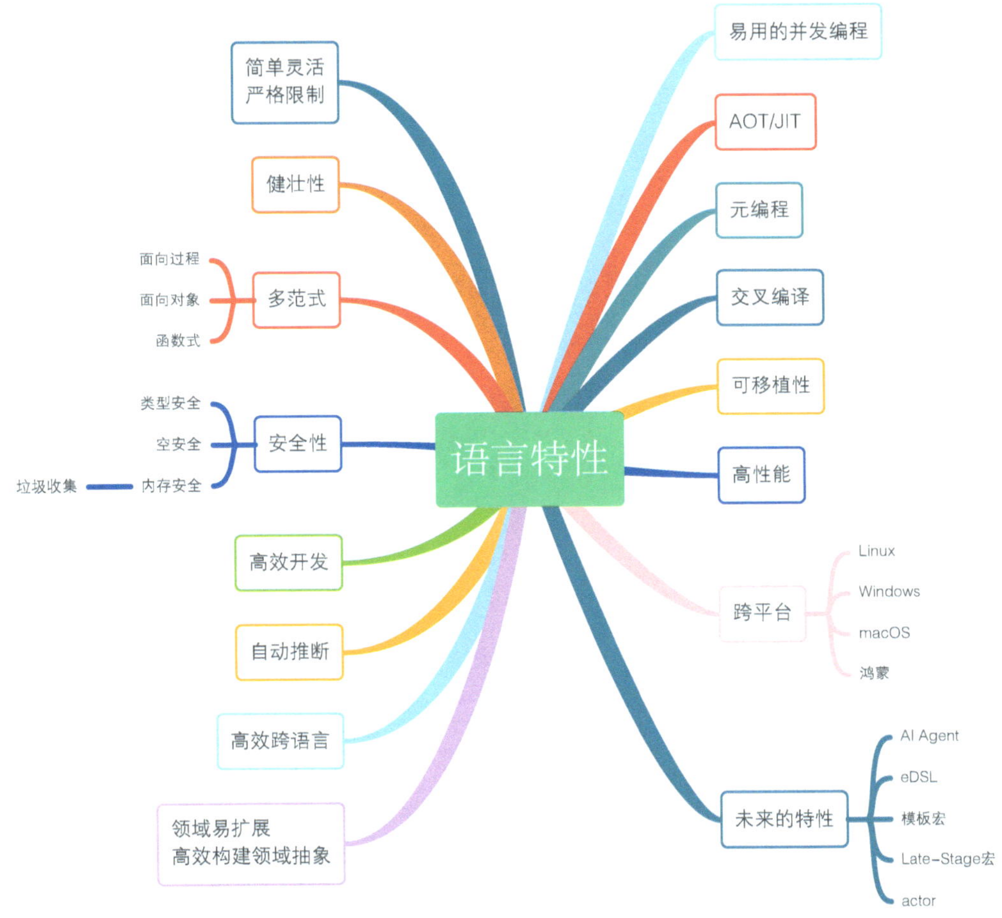

图 1-3 本章知识点

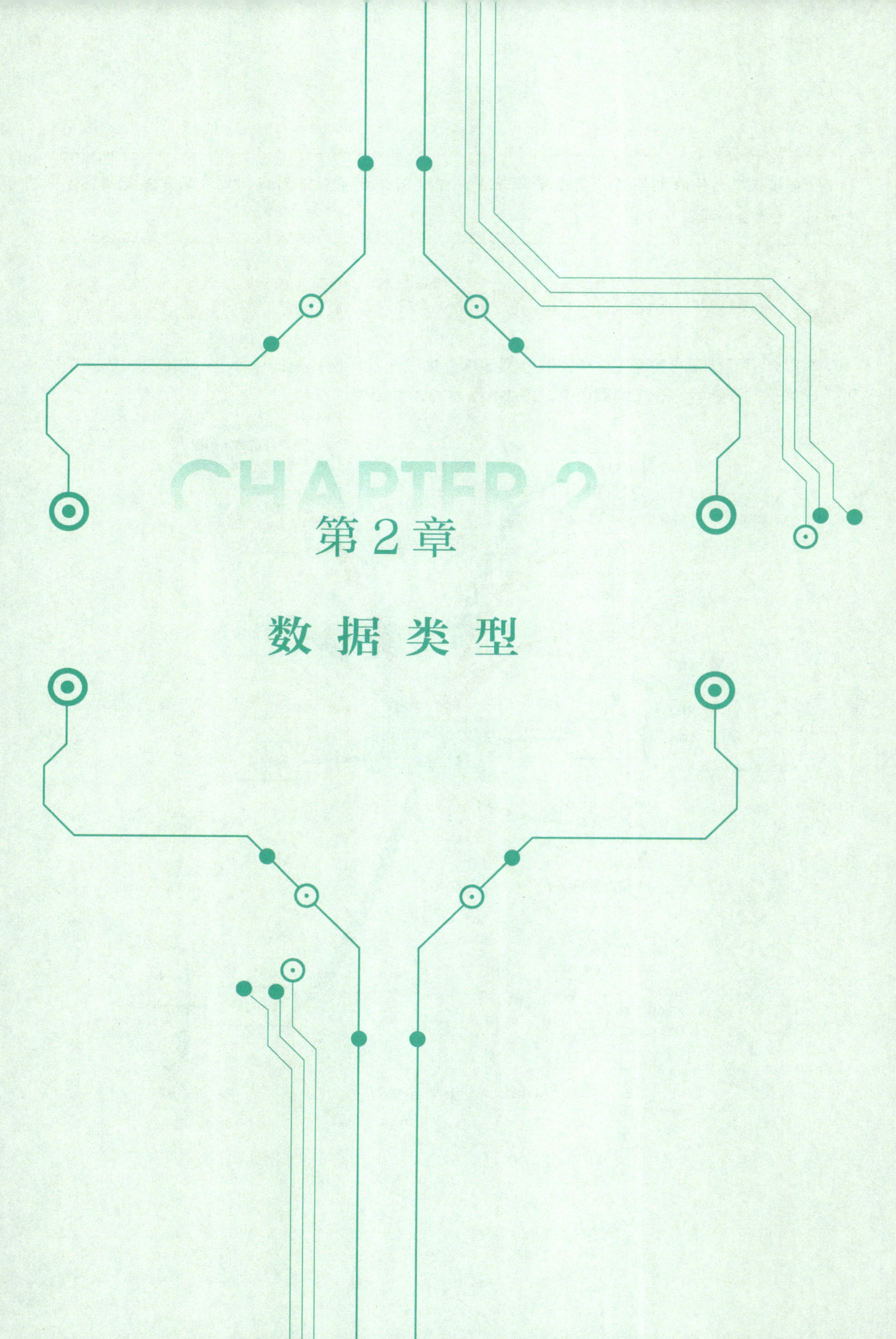

CHAPTER 2

第2章 数据类型

对编程语言来说，数据类型及如何操作数据类型是最基本的特性，本章将详细介绍仓颉的各种数据类型、标识符的声明、变量、字面量的特性及操作符的使用。

2.1 你好，仓颉

我们已经安装了仓颉 SDK 并能够运行上一章的示例程序，下面介绍仓颉语言的基本特性。

为了方便介绍各种语言特性，首先需要有一个能够运行的源代码文件。图 2-1 为一个仓颉启动程序。

命令行参数形参，可以没有

接收命令行参数的数据类型，只能是字符串数组

仓颉程序入口函数名

```
main(args: Array<String>): Unit{
  let s = "你好，仓颉！"
  println(s)
  println(args)
}
```

定义了一个不可变的量，它被编译器推断为字符串

向控制台输出文本

返回类型，可以是Int64或Unit，返回类型是Int64时main函数的返回值就是该程序进程结束时的状态码，操作系统依据这个值判定程序执行成功或失败

● 图 2-1　main 函数

要运行任何仓颉程序都要有一个 main 函数，其入口必须是 main 函数，这个函数没有参数或者只能是 Array<String>做参数，而且函数名必须是“main”（必须全小写），且没有任何修饰符，否则编译器无法将代码编译成可执行文件。main 函数返回类型是 Int64 或者 Unit。main 函数不能作为“一等公民”且必须是顶级声明。仓颉声明的类型不同于 Java、C 或 C++，与 Go 语言类似，声明的类型在名称后面，用英文冒号分隔。

在上一章的代码示例中，main 函数没有指定返回类型也能运行，是因为在不指定类型时编译器可以自动推断类型。函数返回前执行的最后一个表达式的类型就是函数类型，而 println 函数的类型是 Unit，因此 main 函数可以被推断为 Unit 类型。现在先了解这一点即可，后续章节会有更详细的说明。

函数体用一对花括号（{}）包含，仓颉语言用花括号划分程序的各部分，每一部分都以“{”开始，以“}”结束。

函数体中的 s 是函数局部变量。仓颉的函数名、变量名等名称都是标识符。仓颉有两类标识符，分别是普通标识符和原始标识符。普通标识符必须是任意数量、任意语言的字符，或者若干个下划线后面跟任意数量、任意语言的字符开头，后面可以包含任意数量的数字下划线和任意语言的字符（文档的描述是 XID_START 字符开头后跟任意数量的 XID_CONTINUE 字符。这个描述过于学术化，笔者测试了中日韩的文字、任意欧洲语言的字母和下划线都可以作为标识符的开头，这些字符和数字也都可以跟在标识符开头的后面），但是不能是仓颉关键词。原始标识符是反引号包含的标识符，且可以使用仓颉关键词作为原始标识符。以下均为合法的普通标识符。

```
a
abc
```

```
abc_def
abc_
_abc
_a123
__a
__
a123
a123b
a123_
仓颉
__こんにちは
こんにちは
```

以下为合法的原始标识符。

```
`a`
`abc`
`abc_def`
`abc_`
`_abc`
`_a123`
`a123`
`a123b`
`a123_`
`main`
`while`
```

图 2-2 为仓颉与 Java 的 main 函数、标识符以及语句和表达式的差异。

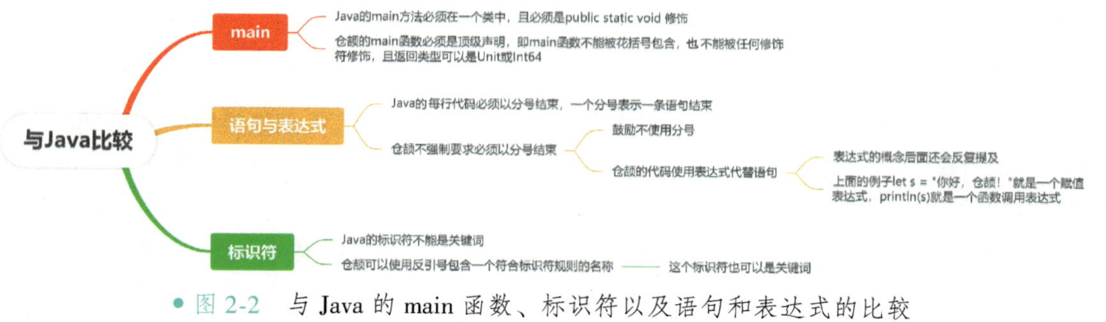

图 2-2　与 Java 的 main 函数、标识符以及语句和表达式的比较

2.2 注释

仓颉的注释与 Java 一样：//开头的是单行注释，注释从//开始到本行尾。下面展示的就是单行注释。

```
println("helloworld")//这是单行注释
```

如果需要大段的注释，可以在每行前面加//，也可以用/＊和＊/将注释内容包含起来。下面展示的就是多行注释。

```
/*
* 这是多行注释。
* /**/中间是注释的内容,且/**/中间的每行开头的空格和*不是必须的,只是为了注释整齐。
*/
```

C++/Java 注释：仓颉的多行注释与其他语言略有不同，支持嵌套，被嵌套在内的/*和*/是注释的一部分。不过这一点不能保证以后的版本不会变化，官方文档没有提供相关的说明。

仓颉还有一种文档注释，cjdoc 命令可以把这部分注释转成 html 格式的文档，文档注释示例如下。

```
/**
*   这是文档注释,/**开头,*/结尾。
*/
```

2.3 数据类型

仓颉是一种强类型语言。这意味着每一个变量必然有一个确定的类型，在整个生命周期内变量类型不可变；函数参数也只能接收声明时指定类型的实参，从而返回一个类型的值。仓颉共有 17 种基本类型（primitive type），包含 10 种整型、3 种浮点型、1 种 Unicode 编码的字符型、1 种表示真假值的布尔型、1 种只有( )这一个值的 Unit 类型和 1 种 Nothing 类型。此外，还有元组、枚举、结构体、类、接口等复合类型。

> **提示**
>
> 仓颉有一个能够表示任意精度的类型（Decimal），可以使用算术操作符做算术运算，但它并不是仓颉的基本类型，而是一个仓颉结构体。本书后面会介绍它的用法。

2.3.1 整数类型

整型表示整数类型，仓颉有 10 种类型，见表 2-1。

表 2-1　仓颉类型

类　型	长　度	取值范围
Int8	1 字节	$-2^7 \sim 2^7-1$（$-128 \sim 127$）
Int16	2 字节	$-2^{15} \sim 2^{15}-1$（-32，768~32，767）
Int32	4 字节	$-2^{31} \sim 2^{31}-1$（-2，147，483，648~2，147，483，647）
Int64 （别名 Int）	8 字节	$-2^{63} \sim 2^{63}-1$（-9，223，372，036，854，775，808~9，223，372，036，854，775，807）
IntNative		依赖平台
UInt8 （别名 Byte）	1 字节	$0 \sim 2^8-1$（0~255）
UInt16	2 字节	$0 \sim 2^{16}-1$（0~65，535）
UInt32	4 字节	$0 \sim 2^{32}-1$（0~4，294，967，295）

（续）

类　型	长　度	取值范围
UInt64 （别名 UInt）	8 字节	$0\sim2^{64}-1$（0~18，446，744，073，709，551，615）
UIntNative		依赖平台

在仓颉项目中 Int64 最为常用，数组索引使用 Int64，而且一个未明确指定类型的整型字面量默认被编译器推断为 Int64。大多数时候整型范围与运行仓颉程序的机器无关，也就是代码与平台无关，从而可以方便地在各个平台和操作系统之间移植代码，除了 IntNative 和 UIntNative。

前面提到整型字面量默认被编译器推断为 Int64，如果要指定字面量的类型，需要为字面量增加一个类型后缀。

```
0i8 //值是 0 的 Int8
0i16//值是 0 的 Int16
0i32//值是 0 的 Int32
0i64//值是 0 的 Int64
0u8 //值是 0 的 UInt8
0u16//值是 0 的 UInt16
0u32//值是 0 的 UInt32
0u64//值是 0 的 UInt64
```

如果一个数值特别长，为了方便阅读可以使用下划线分割，分割的数字位数不限，编译器会去掉下划线。下面是两个例子。

```
12_341_515_124_124
922_3372_0368_5477_5807
```

仓颉整型支持二进制、八进制、十进制和十六进制，默认是十进制。整型字面量前缀 0o 或 0O 是八进制，前缀 0x 或 0X 是十六进制，前缀 0b 或 0B 是二进制。下面是几个指定进制的 Int64。

```
0b10010101//二进制
0o43215670//八进制
0x8000a345//十六进制
1234567890//十进制
```

2.3.2 浮点型

浮点型表示有小数部分的数值。仓颉支持 IEEE754 标准的半精度浮点型（Float16）、单精度浮点型（Float32）、双精度浮点型（Float64），见表 2-2。

表 2-2　仓颉浮点型

类　型	长　度	取值范围
Float16	2 字节	-65，504~65504
Float32	4 字节	$-3.40282347^{38}\sim3.40282347^{38}$
Float64	8 字节	$-1.79769313486231570^{308}\sim-1.79769313486231570^{308}$

仓颉浮点型字面量默认是 Float64，如果需要其他类型的浮点型字面量，需要在浮点型字面量后面增加后缀。

```
0.0f16// 值是 0.0 的半精度浮点数
0.0f32// 值是 0.0 的单精度浮点数
0.0f64// 值是 0.0 的双精度浮点数
```

浮点型支持科学计数法字面量。十进制浮点数以 e 或 E 为前缀，底数为 10；十六进制浮点数以 p 或 P 为前缀，底数为 2。下面都是正确的科学计数法浮点数。

```
2e3
2.4e-1
.123e2
0x1.1p0
0x1p2
0x.2p4
```

2.3.3 字符型

图 2-3 为字符型的特点。

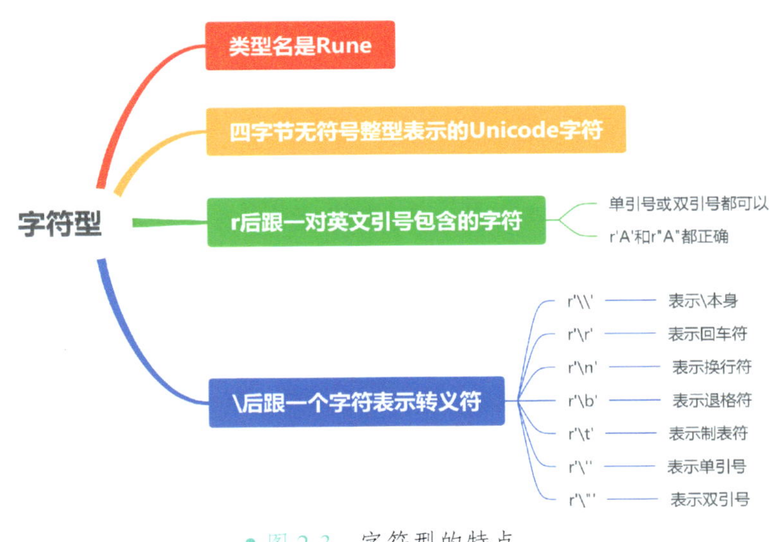

图 2-3 字符型的特点

由于字符型实际是 UInt32 表示的 Unicode 码，因此也可以参与比较。

```
let c = r'a'
println(c == r'a')// true
```

C++/Java 注释： 与 C、C++和 Java 不同的是，仓颉的字符型不能做加减也不能自增自减。程序清单 2-1 的代码会出编译错误。

程序清单 2-1：002/char_cal.cj

```
main(){
  println(r'a' - r'a')
```

```
    println(Rune(65) + 1)
    println(r'a' + 1 == r'c' - 1)
    println(r'a'++ == r'c'--)
}
```

对上面的代码执行 cjc char_cal.cj，每一行 println 都会出编译错误。

2.3.4 字符字节字面量

被 b' 和' 包含的 ASCII 字符，它的类型是 UInt8。以下为声明的一个字符字节字面量。

```
let b: UInt8 = b'a'
```

也可以使用 b'\u{65}' 的形式声明一个字符字节字面量，\u{}内包含的是 ASCII 码。

2.3.5 布尔型

布尔型（Bool）有两个值：true 和 false，用来判定逻辑条件。布尔值不能与其他类型互相转换。

C++注释：在 C/C++中，数值甚至指针可以代替布尔值。仓颉不是，因此在需要使用布尔型的位置如果不慎输入了非布尔值或非布尔型表达式，会出现编译错误。

2.3.6 Unit 类型

Unit 类型只有一个值，即( )，它可以表示与 Java 类似的 void 类型。不过与 void 不同的是，Unit 可以用来定义变量，也可以赋值，还可以是某些表达式的结果或者函数返回类型。

2.3.7 Nothing 类型

目前仓颉还不能显式声明 Nothing 类型的变量，它是一种特殊的类型，也是所有类型的子类型。某些表达式的类型是 Nothing，后续章节会详细说明每一种 Nothing 表达式。

2.3.8 区间

区间不是基本类型，start .. end：step 或者 start ..= end：step，每一部分都可以是一个实现 Countable<T>接口的表达式，且各部分必须是同一类型。整型都实现了这个接口。以上区间表达式中的 step 可以省略。对于整型区间，默认 step 是 1。

```
let range1 = 0 .. 10 //这是一个前闭后开区间，遍历这个区间只会遍历从 0 到 9 这 10 个数字
let range2 = 0 ..= 10 //这是一个前闭后闭区间，遍历这个区间会遍历从 0 到 10
let range3 = 0 .. 10：2 // 这是一个前闭后闭区间，且区间步长是 2，遍历这个区间只会遍历从 0 到 8 的偶数
//具体的遍历语法详见后面的 3.2.1 小节
```

区间除了可以从 start 到 end 增加，还可以反过来操作。

```
let range = 10 .. 0：-1 //区间从 10 到 0，步长是-1，不包含 0
```

2.3.9 元组

我们可以把两个以上的变量或字面量用( )包含起来并用英文逗号分隔构成一个元组。程序清单 2-2 是几个元组的例子。

程序清单 2-2：002/tuple.cj

```
main() {
    let tuple/*: (Int64, Int64) */ = (1, 2)
    var (x, y) = tuple // 可以用元组的形式在一行内声明超过一个变量
    (x, y) = (y, x) // 可以用元组的形式完成变量交换
    //如果想在赋值时忽略元组中某个值可以有以下做法
    let (a, _) = tuple// _是一个占位符,表示此处有一个变量,但是不关心这个变量的值,后面的代码也用不到这个变量
    // 以后还会有更多场景用到变量占位符
}
```

提示

关于元组的子类型关系，如果存在 A、B、C、D 四种类型，A 是 B 的子类型，C 是 D 的子类型，则存在（A，C）是（B，D）的子类型。

2.3.10 Any

Any 是一个接口，也是所有类型的父类型，包括它自身也是自身的父类型，可以用来声明变量，但是没有任何成员。

```
var val: Any = 1
val = None<Bool>
val = false
val = "hello"//由于 val 是 Any 类型,可以用任意类型的值给它赋值。
```

2.3.11 Option

前面提过仓颉是空安全的语言，不存在空值。不过程序运行期必然会发生没有值的情况，此时只能用另外一种类型表示有值或无值，这个类型就是 Option。

```
let val = Some(1)//val 是一个 Option<Int64>类型,它的值是 Some(1)
let none = None<Int64> //none 是一个 Option<Int64>类型,它的值是 None,
//此时可以认为当前这个变量没有 Int64 的值。正如前面提到的,仓颉无值的情况实际也是一个值,它用 Option 类型的 None 值表示无值。
```

Option 这个类型实在太常用了，它有一个简便用法：声明处的 Option<T>可以换成?T。另外，Option 还有函数用来判断当前 Option 值是 Some 还是 None。

```
let opt: ? Int64 = Some(1)
let some = opt.isSome()// true
let none = opt.isNone()// false
```

编译器还会自动把一个值包装为 Option 类型。

```
let opt: ? Int64 = 1//编译器自动地把赋值表达式的右值包装为 Option<Int64>
//这个自动包装对于函数传参和返回值也同样有效。
```

Option<T>类型有几个简单的取值方式。

1）getOrDefault（default：T），如果当前 Option<T>是 Some，则返回 Some 包含的值，否则返回参数值。

```
// 调用这个函数等价于下述代码,以下代码详见 4.10.1 小节
let opt = Some(1)
match(opt) {
  case Some(x) => x
  case _ => default
}
```

2）getOrThrow（thrown：() -> Exception），如果当前 Option<T>是 Some，则返回 Some 包含的值，否则执行函数参数并抛出参数返回的异常。

3）Option 取值操作符

- ??：如果 Option 是 Some 就解构 Option，否则使用?? 的右操作数，这个操作符跟 Option 的 getOrDefault 函数作用是一样的。详见程序清单 2-3。

提示

?? 是右结合操作符，首先完成它右边的表达式计算并把计算结果作为?? 的右操作数。

程序清单 2-3：002/option_extract.cj

```
main(){
    var v = Some(1)
    println(v) // Some(1)
    println(v ?? 0) // 1
    v = None
    print(v ?? 0) // 0
}
```

- ?：如果 Option 是 Some 就访问解构的值的成员，否则返回 None。详见程序清单 2-4。

程序清单 2-4：002/option_extract2.cj

```
main(){
    var s = Some("hello")
    println(s? [0 .. 3]) // Some("hel")
    println(s?.replace("h", "H")) // Some("Hello")
    s = None
    println(s? [0 .. 3]) // None
}
```

提示

有时候可能需要对 Option 包装的实例做链式调用，而这个时候我们并不确定这个 Option 是不是 Some。仓颉对链式调用提供了一个语法糖，第一个.或［］前面加?，后面的调用都不必再加?。比如程序清单 2-5 的代码。

程序清单 2-5：002/option_chain.cj

```
println(Some(1234567890)?.toString()[0 .. 10].hashCode().toString().indexOf("3"))//由于 indexOf 返回? Int64,最终输出 Some(Some(6))
```

2.3.12 类型别名

仓颉允许为各种类型命名别名，包括本章介绍过的各种基本类型、元组，以及后面章节将要介绍的枚举、类、结构体、接口甚至函数类型。类型别名属于顶级声明，声明方法如下。

```
type string = String
type void = Unit
```

这样就分别对 String 和 Unit 声明了一个别名。前面提到的 Byte、UInt、Int 就是标准库为 UInt8、UInt64、Int64 声明的类型别名。

2.4 仓颉的各种“量”

编程的很大一部分工作是围绕着各种“量”展开，比如变量、字面量、常量等。仓颉对各种“量”定义得相当细致，而且在语法上有明确的区分。下面将详细介绍变量和字面量，而常量涉及更复杂的知识和高级特性，而且应用场景较少，后面的章节将进行介绍。

2.4.1 变量

图 2-4 为如何声明变量。

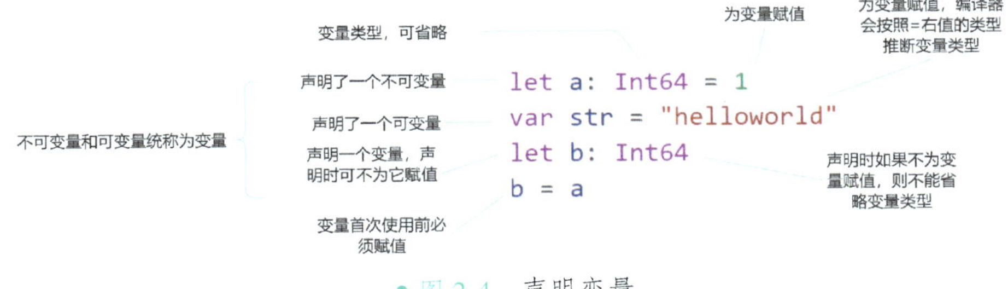

图 2-4 声明变量

本章开头的 let s = "Hello world." 就是一个变量声明。用 let 声明的是不可变量，也是仓颉推荐首先考虑使用的一种“量”的声明方式；用 var 声明的是可变量，仓颉推荐只有在一个量一定会变的时候才声明为可变量。一个“量”的声明不必立即赋值，但是首次使用前必须显式赋值，否则会出编译错误，任何“量”在任何情况下都没有默认值。声明关键词后面是标识符，可以是普通标识符和原始标识符。标识符后是可选的类型，跟标识符之间用英文冒号分隔。最后是可选的 = 后面跟着初始值，初始值可以是另一个“量”或字面量，也可以是函数返回值或其他任意符合当前声明类型的表达式。如果声明未指定类型，编译器会把 = 后面的表达式类型推断为当前声明的类型。

提示

官方文档把 let 声明的叫做不可变变量，把 var 声明的叫做可变变量。本书为了简化表达分别把它们称做不可变量和可变量，并且使用变量作为它们的统称，以后不再重复说明。

除了声明时用=指定初始值以外，还可以在变量声明以后使用=为变量重新赋值。赋值表达式为变量名在左侧，值在右侧，中间用=分隔。

如果一个值在代码中存在，但是代码中用不到它，可以使用变量占位符_代替，_不是变量名，只是在那个位置顶替了变量的声明，后面的代码不可以使用_访问这个变量。

另外，仓颉支持各种表达式的类型推断，包括各类变量、常量、函数返回类型等，因此上面的变量声明 s 可以省略类型，编译器会根据=右面的类型推断出变量的类型。这个特性在后面的章节会反复提到，在实际的编程实践中会很方便。

程序清单 2-6：002/vars.cj

```
let a = 1 //声明了一个名为 a 的不可变量,由于整型默认是 Int64,这个不可变量的类型是 Int64 且赋值为 1
a = 2 //编译错误,不可变量只可赋值一次
var b: Bool //声明了一个名为 b 的可变量,由于声明时没有赋值,必须为它指明变量类型
b = false
b = true //可变量随时可以重新赋值
let c: Int64
c = 2 // 不可变量也不必声明时立即赋值
let d: Int64
let e = d + 1//编译错误,没有为不可变量 d 赋值
let _ = e
```

有些编程语言允许在一行之内声明多个变量，各变量之间用英文逗号分隔。仓颉不允许这样做，不过可以使用元组的形式实现类似的做法。

```
let (x, y) = (1, false)
```

变量声明可以在代码的几乎任何位置，除了算术表达式和逻辑表达式内。

提示

以笔者使用仓颉的经验，大多数时候声明不可变量就够用了，即使用 let 声明的量。笔者也建议大家在开发工作中尽量使用不可变量，当在语法层面确定了它是不可变量，就能在开发过程中避免因失误导致不希望修改的变量发生了修改而导致的程序错误（BUG）。仓颉的很多语法设计都有类似的作用，即通过在语法层面的限制尽量避免运行期的程序错误（BUG）。这样做看似限制更多、不够灵活自由，但是能够减少很多防御性代码，从而减少程序错误（BUG）并降低查错和维护的难度。根据笔者的经验，很多程序错误（BUG）要么是因为需要增加防御性代码的位置没有防御性代码导致，要么防御性代码本身逻辑错误，而防御性代码又增加了代码量和分支数。代码量和分支数增加了，往往意味着增加了产生程序错误（BUG）的可能性，又需要更多的测试用例。

2.4.2 常量

很多编程语言的常量其实就是不可变量，仓颉对此分得很细，除了不可变量以外，还可以声明常量。不过，常量语法规则跟许多语言不同，限制颇多，将在第 11 章做详细说明。

2.4.3 字面量

有人习惯称字面量为常量，但是在语法层面这是两个不同的概念；为做区分，我们把用标识符命名的不可修改且在编译期求值的“量”叫作常量，把代码里直接呈现的“量”叫作字面量。

比如，123 就是一个 Int64 字面量，123i8 就是一个 Int8 字面量，1.23 就是一个 Float64 字面量，"123" 就是一个 String 字面量，Some（123）就是一个 Option<Int64>字面量。自然地，true 和 false 就是 Bool 字面量，0 .. 10 是区间字面量。在有些书籍和文章里，字面量也叫作字面值，都是一个意思。

2.5 操作符

操作符用于对各种“量”的操作，不同的数据类型对应不同的操作符，比如数值型可以做算术运算、比较运算，整型还可以做位运算，它们对应着算术操作符、比较操作符和位操作符；而 Bool 型对应着关系操作符，数组有索引操作符，甚至 Option<T>也有自己的操作符。下面将详细介绍每一种操作符的使用方法。

2.5.1 算术操作符

图 2-5 为算术运算的特性。

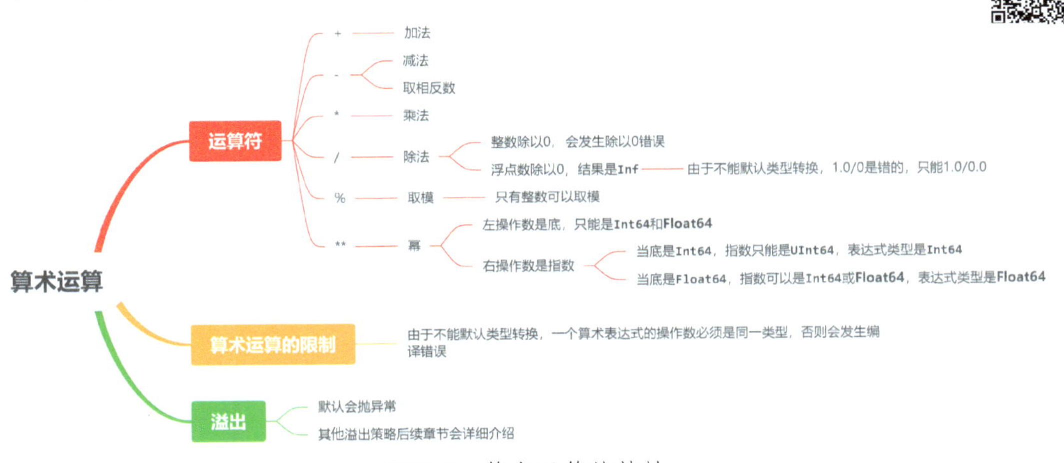

图 2-5 算术运算的特性

2.5.2 自增与自减操作符

图 2-6 为自增自减操作符的特性。

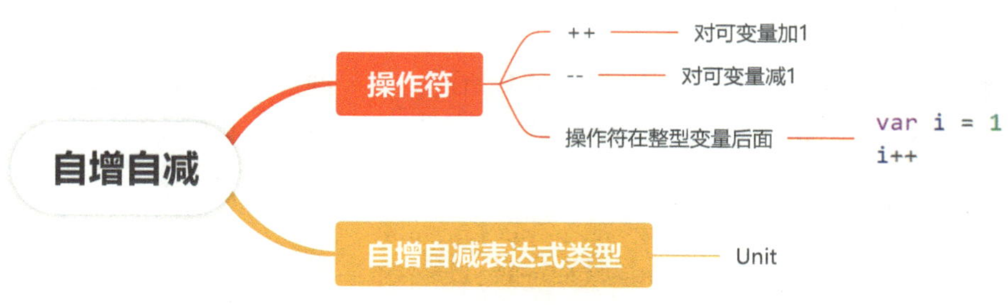

● 图 2-6　自增自减操作符的特性

C++/Java 注释：C、C++和 Java 的自增自减运算可以与算术运算、比较运算一起使用，但是它们的编程规范又普遍要求不要一起混用，否则会给人带来困惑，容易造成意料之外的程序错误。仓颉干脆在语法层面禁止了这一做法，自增自减运算会改变变量的值，但是自增自减表达式的值是 Unit。

2.5.3　比较与关系操作符

图 2-7 为逻辑运算的基本特性。

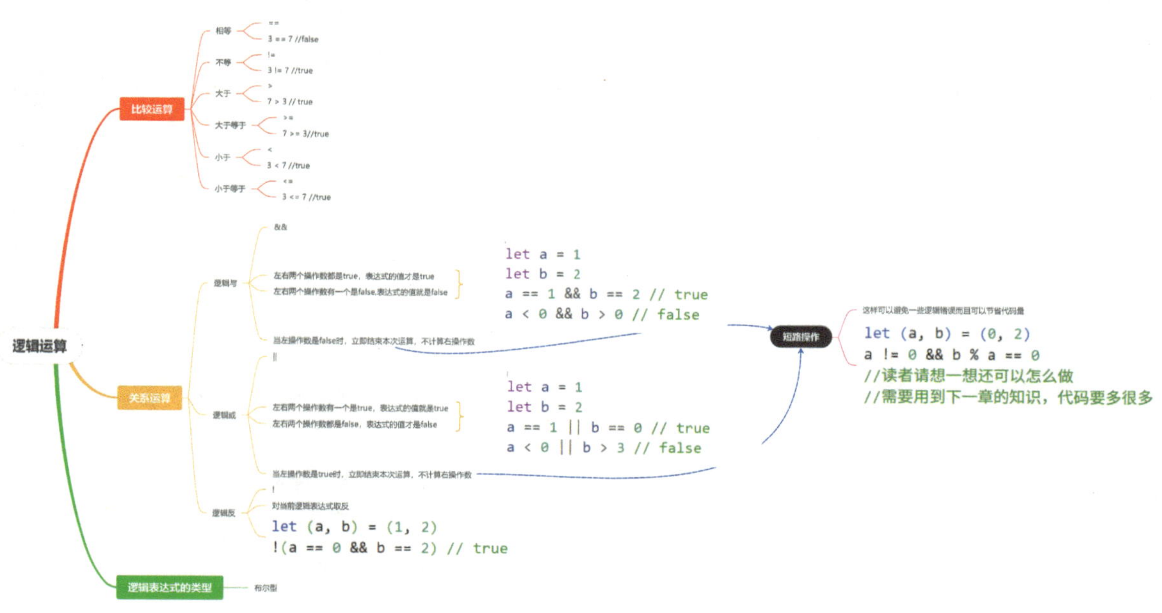

● 图 2-7　逻辑运算的基本特性

2.5.4　位运算操作符

图 2-8 为位运算的特性。

Java 注释：Java 的 & 和 | 也可用于不短路的逻辑运算，仓颉则不支持这个特性。

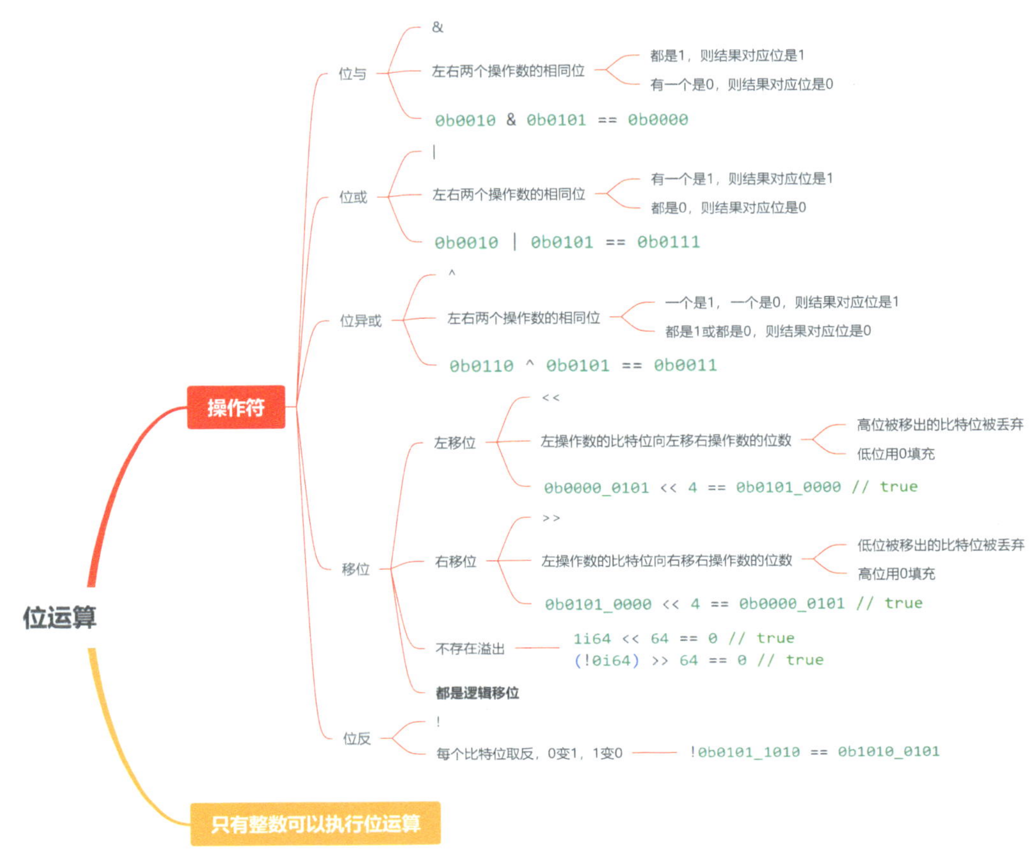

图 2-8　位运算的特性

2.5.5　赋值操作符

图 2-9 为赋值表达式的特性。

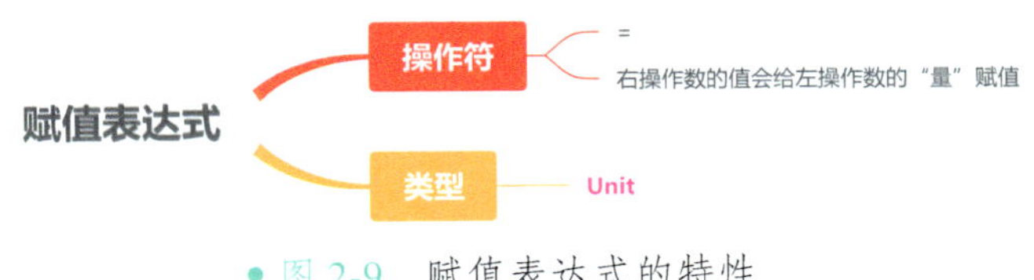

图 2-9　赋值表达式的特性

程序清单 2-7 的代码展示了赋值表达式的类型。

程序清单 2-7：002/assignment_expr.cj

```
main(): Unit {
  var a: Int64
  a = 1 // 赋值结束,a 的值是 1,但是整个表达式的类型是 Unit
  println(a) //输出 1
  let b = (a = 2) // 因此 b 的类型会被推断为 Unit,而不是 Int64
```

```
    println(a) // 输出 2
    println(b is Unit) // 输出 true,is 是一个操作符,详见 2.5.7 小节
}
```

2.5.6 复合赋值操作符

除了取反操作符，前面提到的算术操作符、关系操作符、位操作符，都可以跟赋值操作符组合成复合赋值操作符。比如+=是左操作数与右操作数相加，并用结果为左操作数的变量赋值。

复合赋值操作符的最后一步操作是赋值，因此复合赋值表达式的类型也是 Unit。

2.5.7 类型检查操作符

如果不确定一个类型是不是自己当前需要的类型，可以使用 is 判断，is 左边是变量、常量、字面量，右边是类型标识符（可以是泛型标识符）。见程序清单 2-8。

程序清单 2-8：002/type_check.cj

```
let a: Any = true
println(a is Bool) // true
println(a is Int64) // false
```

2.5.8 类型转换操作符

仓颉没有隐式类型转换，只能显式地转换类型。类型转换有三种方式，本小节只介绍两种，第三种将在第 4 章模式匹配的相关章节详细介绍。

第一种方式：对于数值型之间的转换，只要不超过取值范围，就可以使用 TypeName(value)的形式完成转换。比如程序清单 2-9 和程序清单 2-10 的方式。

程序清单 2-9：002/type_convert.cj

```
let a = 1i32
let i: Int64 = Int64(a)//可以转换
let minus = -1
let uint = UInt64(minus)//由于-1 不在 UInt64 的取值范围,会出编译错误。对于运行期才能确定值的,这种情况会出值溢出异常。还有其他溢出策略,后面的章节将会介绍。
var float32 = Float32(i)
var float64 = Float64(float32)
let float16 = Float16(float32)
float64 = Float64(a)//比较特殊的一点是字符型与整型的转换
let ch = 65
let rune = Rune(UInt32(ch))//整型必须先转成 UInt32,然后才能转成字符型
let int8 = Int8(UInt32(rune))//字符型必须先转成 UInt32,然后才能转成其他整型
```

程序清单 2-10：002/type_convert2.cj

```
let c = r'a'
let ci = UInt32(c)
let i = Int64(ci)
```

第二种方式：使用 as 操作符。这种方式不会真把一个值转成另一个类型，而是转成以目标类

型做泛型实参的 Option；只有一个值确实是目标类型才会转换成功，否则会转成 None。见程序清单 2-11。

程序清单 2-11：002/type_convert3.cj

```
let i: Any = 1i64
let v = i as Int64
println(v is Option<Int64>) // true
println(v)//输出 Some(1)
println(v as UInt64)//输出 None
```

2.5.9 括号、操作符优先级与结合方向

除了前面提到的运算操作符，后续章节还会提到更多操作符，完整的操作符信息会在附录展示。见表 2-3。

表 2-3 操作符

操作符	优先级	含义	示例	结合方向
++ --	2	自增 自减	i++ i--	无
?	2	Option 取值	Some("Hello")?[0..3]	无
!	3	位反，逻辑非	!expr	右
-	3	负号（取相反数）	-expr	右
**	4	幂运算	2 ** 2 2.0 ** 1	右
* /	5	乘法 除法	expr * expr expr / expr	左
%	5	取模	expr % expr	左
+ -	6	加法 减法	expr + expr expr - expr	左
<< >>	7	左移位 右移位	expr << expr expr >> expr	左
..	8	构造前闭后开区间	1 .. 10: 2	无
< <=	9	小于 小于等于	expr1 < expr2 expr1 <= expr2	无
> >=	9	大于 大于等于	expr1 > expr2 expr1 >= expr2	无
is	9	类型检查	a is Int64	无
as	9	类型转换	a as Int64	无
== !=	10	等于 不等于	expr == expr expr != expr	无
&	11	整型位与	expr & expr	左
^	12	整型位异或	expr ^ expr	左
|	13	整型位或	expr | expr	左

（续）

操作符	优先级	含　义	示　例	结合方向
&&	14	逻辑与	expr && expr	左
||	15	逻辑或	expr || expr	左
??	16	联合	Some ("Hello") ?? "hello"	右
=	18	赋值	expr = expr	无
复合赋值操作符	18	复合赋值		无

表达式中如果要使低优先级操作符先执行，可以使用一对圆括号( )包含要优先执行的那部分表达式。

2.6 数组

仓颉数组不是内建类型，而是标准库的一个集合类型的实现。

2.6.1 数组字面量

我们可以使用一对 [ ] 包含数组元素，这样就构造了一个数组字面量。示例如程序清单 2-12 所示。

程序清单 2-12：002/literal_array.cj

```
let array = [1, 2, 3]//构造了一个 Int64 数组
let empty: Array<Int64> = []//构造了一个空的 Int64 数组
//上面的数组等价于下面的代码
// let array: Array<Int64> = [1, 2, 3]//Array 是数组类型,数组元素的类型由<>内的类型名指定
array[0] = 4
println(array)//输出[4, 2, 3]
```

2.6.2 构造一个数组

构造一个数的代码，见程序清单 2-13。

程序清单 2-13：002/array.cj

```
let array = Array<Int64>()//构造了一个空的 Int64 数组
println(array)//输出[]
let array2 = Array<Int64>(10, repeat: 0)//定义了一个长度为 10 的数组,每个元素的值是 0
//因为仓颉是空安全,而且没有为基本类型定义默认值,所以只能为数组的每个元素指定值
println(array2)//输出[0, 0, 0, 0, 0, 0, 0, 0, 0, 0]
let array3 = Array<Int64>(10){i => i + 1}//定义了一个长度为 10 的数组,这个数组是[1, 2, 3, 4, 5, 6,
7, 8, 9, 10]
//{i => i + 1}是一个尾闭包,详见 3.3.8 小节。这个闭包的参数是要填充的数组索引,返回值是填充到这个索引的
数组元素的值
println(array3)//输出[1, 2, 3, 4, 5, 6, 7, 8, 9, 10]
```

2.6.3 数组的切片

仓颉数组可以用区间获取一个数组的切片。获取的切片是一个新的数组实例，不过它跟原数组共享相同的内存空间。详见程序清单 2-14。

程序清单 2-14：002/array_slice.cj

```
var array = Array(10) {i => i}
let arr2 = array[3 .. 8]
arr2[0 .. 3] = [2, 4, 6]
println(array) //输出[0, 1, 2, 2, 4, 6, 6, 7, 8, 9]
let old = array
array = Array(20) {
    i => //可以用这种方式为数组扩容
    if (i < 10) {
        old[i]
    }else {
        0
    }
}
```

> **提示**
>
> 如果区间步长不是 1，会抛出 IllegalArgumentException；如果 start 大于 end，会抛 IndexOutOfBoundsException。

2.6.4 值类型数组

值类型数组与前面提到的数组的差别如图 2-10 所示。

图 2-10 值类型数组

下面的代码创建了两个指定类型和长度的 VArray 实例。

```
let varray = VArray<Int64, $5>(repeat: 0)//构造了一个长度是 5 的 Int64 值类型数组，每个元素的值是 0
let varray2 = VArray<Int64, $5>{i => i}//构造了一个长度是 5 的 Int64 值类型数组，每个元素的值分别是
0 1 2 3 4
```

2.7 字符串

仓颉字符串就是 Unicode 字符序列。"仓颉是一种编程语言"就是一个字符串，由九个 Unicode 字符组成，分别是 r'仓'、r'颉'、r'是'、r'一'、r'种'、r'编'、r'程'、r'语'、r'言'，字符串内部维持着它们的 UTF-8 字节数组。仓颉没有内置的字符串类型，而是标准库提供的名为 String 的结构体。字符串的基本特性如图 2-11 所示。

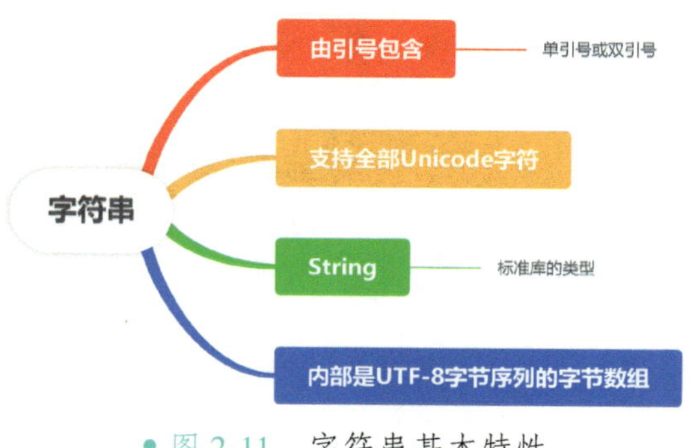

图 2-11 字符串基本特性

2.7.1 子串

字符串可以使用一对方括号以区间做参数取得子串，见程序清单 2-15。

程序清单 2-15：002/string_slice.cj

```
let hello = "Hello"
println(hello[0 .. 3]) // Hel
```

如果方括号的参数是整数，则返回一个字节，见程序清单 2-16。

程序清单 2-16：002/string_utf8.cj

```
var hello = "Hello"
println(hello[0] == UInt8(UInt32(r'H'))) // true
hello = "你好"
println(hello[0]) // 输出的是'你'字的 UTF-8 字节序列的第一个字节
```

2.7.2 拼接

与大多数编程语言一样，仓颉也允许使用+连接两个字符串。不同的是，仓颉不支持不同类型的拼接，比如"a" + 1 会出编译错误，要完成拼接只能使用"a" + 1.toString 函数。

还有一个拼接字符串的方法，即使用 StringBuilder。创建它的实例后，调用若干次 append 函数，最后执行 toString 函数，即可完成拼接。见程序清单 2-17。

程序清单 2-17：002/string_builder.cj

```
let s = StringBuilder()
s.append('a')
```

```
s.append("bcd")
s.append(1234)
s.append(true)
println(s.toString()) // abcd1234true
```

2.7.3 插值字符串

不同类型的值不能拼接字符串，仓颉提供了一个简单的方法来解决这个问题。由 ${…} 包含的可以是任意表达式，只要表达式的值实现了 ToString 接口，数值型、字符型、Bool 都实现了这个接口。而且如果 Option<T>和 Array<T>的 T 实现了 ToString，那么这个 Option<T>和 Array<T>也实现了 ToString 接口。。

程序清单 2-18：002/interpolation.cj

```
let i = 1
let s = "a ${i}" // a1
```

2.7.4 多行字符串

仓颉支持多行字符串，"""或'''开头立即换行。多行字符串的第一个字符是换行后的第一个字符，直到再次遇到 """ 或'''。

程序清单 2-19：002/multiline.cj

```
main(){
    let s = """
        abcd
        efgh"""
    let s2 = "abcd\n        efgh"
    println(s == s2) // true
    println("${s.size} ${s2.size}")
    let i = 1234
    let ss = """
        abcd ${i}"""
    println(ss == "        abcd1234") // true
}
```

> **提示**
> 紧跟开头的三个引号后面的换行不是字符串的一部分。

2.7.5 多行原始字符串

以一个以上#开头后跟一个"或'，再以一个"或'后跟与开头数量一样多的#结尾，中间被它们包含的全部字符都是字符串。原始字符串不支持插值。

程序清单 2-20：002/raw_multiline.cj

```
main(){
    let s = #"a"#
```

```
    println(s == "a")
    let ss = #"
        abcd
        efgh
        ${i}
    "#
    let s2 = "\n        abcd\n        efgh\n        \${i}\n    "
    println(ss == s2) // true
    println("${ss.size} ${s2.size}")
    println(ss)
    println(s2)
}
```

2.7.6 字符串的比较

仓颉字符串可以使用全部比较操作符进行比较运算，比较规则与其他编程语言一样。

Java 注释：仓颉字符串的==比较与 Java 字符串的 equals 方法一样，大于（>）、小于（<）、大于等于（>=）、小于等于（<=）的比较与 Java 字符串的 compareTo 方法一样。另外，字符串也有 compare 函数，返回值是大于（GT）、小于（LT）、等于（EQ）。

2.7.7 字符串的其他操作

字符串的其他操作示例，见程序清单 2-21。

程序清单 2-21：002/indexof.cj

```
var s = "hello"
s = s.replace('l', "L")
println(s) // heLLo
s = "helloworld"
s = s.replace("o", "O")
println(s) // hellOwOrld
println(s.indexOf("ell")) // Some(1)
println(s.indexOf("ello")) // None<Int64>
```

2.7.8 字符串的不可变性

字符串不可修改，所有对字符串的获取子串、替换、拼接等操作都是创建了新的字符串实例。为了用原变量接收替换后的新字符串值，需要把变量声明设为可变的，并使用操作后得到的新串为变量重新赋值。

2.7.9 空串

空串就是长度为 0 的字符串。我们可以使用程序清单 2-22 的代码检查一个字符串是不是空串。

程序清单 2-22：002/empty_string.cj

```
let s = ""
println(s == String.empty) // true
```

```
println(s.size == 0) // true
println(s == "") // true
println(s.isEmpty()) // true
```

2.7.10 构造字符串

仓颉有以下构造字符串的方式。介绍如下。

- let s = String()//构造了一个空串
- let s = String([r'a', r'b', r'c'])//构造了一个字符串"abc"
- let s = String.fromUtf8([b'a',b'b',b'c'])//构造了一个字符串"abc",此函数接收一个 utf8 编码的字节数组

2.7.11 字符串长度

字符串长度的介绍，见程序清单 2-23。

程序清单 2-23：002/string_size.cj

```
let s = "hello"
println(s.size)//5
println("仓颉".size)//6
```

字符串实例内部维护的是 UTF-8 字节序列。由于 UTF-8 字符的字节数不尽相同，难以准确判断一个字符串究竟有多少个字符，因此字符串的.size 返回的只是 UTF-8 字节序列的长度，而没有获取字符数的 API。

2.8 值类型与引用类型

在以上介绍的数据类型中，除 Any 都是值类型。值类型在赋值、传参、函数返回新的变量得到的是原值的副本，对副本的操作不会影响原值。基本类型、区间、Option、字符串都是值类型，第 4 章会详细介绍复合值类型结构体和引用类型之一的类，以及 Option 所属的枚举类型声明知识，第 6 章介绍 Any 所属的引用类型接口。

2.9 本章知识点总结和思维导图

本章从一个 helloworld 程序开始，介绍了仓颉的注释、各种数据类型、可变量和不可变量的声明，以及字面量的概念，之后介绍了与这些数据类型和各种“量”交互的操作符，还介绍了数组、字符串的特性。图 2-12 为本章主要内容的总结。

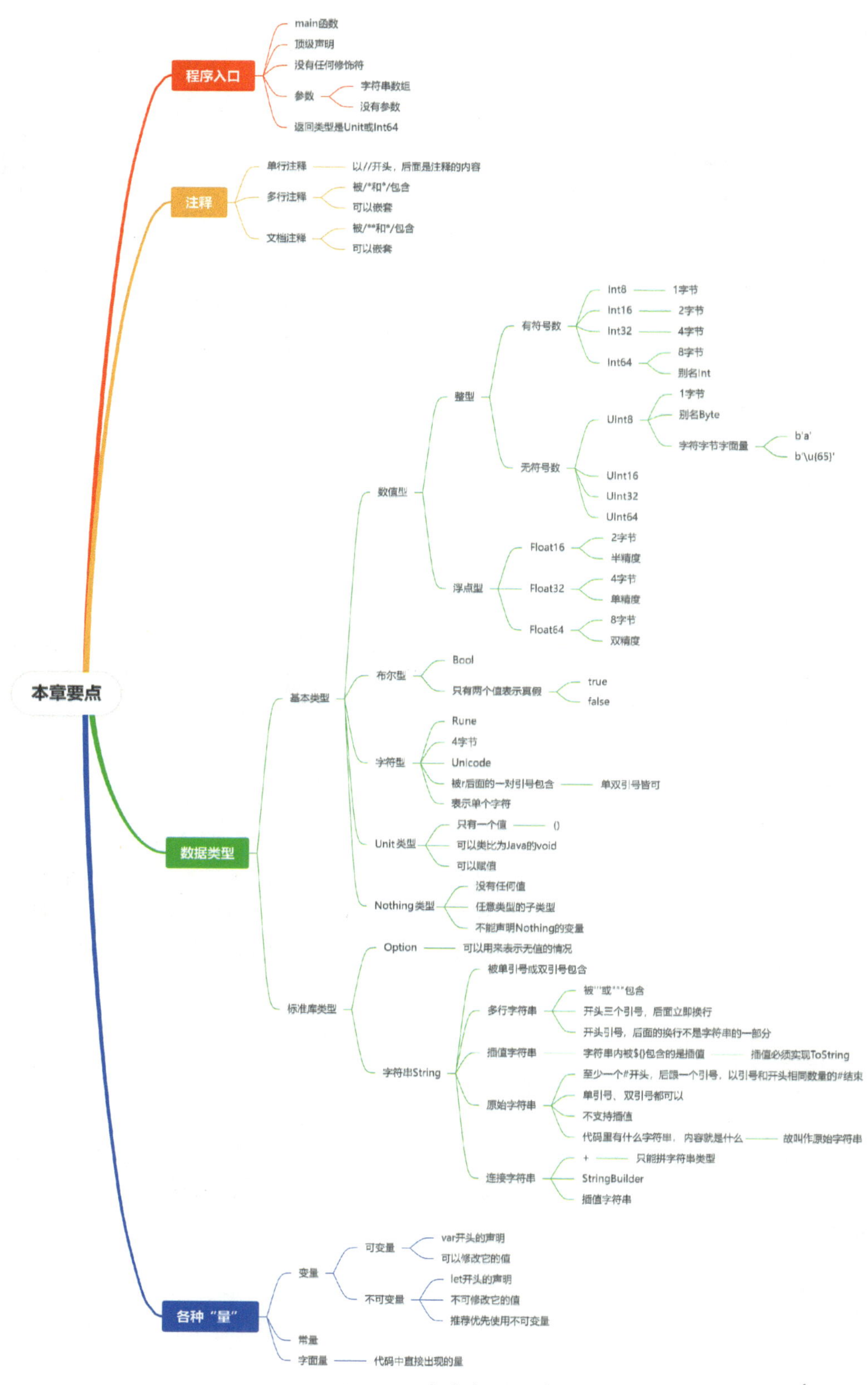
本章要点
程序入口
main函数
顶级声明
没有任何修饰符
参数
字符串数组
没有参数
返回类型是Unit或Int64
注释
单行注释
以//开头，后面是注释的内容
多行注释
被/*和*/包含
可以嵌套
文档注释
被/**和*/包含
可以嵌套
数据类型
基本类型
数值型
整型
有符号数
Int8
1字节
Int16
2字节
Int32
4字节
Int64
8字节
别名Int
无符号数
UInt8
1字节
别名Byte
字符字节字面量
b'a'
b'\u{65}'
UInt16
UInt32
UInt64
浮点型
Float16
2字节
半精度
Float32
4字节
单精度
Float64
8字节
双精度
布尔型
Bool
只有两个值表示真假
true
false
字符型
Rune
4字节
Unicode
被r后面的一对引号包含
单双引号皆可
表示单个字符
Unit 类型
只有一个值
()
可以类比为Java的void
可以赋值
Nothing 类型
没有任何值
任意类型的子类型
不能声明Nothing的变量
标准库类型
Option
可以用来表示无值的情况
字符串String
被单引号或双引号包含
多行字符串
被'''或"""包含
开头三个引号，后面立即换行
开头引号，后面的换行不是字符串的一部分
插值字符串
字符串内被${}包含的是插值
插值必须实现ToString
原始字符串
至少一个#开头，后跟一个引号，以引号和开头相同数量的#结束
单引号、双引号都可以
不支持插值
代码里有什么字符串，内容就是什么
故叫作原始字符串
连接字符串
+
只能拼字符串类型
StringBuilder
插值字符串
各种“量”
变量
可变量
var开头的声明
可以修改它的值
不可变量
let开头的声明
不可修改它的值
推荐优先使用不可变量
常量
字面量
代码中直接出现的量

图 2-12　本章知识要点

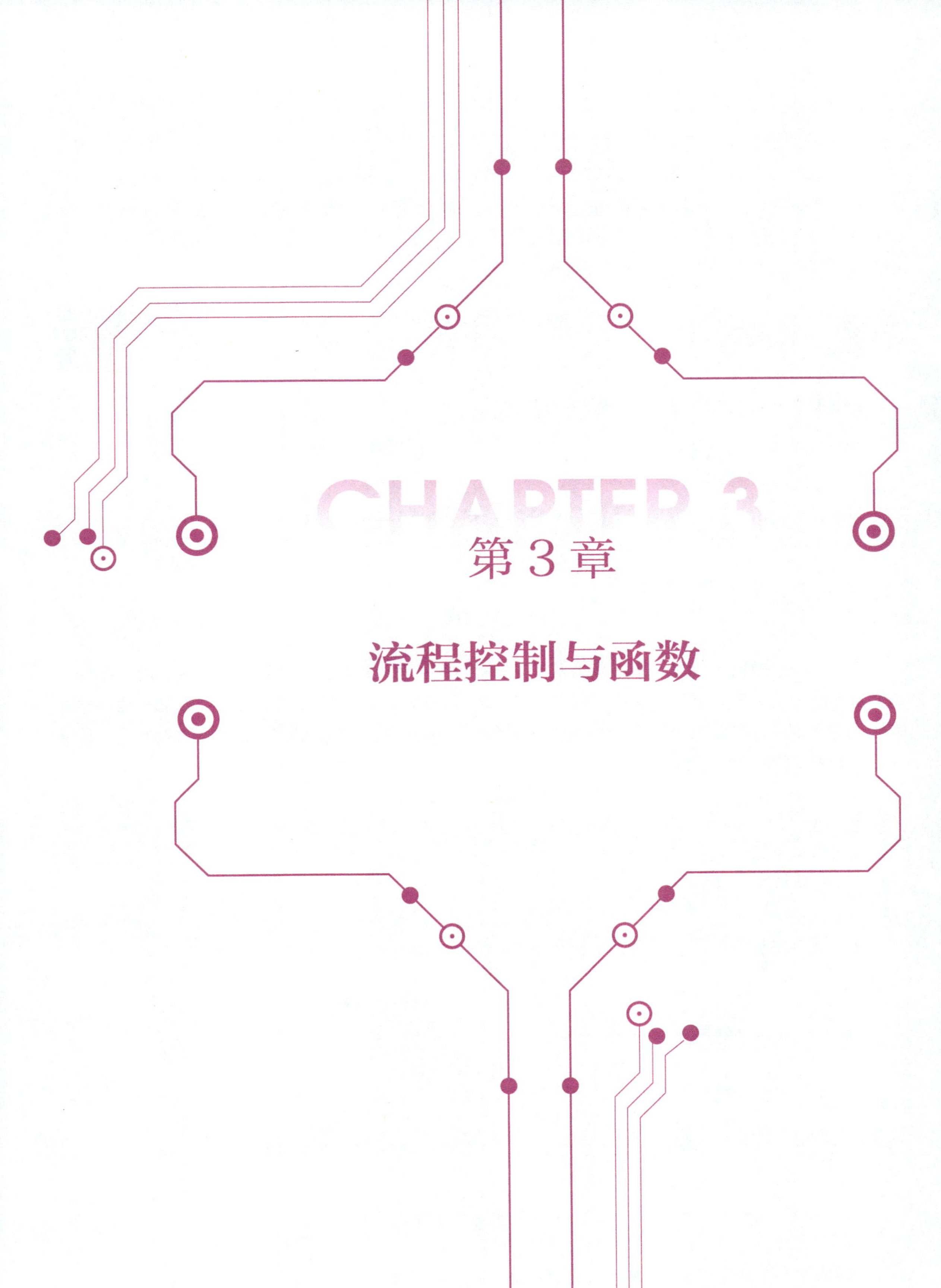

CHAPTER 3

第3章

流程控制与函数

对于任何图灵完备的编程语言，它们的代码都可以归类为顺序、分支、循环，即使纯函数式的语言也只是表现形式不同，仓颉当然也有这些控制流程。不同的是，有些编程语言（比如 Java）把各种代码都称作语句，比如赋值语句、条件语句、循环语句等，而在仓颉的世界，它们都是表达式。语句与表达式的区别在于，语句是没有值的，执行结束不会产生结果；而表达式一定会有一个值，表达式最后执行的代码产生的结果就是它的值。

3.1 if 表达式

图 3-1 为一个 if 表达式的构成要件和执行过程。

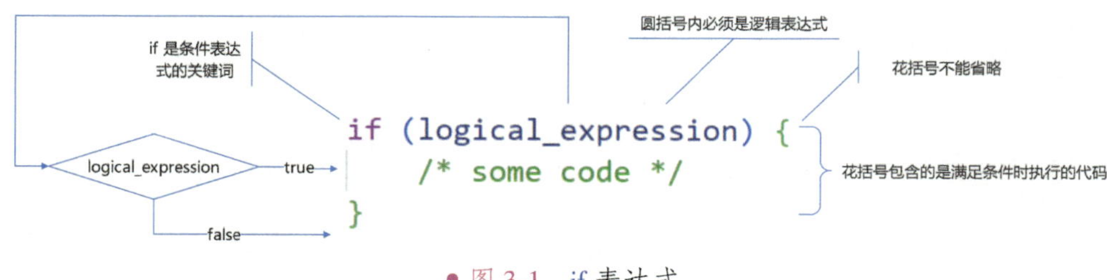

● 图 3-1　if 表达式

C++/Java 注释：对于 C、C++和 Java，在分支条件只有一行时，花括号可以省略，但是编程规范要求不论分支有多少行代码都要使用花括号包含，以便减少程序错误，方便维护。仓颉在语法层面就做了这个要求。这又是一个代码规范进入语法约束的例子，前面提到的自增自减操作符也是。程序清单 3-1 是一个简单的例子。

程序清单 3-1：003/if.cj

```
let i = 1
if (i > 0) {
    println(i * 2)
}
```

如果需要在条件不满足时执行另一个分支的代码，仓颉也准备了 else 关键词，如图 3-2 所示。

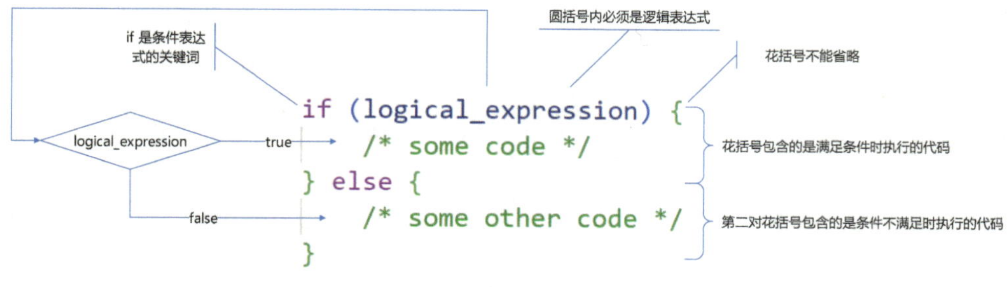

● 图 3-2　带 else 的条件表达式

如果有多个条件需要依次判断，else 和 if 可以连起来形成一个条件表达式，如图 3-3 所示。圆括号内也可以使用 &&、||、! 组合多个逻辑表达式，见程序清单 3-2。

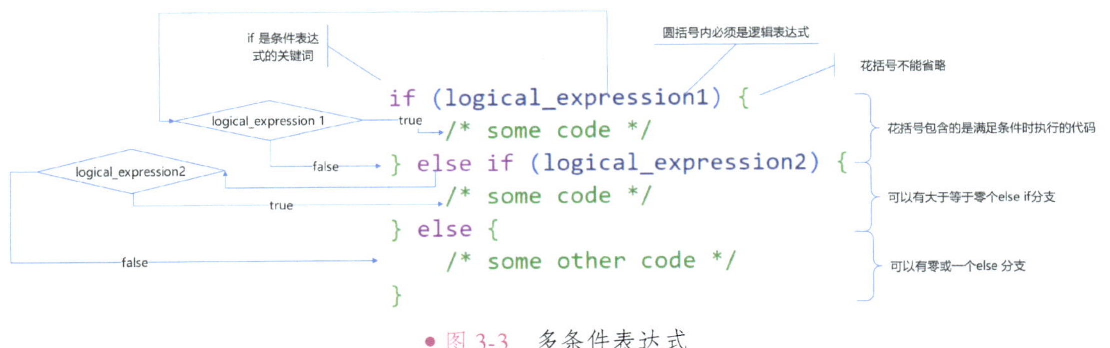

● 图 3-3 多条件表达式

程序清单 3-2：003/if_multilogic.cj

```
let i = 1
if (i > 0 && (i % 2 ! = 0 || i % 3 == 0)) {
    println(i)
}
```

C++/Java 注释： 仓颉没有三目操作符，不过条件表达式可以代替三目操作符。

提示

条件表达式的类型推断有以下规则。

1）如果指定条件表达式的类型（比如条件表达式是一个赋值表达式的右操作数，而且这个待赋值的变量已经确定了类型），则整个条件表达式的类型必须是这个类型或它的子类型。

2）如果没有明确指定条件表达式的类型，且条件表达式各分支的最小公共父类型是 Any，则编译错误，如程序清单 3-3 所示。

3）如果没有 else 分支，则条件表达式的类型是 Unit。

4）若仅仅是为了控制程序流程，此时条件表达式不会用于赋值、传参、函数返回值等任意一种情况，会被编译器推断为 Unit。程序清单 3-4 的代码可以编译，尽管分支表达式的最小公共父类型是 Any，但是 main 的返回类型并不依赖分支表达式的推断，此时分支表达式会被编译器推断为 Unit。

程序清单 3-3：003/min_super.cj

```
main(){
  let val = 1
  let any = //前面提到 Any 是所有类型的公共父类型,但是这段代码会出编译错误,因为这个条件表达式被推断为
Any 类型
  if (val == 1) {
    1
  }else if (val % 2 == 0) {
    1i8
  }else {
    true
  }
  println(any)
}
```

程序清单 3-4：003/if_else.cj

```
main(): Unit {
    let a = 1
    if(a > 0){
        true
    }else{
        0
    }
}
```

提示

仓颉的变量作用域由{}区分，{}内的变量外部访问不到；{}前面的变量，它的内部可以访问；如果内部与外部有同名变量，则较小作用域的变量会生效。关于变量作用域的规则贯穿整个仓颉语法特性，不只是在条件表达式中生效。详见程序清单 3-5。

程序清单 3-5：003/min_super.cj

```
let i = 1
if(i is Int64) {//这段代码可以编译并运行
    let i = true
    println(i)//输出 true
}
```

Java 注释：Java 不允许在较小作用域内声明同名变量，这一点与仓颉不同。

3.2 循环控制流程

前面提过仓颉的代码除了声明就是表达式，循环也是表达式，自然也有值。不过循环的值特殊之处在于初始条件不一定会得到满足，在程序里循环也就不一定会执行，因此，循环体内部最后执行的代码就不能是循环表达式的值，循环表达式的值永远是 Unit 类型，即( )。

3.2.1 for-in 循环

首先介绍一个新的类型，即 Iterable<T>类型，它是一个接口，所有实现了这个接口的类型都可以使用 for-in 循环迭代。前面提到过的数组、区间、字符串都实现了 Iterable<T>。图 3-4 为 for-in 循环的语法介绍。

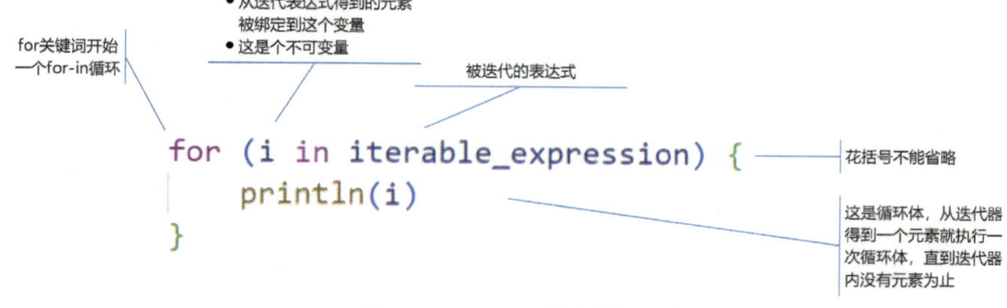

图 3-4 for-in 循环的语法

仓颉字符串内部使用 UTF-8 字节序列组织，而 String 实现的迭代器不是 Iterable<Rune>，而是 Iterable<UInt8>。因此，程序清单 3-6 循环输出的不是字符，而是这个字符串的 UTF-8 字节序列。

程序清单 3-6：003/for.cj

```
for(b in "仓颉是一种编程语言") {
    println(b)
}
```

如果要遍历的不是 UTF-8 字节序列，而是字符序列，则应该使用程序清单 3-7 的循环。

程序清单 3-7：003/for_runes.cj

```
for(r in "仓颉是一种编程语言".runes()) {
    println(r)
}
```

for-in 的运行过程如图 3-5 所示。

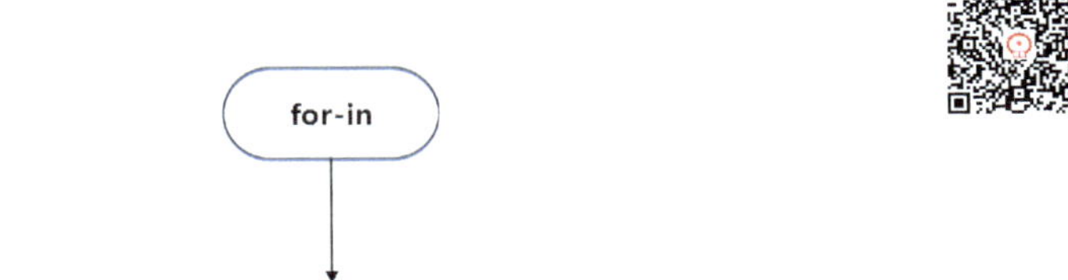

● 图 3-5　for-in 的运行过程

如果只是想执行一个循环，并不需要用到循环变量，可以用占位符代替循环变量，如程序清单 3-8 所示。

程序清单 3-8：003/for_range.cj

```
for (_ in 0 .. 10) {
    println("in loop")
}
```

有些时候只有部分迭代器元素需要执行循环体，可以用一个逻辑表达式把它们筛选出来，如程序清单 3-9 所示。

程序清单 3-9：003/for_where.cj

```
for (x in 0 .. 10 where x % 2 == 0) {
// where 后面是逻辑表达式。只有 where 后面的逻辑表达式为 true 时才会执行循环体,不过不论这个逻辑表达式的值是什么,遍历的序列都会从头遍历到尾。
  println(x)
}
```

提示

for-in 圆括号内在 in 前面绑定的是不可变量，它的作用域是当前的循环体。

C++/Java 注释： C++和 Java 的 for 循环可以声明并初始化循环变量、执行判定是否继续循环的循环条件表达式、修改循环变量，不过仓颉的 for-in 循环只能遍历 Iterable<T>的实例。

3.2.2 while 循环

while 循环需要使用逻辑表达式决定是否执行循环体，它的语法要点如图 3-6 所示。

while是循环关键词
圆括号内必须是逻辑表达式
花括号不能省略
while (logical_expression) {
/* some code */
}
花括号包含的是循环体，满足循环条件时执行

• 图 3-6 while 循环的语法要点

最典型的做法如程序清单 3-10 所示，循环输出从 0 到 9 的整数，每行一个。

程序清单 3-10：003/while.cj

```
var i = 0
while(i < 10) {
  println(i)
  i++
}
```

我们可以使用 while 实现一个死循环，如程序清单 3-11 所示。

程序清单 3-11：003/while_true.cj

```
while(true) {
  println("endless")
}
```

while 循环的执行过程如图 3-7 所示。

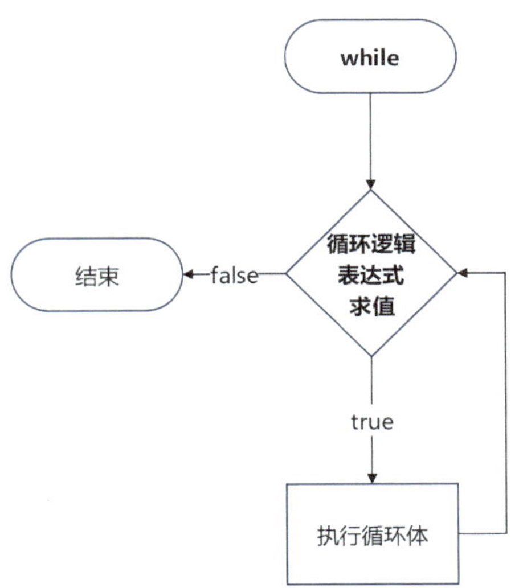

● 图 3-7　while 循环的执行过程

3.2.3　do-while 循环

在无论如何都需要至少执行一次循环体时，可以使用 do-while 循环。do-while 循环的执行过程如图 3-8 所示。

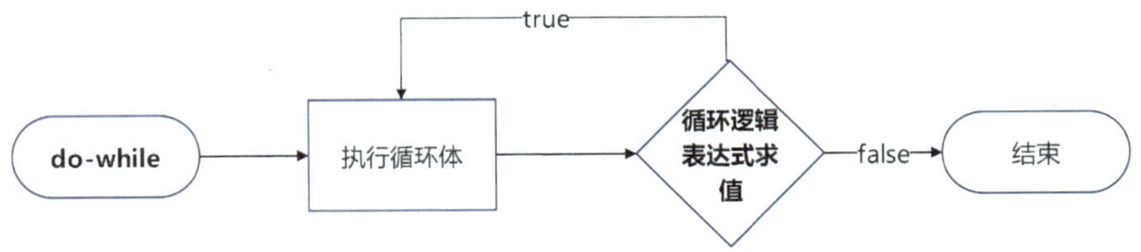

● 图 3-8　do-while 循环的执行过程

do-while 循环的语法规则如图 3-9 所示。

● 图 3-9　do-while 循环的语法规则

程序清单 3-12 是一个典型的例子。

程序清单 3-12：003/do_while.cj

```
var i = 0
do {
  println(i)
  i++
}while (i < 10)
```

3.2.4 break

当我们希望在满足某些条件时提前退出循环，可以通过 break 实现。下面我们以程序清单 3-13 的 for-in 循环为例，做简单的说明。for-in 循环、while 循环和 do-while 循环都支持使用 break 提前退出循环。

程序清单 3-13：003/break.cj

```
for(i in 0 .. 10) {
  println(i)
  if (i > 5) {
    break
  }
}
```

图 3-10 解释了上述循环的执行流程。

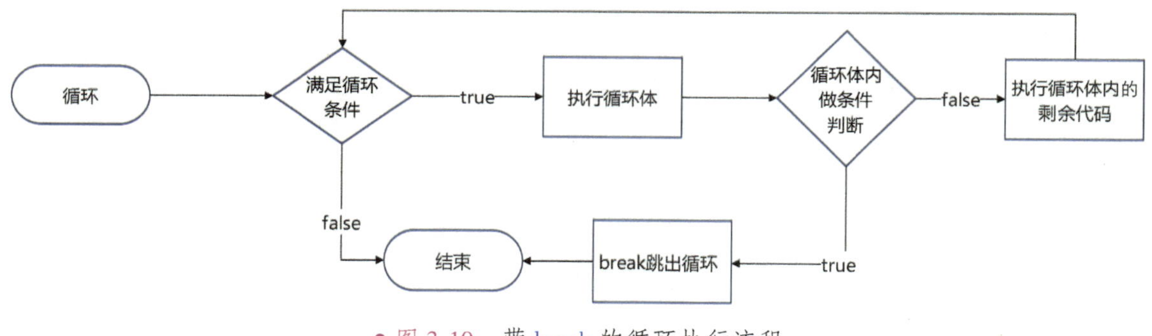

● 图 3-10　带 break 的循环执行流程

Java 注释：Java 支持在循环关键词前面声明一个标识符，可以使用 break <IDENTIFIER>的形式退出多个嵌套的循环。但是现在仓颉还暂时不支持这个特性。

> **提示**
>
> break 也是一个表达式，这个表达式的类型是 Nothing。注意，Nothing 是任何类型的子类型。

3.2.5 continue

在我们希望满足某些条件时提前结束本次循环，继续下次循环时，可以通过 continue 实现。下面我们以程序清单 3-14 的 for-in 循环为例，做详细说明。for-in 循环、while 循环、do-while 循环和后续章节介绍的 while-let 循环都支持使用 continue 和 break 提前结束本次循环。

程序清单 3-14：003/continue.cj

```
for(i in 0 .. 10) {
  println(i)
  if (i % 2 == 0) {
    continue
  }
}
```

图 3-11 为上述循环的执行流程。

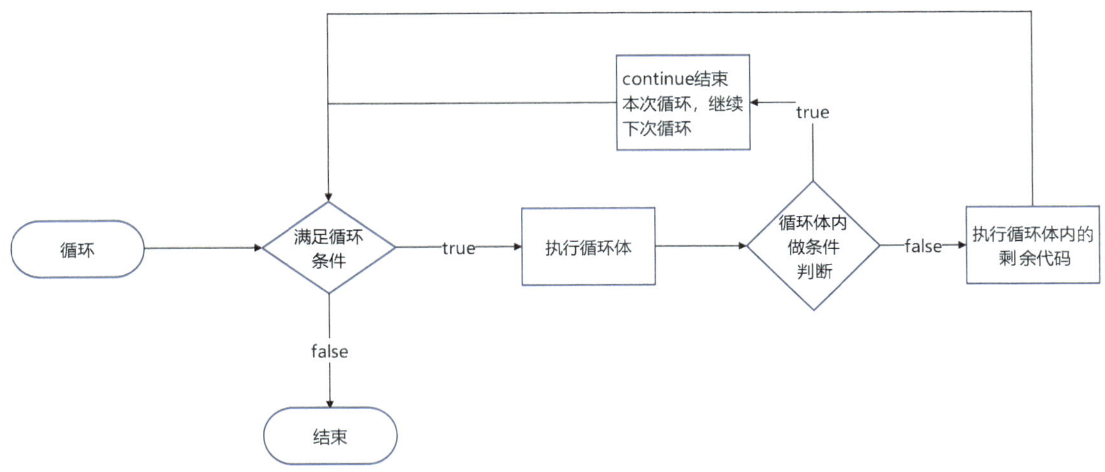

图 3-11　带 continue 的循环执行流程

Java 注释： Java 支持在循环关键词前面声明一个标识符，我们可以使用 continue <IDENTIFIER> 的形式提前结束本次循环并退出多个嵌套的循环，继续执行标识符声明处的下次循环。不过，仓颉现在还不支持这个特性。

提示

continue 也是一个表达式，这个表达式的类型是 Nothing。

3.3 函数

截至目前，前面所有的特性都只能在 main 函数内演示。通常，一个完整的项目是不可能用一个 main 函数完成的。为了方便项目管理，需要按代码功能职责做划分，而最典型的划分就是为不同的功能声明不同的函数，需要执行某个功能就调用相应的函数。

3.3.1 声明一个函数

图 3-12 为一个简单的函数声明。

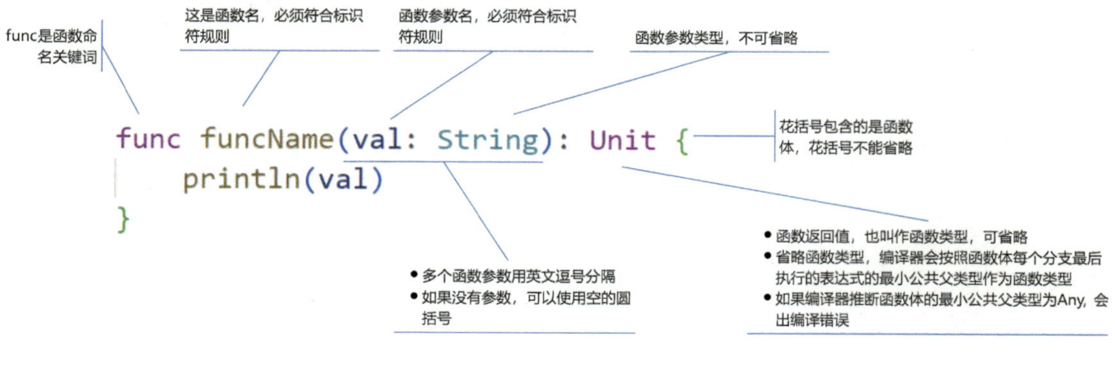

• 图 3-12　函数语法规则

其中函数返回类型和前面的冒号可以省略，省略了函数返回类型的函数声明，编译器会根据函数体最后执行的表达式推断函数类型。如果函数体内有多个分支，则每个分支最后的表达式类型的最小公共父类型就是这个函数的返回类型，同时函数最后执行的表达式的值就是函数的返回值。需要额外说明的是，如果每个分支的最小公共父类型是 Any，则报编译错误，除非明确指定返回类型是 Any。比如程序清单 3-15 的例子。

提示

函数体可以包含前面提到的各种仓颉语言特性，包括另一个函数。

程序清单 3-15：003/infer_func.cj

```
func test(i: Any){
  match(i) {
    case x: Int64 => x
    case x: Bool => x
    case x => (x as UInt64) ?? 0
  }
}
main(){
  let val = test('a') as ToString
  println(val)
}
```

编译上面的代码，会出没有最小公共父类型的编译错误。

提示

有些编程语言允许函数返回多个值，仓颉虽然不允许这样操作，但有一个类似的做法，即使用元组类型模拟这个特性。

程序清单 3-16：003/multi_return.cj

```
func test(): (Int64, Bool){
    (1, true)
```

```
}
let (x, y) = test()
println("(${x}, ${y})")// 输出(1, true)
```

3.3.2 函数参数

仓颉函数的参数特征如图 3-13 所示。

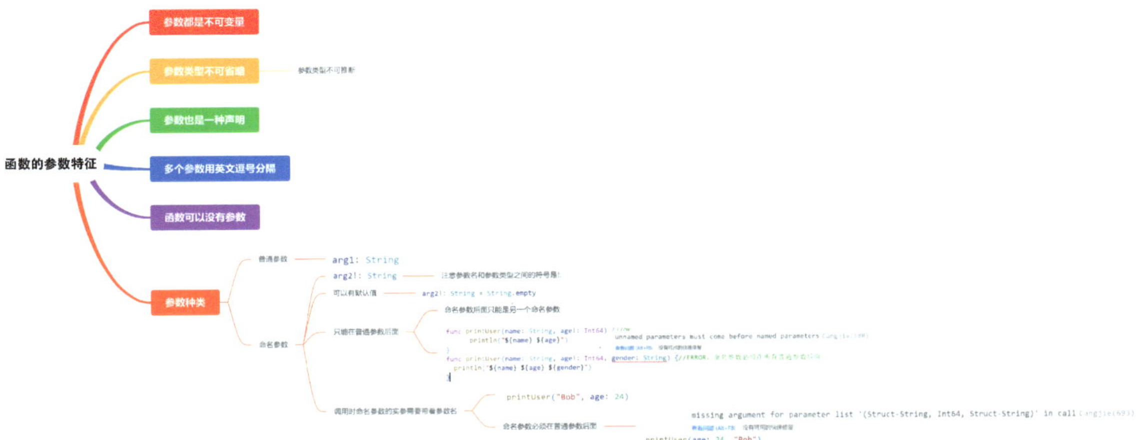

● 图 3-13 函数的参数特征

> **提示**
>
> 关于形式参数（简称形参）和实际参数（简称实参）的区别：形参是参数的声明，而实参是函数调用时传入函数的值；实参可以是变量、常量、字面量、表达式等。

3.3.3 函数的局部变量

函数体内声明的变量就是局部变量，包括可变量和不可变量。在程序清单 3-17 中，两个函数的变量 i 都是函数的局部变量。

程序清单 3-17：003/local_variable.cj

```
func test(){
  let i = 100
  println(i)
}
func test2(){
  var i = 0
  while(i < 10) {
    println(i)
    i++
  }
}
```

3.3.4 函数的返回值

函数最后执行的表达式就是函数的返回值，有时我们需要明确指示仓颉运行时函数返回的时机。比如在一个循环内部，如果要提前结束循环并返回，或者在某个分支表达式内部需要返回值而不需要继续执行分支表达式后面的代码，则需要 return 表达式，如程序清单 3-18 所示。

程序清单 3-18：003/return.cj

```
func test(){
  var r = 0
  for(i in 0 .. 10){
      if (i == 9) {
        return r
      }else {
        r += i
      }
  }
// 0
}
```

提示

在程序清单 3-18 中，函数的最后一个表达式是循环，所以这个函数的返回类型会被推断为 Unit，而 Unit 跟 return 表达式返回的类型冲突，因此该函数不能编译。尽管程序清单 3-18 的函数最后执行的表达式一定是 return r，仓颉编译器仍然不能推断这个函数的返回类型为 Int64。为了能够让函数可以编译，去掉函数倒数第二行的注释即可。

提示

return 表达式的类型是 Nothing。程序清单 3-19 的做法是合理的，函数返回类型会被推断为 Int64，return 返回的类型也是 Int64，而 return 表达式的类型是 Nothing。因为 Nothing 是所有类型的子类型，所以程序清单 3-19 的赋值表达式是可以编译的。

程序清单 3-19：003/return_is_nothing.cj

```
func test(arg: Int64) {
    let val = if (arg < 0) {
        return -arg
    }else {
        arg
    }
    val * 2
}
```

提示

递归函数不能类型推断。下面的函数会出编译错误，必须显式指明函数的返回类型。

程序清单 3-20：003/recursive_infer.cj

```
func fib(arg: Int64) {
  if (arg == 1 || arg == 2) {
      arg
  }else {
      fib(arg - 2) + fib(arg - 1)
  }
}
```

3.3.5 函数是一种数据类型

函数与其他数据类型一样也有类型声明，可以声明一个函数类型的变量，也可以用一个函数为这样的变量赋值或作为函数参数声明。函数式编程对函数的定位是 FIRST CLASS（国内相关的技术文章和书籍普遍翻译为“一等公民”）。

一个函数的类型，首先是圆括号包含的、用逗号分隔的参数类型，然后是一个箭头符号（->）指向的函数返回类型。程序清单 3-21 就是几个函数类型的变量。

程序清单 3-21：003/first_class.cj

```
let f1: () -> Unit//表示一个无参且返回类型是 Unit 的函数
let f2: (Int64) -> String//表示一个参数是 Int64 且返回 String 的函数
let f3: (Int64, Bool) -> String//表示一个参数是 Int64 和 Bool 且返回 String 的函数
//下面的三个函数声明可以为上面的三个变量赋值
func test1(): Unit {}
func test2(arg: Int64) {
  "${arg}"
}
func test3(arg1: Int64, arg2: Bool) {
  "(${arg1}, ${arg2})"
}
(f1, f2, f3) = (test1, test2, test3)//一行元组完成赋值
```

提示

1）命名参数不影响函数类型。带命名参数的函数类型仍然由函数声明的参数类型、参数顺序和返回类型决定。2）命名参数如果是函数类型，仍然可以使用尾闭包。3）虽然不能声明 Nothing 类型的变量，但是可以将它作为函数返回类型。

程序清单 3-22：003/named_func.cj

```
func printUser(name: String, age!: Int64, gender!: String) {
    println("${name} ${age} ${gender}")
}
func test(fn!: ()->Nothing){
  fn()
}
main() {
    let fn: (String, Int64, String) -> Unit = printUser
```

```
    fn("Bob", 24, "Male") //OK
    test{
      println('test func')
      throw Exception()
    }
    //下面的做法不行
    let fn2: (String, String, Int64) -> Unit = printUser // ERROR
    fn2("Bob", 24, "Male")
}
```

3.3.6 嵌套函数

函数体可以包含另一个函数，这个被包含在函数体内的函数就是嵌套函数。笔者没有刻意测试编译器支持的嵌套函数的数量和嵌套层数，以笔者使用仓颉的体会，想来即使有限制，应该也很难触发这个上限。嵌套函数可以捕获并使用函数参数和在此嵌套函数之前声明的变量，同时嵌套函数参数和局部变量会覆盖嵌套函数前面声明的变量。示例见程序清单 3-23。

程序清单 3-23：003/nest_func.cj

```
func test(a: Int64){
  let b = true
  func inner1(){
    println("${a} ${b}")
  }
  func inner2(a: String, b: Bool) {
    println("${a} ${b}")//覆盖了函数 test 的参数 a 和局部变量 b,此处输出的是 inner2 的两个参数的值
  }
  println("${a} ${b}")//输出 test 函数的参数值和局部变量 b
  func inner3(){
    println(c)//编译错误,标识符 c 未定义
  }
  let c = "haha"
}
```

1. 嵌套函数必须在使用之前声明

嵌套函数必须在使用之前声明，具体应用示例见程序清单 3-24。

程序清单 3-24：003/nest_func2.cj

```
func test(a: Int64){
  let b = true
  inner()//这里会出标识符未定义错误
  func inner(){
    println("${a} ${b}")
  }
}
```

2. 函数作为数据类型的限制

嵌套函数可以使用包含它的函数的局部变量，但如果它捕获了局部可变量，这个嵌套函数不

能再作为一等公民使用，它的函数名不能作为表达式为另一个函数类型的变量赋值，也不能作为函数实参，还不能作为函数返回值，只能在包含它的函数内部调用；而且这个限制具有传染性，即调用这种嵌套函数的函数也会遵守上述限制，如程序清单 3-25 所示。

程序清单 3-25：003/func_limit.cj

```
func test() {
    var i = 1
    func inner(){
      println(i)
      i = 2 //这是允许的,仓颉允许嵌套函数修改它捕获的可变量,但是会出一个编译器警告
      println(i)
  }
  func inner2(){
    inner()
  }
  let f = inner// ERROR
  let f2 = inner2// ERROR
  return inner // ERROR
}
```

> **提示**
>
> 函数作为数据类型的限制对 3.3.8 小节要介绍的闭包同样有效。

3.3.7 函数的继承关系

仓颉的各种类型都有类型继承关系。比如 Any 是一切类型的父类型，Nothing 是一切类型的子类型。函数的类型也有继承关系。假设有类型 A、B、C、D，且 A 是 B 的父类型，C 是 D 的父类型，则以下两个函数构成继承关系。

> **提示**
>
> 仓颉使用<: 表示继承关系。比如上述继承关系可以表示为 B <: A、D <: C。以下代码可以编译。

```
func f1(arg: A): D {
  // some code
  // to return a value of D
}
let f2: (B) -> C = f1
```

上面的代码中 f2 是 f1 的父类型。这个继承关系可能有些反直觉。A 是比 B 更大的类型，用变量 f2 调用函数的时候，类型 B 的值自然可以被类型 A 的参数接收；而 C 是比 D 更大的类型，函数返回类型 D 的值自然也是类型 C 的值。因此继承关系推导可得(B) -> C <: (A) -> D，而反之则不然。

警告 即使遵守函数继承关系，基本类型也会出编译错误，这是因为返回类型是值类型，而值

类型不能参与协变或逆变。这个限制不仅针对基本类型，而是所有的值类型（包括后面章节会介绍的结构体和枚举）。运行程序清单 3-26 的代码，会出编译错误。

程序清单 3-26：003/func_inherit_error.cj

```
main() {
    let fn1: () -> Bool = {=> true}
    let fn2: () -> Any = fn1
    println(fn2() as Bool)
}
```

3.3.8 闭包

嵌套函数的本质是闭包，闭包的本质是函数，它具备函数的一切特性。因为闭包这个特性太常用了，因此仓颉为闭包设计了专门的语法。

程序清单 3-27：003/closure.cj

```
var f1: (Int64) -> Bool = {a => a > 0}
let f2 = {=>}// 编译器会推断 f2 的类型为() -> Unit
let f3 = {a: Int64 => a > 0}
//闭包可以作为参数和返回值
func test(val: Int64, fn: (Int64) -> Bool){
    return { => if (fn(val)) {1} else {0}}
}
test(1, {i => i > 0})
func test2(arg: Int64) {
    arg == 0
}
f1 = test2 //函数可以作为值为变量赋值
test(1, f1)
test(1, test2)//函数也可以作为函数参数
```

{=>}包含的就是闭包，图 3-14 为闭包的基本特性。

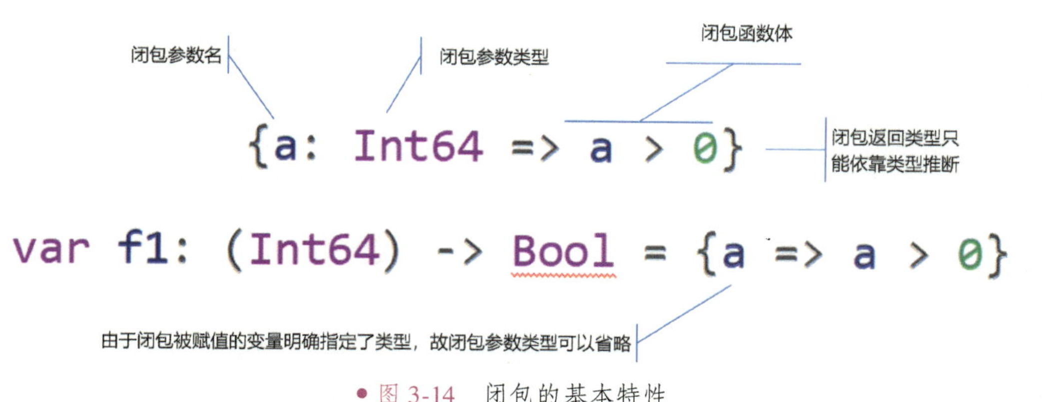

● 图 3-14 闭包的基本特性

在程序清单 3-27 中，f1 声明指定了函数变量的类型，并且闭包也被编译器推断为这个类型，于是可以通过编译并成功赋值。

1. 尾闭包

如果闭包是函数的最后一个参数，则称作尾闭包。闭包作为参数和返回值是常用特性，尤其是尾闭包。由于尾闭包特别常用，为了减少代码量，对于无参尾闭包我们可以有程序清单 3-28 的做法。

程序清单 3-28：003/trailing_closure.cj

```
func test(fn: ()->Unit){
  fn()
}
test{println("OK")}//这个优化就是省略了=>
```

这种做法使代码看起来更脚本化，有助于减少 DSL 代码的语法噪声。

> **提示**
>
> 如果函数最后一个参数是函数类型的命名参数，在传参时也能使用尾闭包，如程序清单 3-29 所示。

程序清单 3-29：003/named_trailing_closure.cj

```
func test(val: Int64, fn!: (Int64) -> String) {
    println(fn(val))
}
main() {
    test(212) {v => "${v}"} //OK
}
```

Java 注释： Java 允许使用独立的一对花括号表示独立作用域，仓颉不允许这样做，否则无法确认是不是尾闭包。程序清单 3-30 的代码不能编译。

程序清单 3-30：003/code_block.cj

```
func test(a: Int64, fn!: ()-> Unit = {=>}){
    fn()
    println(a)
}
main(){
  test(123)
  {
    var i = 0
    i++
    println(i)
  }
}
```

2. 立即执行的闭包

在某些特殊情况下，声明了闭包可能就需要立即执行，此时不需要先声明一个变量，而是声明时就可以调用变量，如程序清单 3-31 所示。

程序清单 3-31：003/immediately_closure.cj

```
let val = 100
let result = {=> 2 * val}()
//如果连闭包的返回值都不需要,可以用变量占位符代替变量标识符
let _ = {=> println(result())}()
// 这种调用方式跟使用变量调用闭包一样,可以组成复杂的表达式
let _ = {=> val % 2}() *  3 + 100
```

只有闭包可以这么干，仓颉不支持匿名函数，也不能声明函数时立即调用它。程序清单 3-32 的做法不能编译。

程序清单 3-32：003/immediately_func.cj

```
func test(){
  println(1)
}()// ERROR
func (){
  println(1)
}()// ERROR
```

3.3.9 函数重载

重载的意思是函数同名但是参数不同。参数数量、类型不同，都可以构成重载。示例见程序清单 3-33。

程序清单 3-33：003/overload.cj

```
//以下函数都构成重载。
func test(val: Int64): Unit {
  println(val)
}
func test(val: String): Unit {
  println(val)
}
func test(val1: Int64, val2: String): String {
  "${val1} ${val2}"
}
func test(val1: String, val2: Int64): String {
  "${val1} ${val2}"
}
```

提示

对于函数名和参数类型相同但是命名参数名不同的函数，目前还不能构成重载。比如程序清单 3-34 的代码不能编译。

程序清单 3-34：003/overload_error.cj

```
func test(val1: Int64, val2: String): String {
  "${val1} ${val2}"
```

```
}
func test(val1: String, val3!: String): String {
  "${val1} ${val2}"
}
func test(val1: String, val4!: String): String {
  "${val1} ${val2}"
}
```

3.3.10 不定长参数

如果函数的最后一个参数是数组，则调用函数的实参可以是不定长参数。示例见程序清单 3-35。

警告 不定长参数不能是命名参数。

程序清单 3-35：003/var_len_arg.cj

```
func fn(arg: Array<Int64>) {
  println(arg)
}
func fn2(arg!: Array<Int64>) {
  println(arg)
}
main(): Unit {
  fn(1, 2, 3)
  fn2(arg: [1, 2, 3])// 命名参数只能这样调用
}
```

3.4 函数操作符

仓颉支持函数式编程，为了方便函数式开发，专门提供了管道操作符和组合操作符。

3.4.1 管道操作符

管道操作符（|>）可以使数据从最左边流向最右边，途经由操作符连接的各个函数，最初的源头是第一个函数的参数，函数的返回值是下一个函数的参数，最后的函数返回值就是整个管道的最终结果，如程序清单 3-36 所示。

程序清单 3-36：003/pipeline.cj

```
func double(a: Int) {
    a * 2
}
func increment(a: Int) {
    a + 1
}
double(increment(double(double(5)))) // 42
5 |> double |> double |> increment |> double // 42
```

3.4.2 组合操作符

组合操作符（~>）可以把两个函数组合起来形成一个新的函数。例如，程序清单 3-36 中的管道可以改造成程序清单 3-37 的组合函数。

程序清单 3-37：003/composite.cj

```
let comp = double ~> double ~> increment ~> dcuble
comp(5) //42
```

3.5 顶级声明

简单地说，不包含在任何花括号内的声明就是顶级声明，因此嵌套函数和条件表达式、循环表达式内声明的变量肯定不是顶级声明，而函数体内声明的局部变量也不是顶级声明。在程序清单 3-38 的示例中，只有变量 val 和函数 test、main 是顶级声明。

程序清单 3-38：003/top_decl.cj

```
let val = 3
func test() {
  let a = 5
  val * a + 2
}
main(): Unit {
    let val2 = test()
    println(val2)
}
```

3.6 本章知识点总结和思维导图

本章介绍了仓颉的各种程序流程控制，包括 if 条件表达式、for-in 循环、while 循环、do-while 循环，以及应用时的注意事项。此外，还介绍了仓颉函数、闭包、管道操作符等方面的应用。截至本章，读者已经可以使用介绍过的知识编写一些功能简单的仓颉小程序了。不过当下还只能在一个文件里使用全局变量和函数，要实现更复杂的项目，需要更高维度的代码组织形式，后面章节将会介绍相关知识。图 3-15 为本章知识要点。

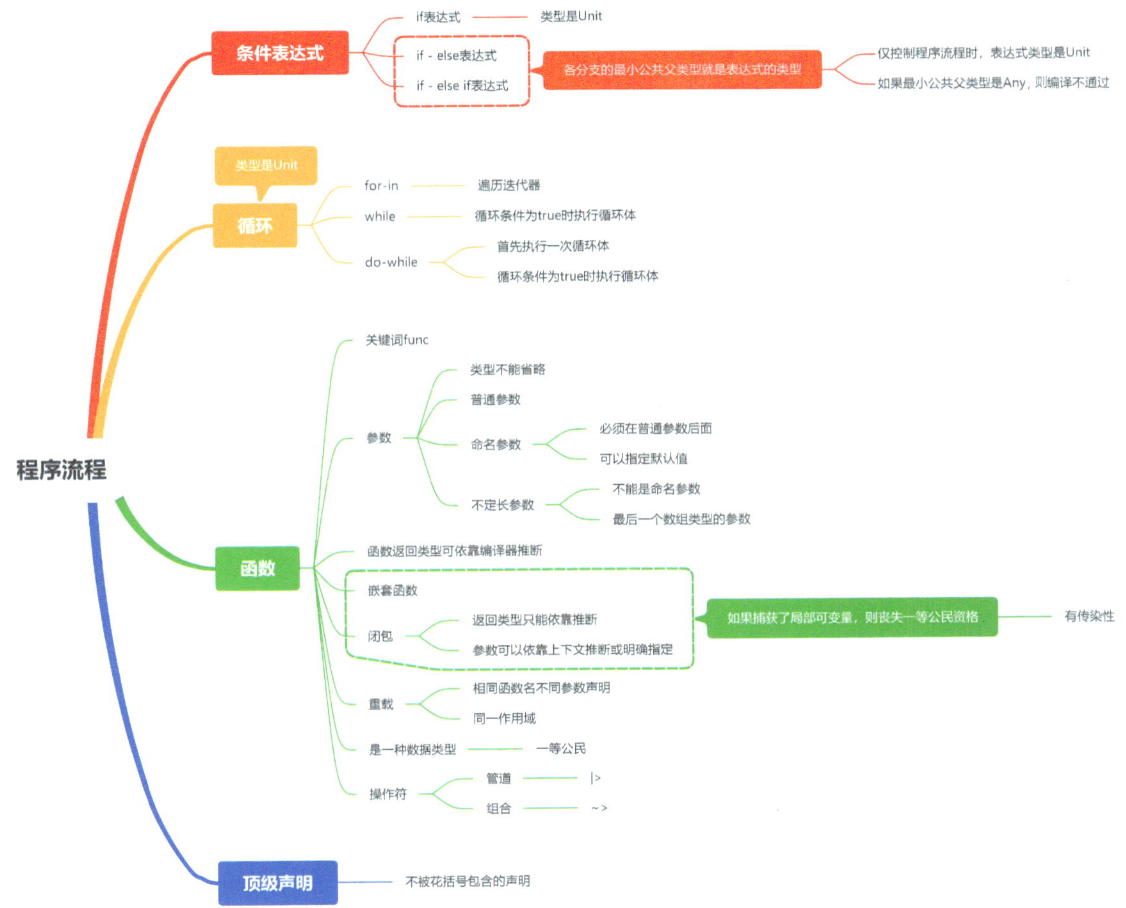
程序流程
条件表达式
if表达式
类型是Unit
if - else表达式
if - else if表达式
各分支的最小公共父类型就是表达式的类型
仅控制程序流程时，表达式类型是Unit
如果最小公共父类型是Any，则编译不通过
类型是Unit
循环
for-in
遍历迭代器
while
循环条件为true时执行循环体
do-while
首先执行一次循环体
循环条件为true时执行循环体
函数
关键词func
参数
类型不能省略
普通参数
命名参数
必须在普通参数后面
可以指定默认值
不定长参数
不能是命名参数
最后一个数组类型的参数
函数返回类型可依靠编译器推断
嵌套函数
闭包
返回类型只能依靠推断
参数可以依靠上下文推断或明确指定
如果捕获了局部可变量，则丧失一等公民资格
有传染性
重载
相同函数名不同参数声明
同一作用域
是一种数据类型
一等公民
操作符
管道
|>
组合
~>
顶级声明
不被花括号包含的声明

● 图 3-15　本章知识要点

CHAPTER 4

第 4 章

结构体、类与枚举

如果只使用顶级声明的变量和函数，代码表现力不够强大，当我们希望对数据有更丰富的封装和可见性时，本章要介绍的三种类型就可以部分满足这方面的需要。

4.1 声明结构体

前面提到的区间、字符串、数组都是结构体，图 4-1 为它们的共同特征。

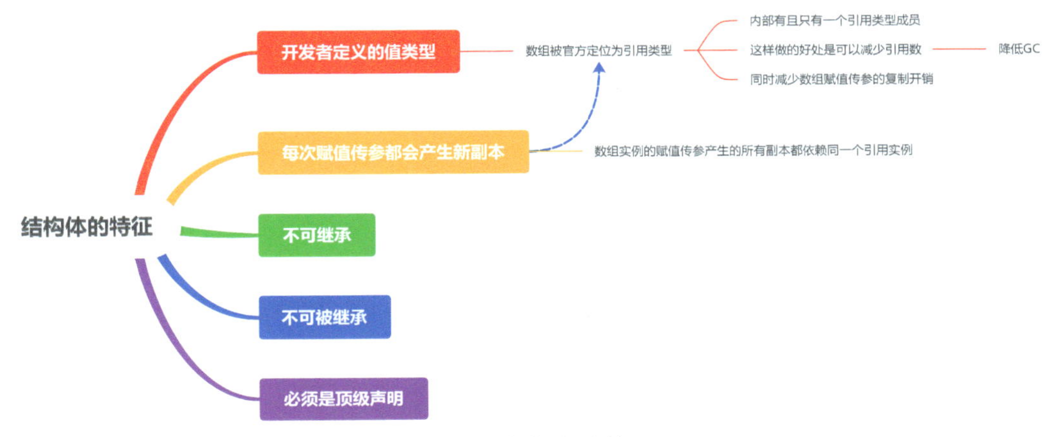

● 图 4-1　结构体的特征

由关键词 struct 开头，后跟标识符做结构体名称，然后是花括号包含的结构体成员，即完成结构体的声明。就像区间、字符串、数组可以实例化，结构体也可以被实例化。由于这几个结构体实在太过常用，仓颉为它们定义了字面量表达方式。图 4-2 为如何声明一个结构体。

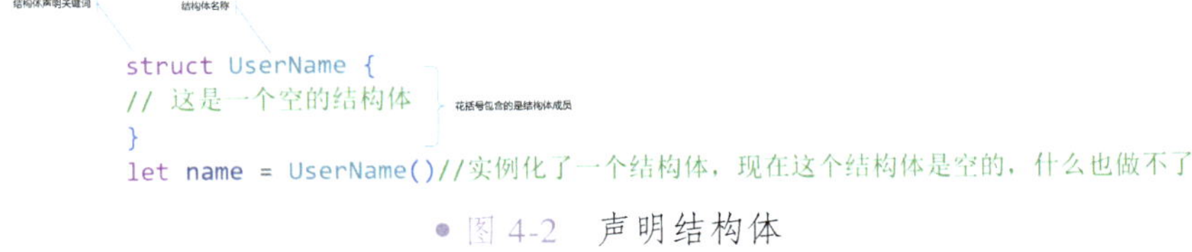

● 图 4-2　声明结构体

4.2 成员变量

被结构体包含的变量声明就是结构体的成员变量。按照访问方式不同，又分为静态成员变量和实例成员变量。成员变量跟顶级声明变量只是声明的位置不同，它拥有变量的所有特性，也可以被编译器推断类型。

4.2.1 静态成员变量

在变量声明关键词 let/var 前面增加 static 关键词的变量就是静态成员变量。静态成员变量在结构体外部只能使用结构体名称访问。结构体外部访问静态成员变量的方式是结构体名称后跟一个 .

号，然后是一个结构体的静态成员变量名，如程序清单 4-1 所示。

程序清单 4-1：004/struct.cj

```
struct UserName {
  static let name: String = "name"//这是一个静态成员变量
//static let name = "name"//成员变量也可以推断
}
main() {
  println(UserName.name)//在结构体外部只能这样访问
}
```

4.2.2 静态初始化器

静态初始化器类似于 Java 的静态块，我们可以用它初始化结构体的静态成员变量。如果静态成员变量无法用一行代码完成初始化，静态初始化器就会派上用场。

静态初始化器必须是 static init()，然后一对花括号包含静态成员变量的初始化逻辑，看起来像一个函数，但是跟函数有本质的不同。图 4-3 为静态初始化器的特性，具体应用示例见程序清单 4-2。

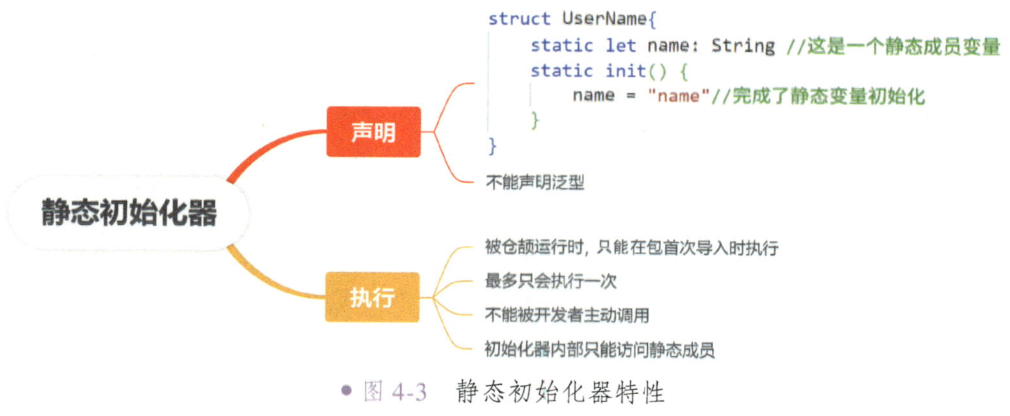

● 图 4-3　静态初始化器特性

程序清单 4-2：004/static_init.cj

```
struct UserName {
    static let name: String //这是一个静态成员变量
    //static let name = "name"//当然成员变量也可以推断
    static init(){
        name ='name'
    }
}
main() {
    println(UserName.name)//在结构体外部只能这样访问
}
```

4.2.3 实例成员变量

在结构体内声明且没有被 static 修饰的变量就是实例成员变量。实例成员变量在结构体外只能使用结构体实例访问。结构体外部访问实例成员变量的方式是用结构体实例后跟一个 . 号，然后是一个结构体的实例成员变量名。如果要在结构体实例外部修改实例成员变量，实例要用 var 声明，应用示例见程序清单 4-3。

程序清单 4-3：004/instance_var.cj

```
struct UserName {
  var name = "name"
}
main() {
  var name = UserName()//name 是结构体 UserName 的一个实例
  name.name = "Bob"
  println(name.name)//这是在结构体外部访问实例成员变量的方式,输出 Bob
  let name2 = name
  name2.name = "Alice" // ERROR
}
```

图 4-4 为结构体的实例成员变量的特性。

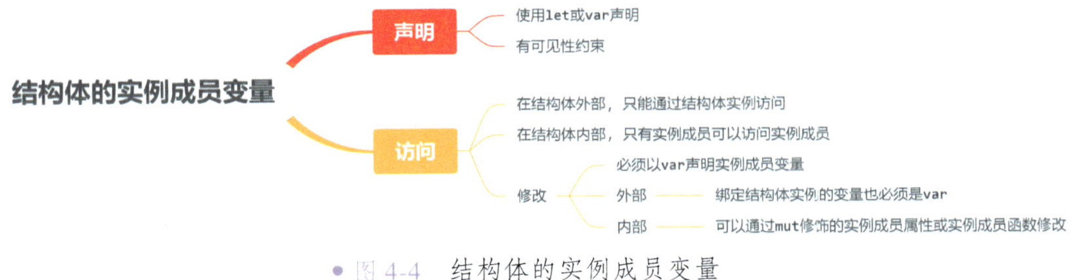

图 4-4 结构体的实例成员变量

4.3 构造函数

结构体名称后跟一对( )，就是执行了结构体的一个构造函数。前面的例子中，我们已经用过一些构造函数了。如果一个结构体没有声明任何构造函数，编译器会自动为它创建一个公共无参构造函数。我们可以使用构造函数对结构体完成实例化。构造函数分为普通构造函数和主构造函数。

构造函数虽然名字带函数二字，但是并没有完整的函数特征，如图 4-5 所示。

Java 注释：Java 的实例化需要使用关键词 new，仓颉则不需要。这种风格与 C++类似，不过仓颉这样做还有一个目的：预计仓颉要原生支持 eDSL，在 DSL 代码内执行构造函数的时候，看起来更脚本化，减少了语法噪声。

C++注释：C++的结构体可以继承，跟类的差别很小；而仓颉的结构体不可以继承，跟类是两种完全不同的类型，适用范围也有差别。

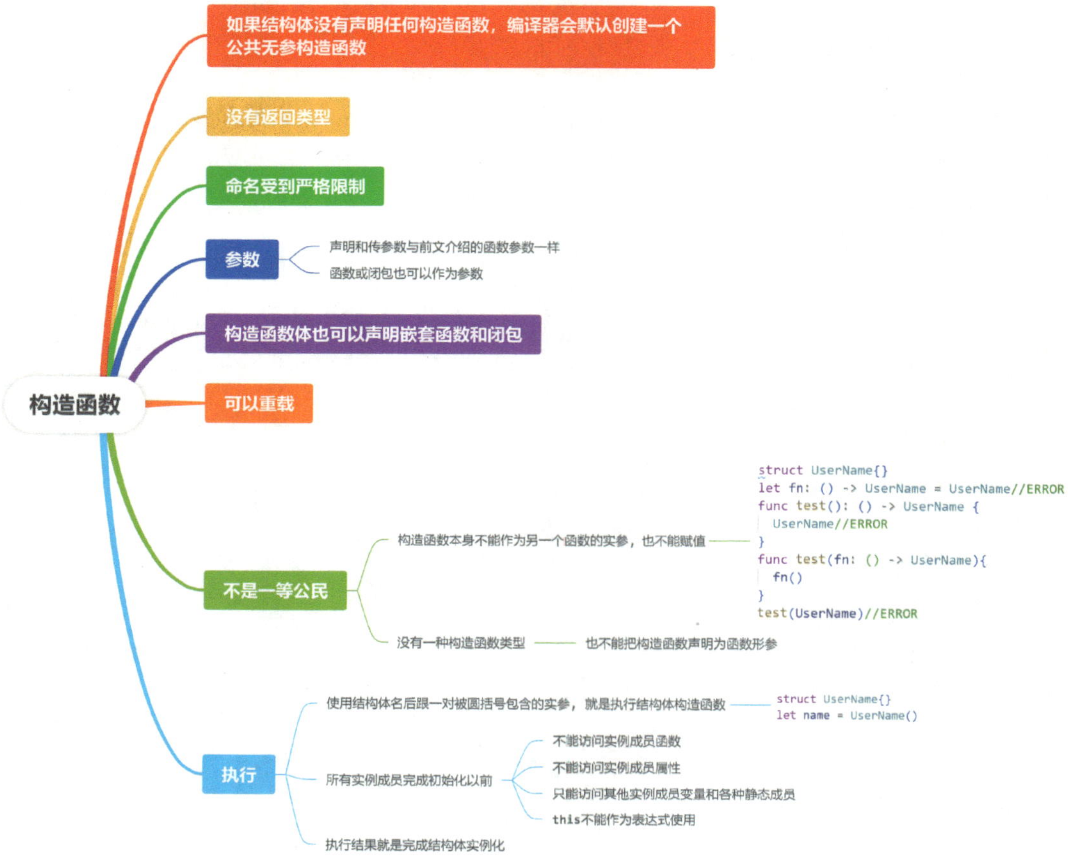

- 构造函数
  - 如果结构体没有声明任何构造函数，编译器会默认创建一个公共无参构造函数
  - 没有返回类型
  - 命名受到严格限制
  - 参数
    - 声明和传参数与前文介绍的函数参数一样
    - 函数或闭包也可以作为参数
  - 构造函数体也可以声明嵌套函数和闭包
  - 可以重载
  - 不是一等公民
    - 构造函数本身不能作为另一个函数的实参，也不能赋值

      ```
      struct UserName{}
      let fn: () -> UserName = UserName//ERROR
      func test(): () -> UserName {
        UserName//ERROR
      }
      func test(fn: () -> UserName){
        fn()
      }
      test(UserName)//ERROR
      ```
    - 没有一种构造函数类型 —— 也不能把构造函数声明为函数形参
  - 执行
    - 使用结构体名后跟一对被圆括号包含的实参，就是执行结构体构造函数

      ```
      struct UserName{}
      let name = UserName()
      ```
    - 所有实例成员完成初始化以前
      - 不能访问实例成员函数
      - 不能访问实例成员属性
      - 只能访问其他实例成员变量和各种静态成员
      - this不能作为表达式使用
    - 执行结果就是完成结构体实例化

图 4-5 构造函数

4.3.1 普通构造函数

普通构造函数的声明如图 4-6 所示。

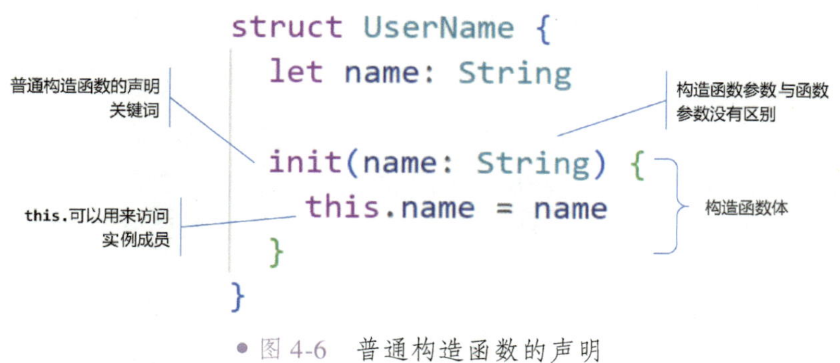

图 4-6 普通构造函数的声明

4.3.2 主构造函数

使用类型名命名的构造函数叫作主构造函数，它的特性如图 4-7 所示。具体应用示例见程序清单 4-4。

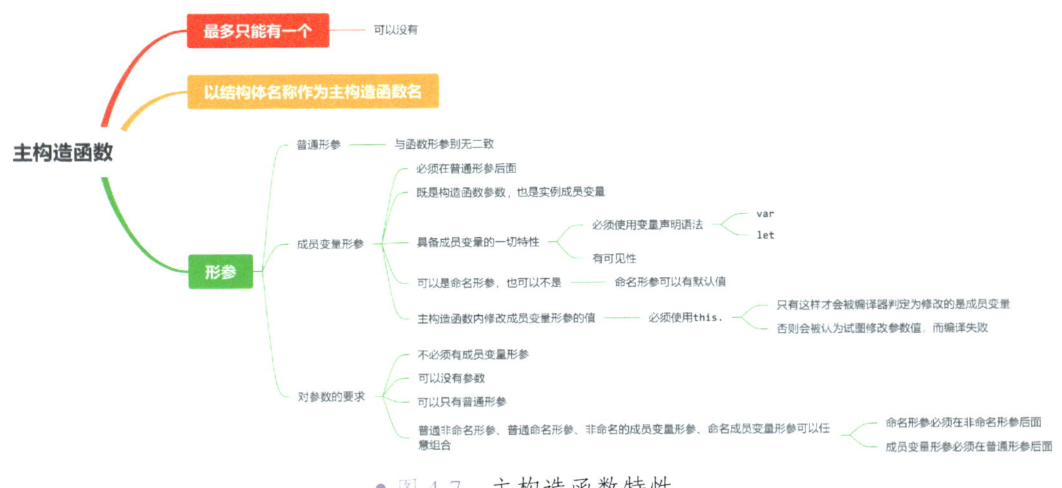

图 4-7 主构造函数特性

程序清单 4-4：004/primary_constructor.cj

```
struct User {
    User(let name: String, var age: Int64) {
        if (age < 0) {
            this.age = 0
        }
        age = 100 //ERROR,编译器会认为试图修改函数参数,而函数参数不可变
    }
    func print() {
        println(name)
    }
}
//下面是命名的主构造函数成员变量形参
struct User2 {
    User2(let name!: String, var age!: Int64) {
        if (age < 0) {
            this.age = 0
        }
    }
    func print() {
        println(name)
    }
}

let user2 = User2(name: "Bob", age: 24)
```

提示

如果主构造函数有命名的普通参数，那么命名普通参数后面的成员变量形参也必须是命名的。

程序清单 4-5：004/primary_constructor2.cj

```
struct User3 {
  let name: String
  User3(name!: String, var age!: Int64){
    this.name = name
    if (age < 0) {
      this.age = 0
        }
  }
  func print(){
    println(name)
  }
}
let user3 = User3(name: "Bob", age: 24)
```

4.3.3 创建一个实例

只需要用结构体名后跟一对圆括号包含的参数，即创建了一个实例，示例如下。

```
struct A {
  A(let val: Int64){}
}
main(){
  println(A(100).val)// 输出 100
}
```

4.3.4 构造函数重载

很多时候实例化逻辑不尽相同，实例化的参数也不尽相同，此时可以声明多个构造函数以满足不同的实例化需求。当然，普通构造函数和主构造函数也可以共存。

程序清单 4-6：004/constructor_overload.cj

```
struct User {
  User(let name: String, let age: Int64){}
  init(){
    //this(...)前面不能有别的代码
    this("Bob", 24)
    // 其他的初始化代码
  }
  init(name: String){
    this(name, 24)
  }
}
```

如果一个构造函数依赖另一个构造函数，则可以使用 this 关键词访问它。例如程序清单 4-6 的第五行和第九行。

4.4 成员函数

我们在第 3 章介绍了顶级声明函数和嵌套函数，知道函数也可以作为结构体的成员。声明语法与顶级声明函数几乎一样，所不同的是成员函数分为静态成员函数和实例成员函数。

4.4.1 静态成员函数

图 4-8 为静态成员函数的特性。

图 4-8 静态成员函数的特性

程序清单 4-7：004/static_func.cj

```
struct App {
  static var CONF_PATH: String = ""
  static func setPath(path: String){
    CONF_PATH = path
  }
}
```

4.4.2 实例成员函数

图 4-9 为实例成员函数特性。

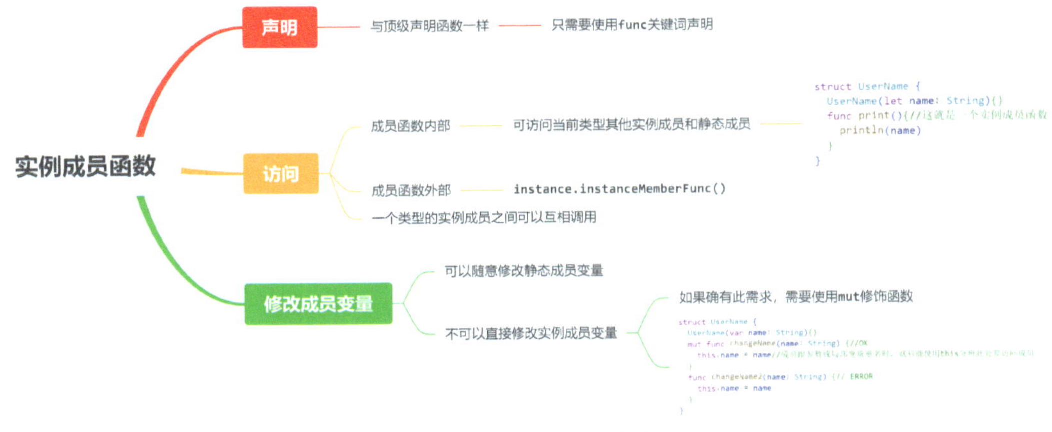

图 4-9 实例成员函数特性

4.4.3 函数重载

成员函数也可以重载，重载规则可参考第 3 章的相关内容。重载示例如程序清单 4-8 所示。

程序清单 4-8：004/member_overload.cj

```
struct ArrayByteBuffer {
    ArrayByteBuffer(var buffer: Array<UInt8>) {}
    func set(index: Int64, value: Byte) {
        buffer[index] = value
    }
    func set(index: Int64, value: Bool) {
        set(index, if (value) {
            1
        }else {
            0
        })
    }
}
```

警告 静态成员函数与实例成员函数不能构成重载，即不能重名。

4.5 成员属性

成员属性的特性如图 4-10 所示。

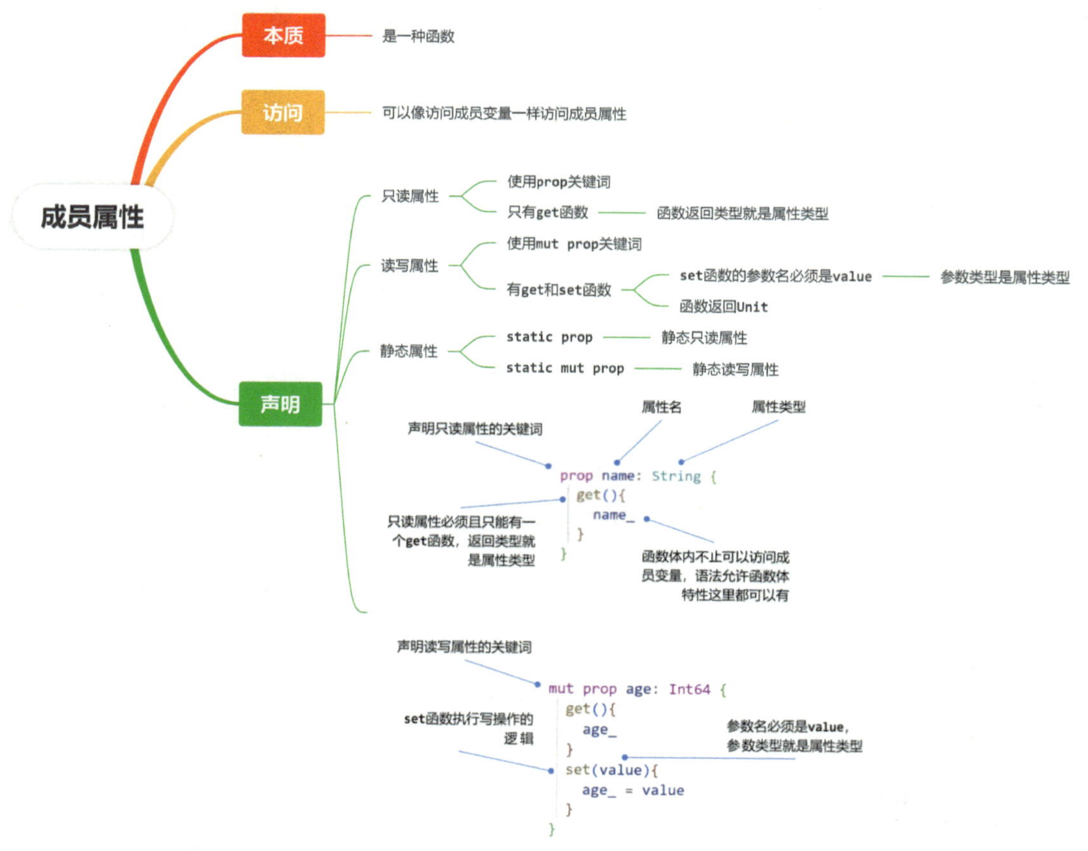

● 图 4-10　成员属性的特性

程序清单 4-9：004/prop.cj

```
struct User {
    User(let name_: String, var age_: Int64){}
    prop name: String {//这是一个只读的实例成员属性
        get(){
          name_
        }
    }
    mut prop age: Int64 {//这是一个可读写的实例成员属性
        get(){
          age_
    }
    set(value){
        age_ = value
    }
  }
}
main() {
  var user = User("Bob", 24)
  let (name, age) = (user.name, user.age)
  println("${name}, ${age}")// 输出:(Bob, 24)
  user.age = 25
  println(user.age)// 输出:25
}
```

警告 静态成员可在结构体内部被实例成员访问，但是不可用结构体实例在结构体外部访问，在结构体外部只能用结构体名称访问静态成员。

程序清单 4-10：004/access_static_member.cj

```
struct A {
    static let val = 100
}

main() {
    let a = A()
    println(a.val) // ERROR
    println(A.val) // 输出 100
}
```

提示

实例成员变量全部完成初始化以前，不可以把 this 作为表达式使用，也不可以访问除静态成员和已初始化的实例成员变量以外的其他实例成员。

程序清单 4-11：004/init_instance_member.cj

```
struct UserName {
    let name: String
    let age: Int64
```

```
    init(name: String, age: Int64) {
        this.name = name
        println(name) //OK
        printlnUser() //ERROR,实例成员变量没有完成初始化,即使这个函数没有用到未初始化的成员变量
        this.age = age
    }
    func printlnUser() {
        println(name)
    }
}
```

> **提示**
>
> 结构体还有后面要介绍的类和枚举，除了函数可以重载，所有的成员都不可以重名。成员变量、成员属性、成员函数之间也不可以重名，否则会出编译错误。程序清单 4-12 的代码无法编译，因为编译器无法识别属性和函数里面使用的究竟是成员属性还是成员变量。

程序清单 4-12：004/duplicate_member.cj

```
struct User {
    User(let name: String, var age: Int64) {}
    prop name: String { //这是一个只读的实例成员属性
        get() {
            name
        }
    }
    mut prop age: Int64 { //这是一个可读写的实例成员属性
        get() {
            age
        }
        set(value) {
            age = value
        }
    }
    func name(): String {
        this.name
    }
}
```

4.6 成员可见性

开始介绍可见性之前，我们要先简单介绍模块与包这两个仓颉项目相关的概念，否则可见性相关的知识无法完整介绍。

随着项目越来越复杂，软件工程管理的挑战也越来越高，为了方便管理也为了便于维护代码，需要对代码做归类和功能性划分。比如用户数据和行为相关的代码在一个目录，商品相关的在一个目录，订单相关的在一个目录，用户发表的评论在一个目录等，这些对同一类数据和行为归类

到一起的代码组织形式就构成了模块（module），Java 为此引入了 Jigsaw 子项目并在 JDK9 正式成为 JDK 的一部分，C#、C++也陆续为模块增加了语法支持，仓颉作为新生的编程语言同样为模块提供了语法支持。仓颉的每个模块都是一个单独的子项目，即以项目为单位作为模块划分，项目之间可以嵌套，各个子项目通过配置文件组织起来构成一个完整的项目。

一个模块内部也要对功能做更细致的划分，有些代码负责接收请求发回响应，有些代码负责实现业务逻辑，有些代码负责访问数据库，有些代码负责不同实例的数据复制和类型转换，有些代码负责把它们有机地组织起来。为了使代码看来起来井然有序，需要把它们划分到不同的包，Java 叫作 package，每个 package 都是单独的文件夹，仓颉与 Java 一样，也以文件夹划分不同的包。每个仓颉源码文件以 package 开头，后跟点号分隔的包名，包名必须与文件所在目录同名，这样就完成了包的命名。

默认导入标准库的 std.core 包，前面介绍过的区间、字符串、Option 都是 std.core 包的类型。

关于模块与包的完整内容，将在第 12 章通过项目有更进一步介绍。本章只是为了方便展开介绍可见性，对相关内容略做解释。各可见性修饰关键词和它们的特性见表 4-1。

表 4-1　可见性特性（Y 表示可访问、N 表示不可访问）

关键词	任意模块与包	当前模块	当前包及子包	当前类型
public	Y	Y	Y	Y
protected	N	Y	Y	Y
internal	N	N	Y	Y
private	N	N	N	Y

4.6.1　internal 可见性

截至现在，本书介绍的所有特性都没有任何可见性修饰符修饰，无论是顶级声明还是结构体成员声明。对于顶级声明和它们的成员，没有可见性修饰符声明的就是 internal 可见性，只有声明它的包和子包内部才可以使用，其他包不可见、也无法使用。

4.6.2　public 可见性

public 即公共可见性，是全局可见。不止声明它的包内，在任意模块和包内都可见。

4.6.3　private 可见性

private 为私有可见性，只有成员所属的类型内部可见。比如下面的代码，cronExpr 和 setTimeUnit 就是私有可见性。

```
public struct CronCollection {
    private var cronExpr = Array<Range<Int64>>(7, item: 0..0)
    private mut func setTimeUnit(index: Int64, range: Range<Int64>) {
        cronExpr[index] = range
    }
    mut func setSecond(range: Range<Int64>): Unit {
```

```
        setTimeUnit(0, range)
    }
    mut func setMinute(range: Range<Int64>): Unit {
        setTimeUnit(1, range)
    }
    mut func setHour(range: Range<Int64>): Unit {
        setTimeUnit(2, range)
    }
    mut func setDay(range: Range<Int64>): Unit {
        setTimeUnit(3, range)
    }
    mut func setMonth(range: Range<Int64>): Unit {
        setTimeUnit(4, range)
    }
    mut func setWeekDay(range: Range<Int64>): Unit {
        setTimeUnit(5, range)
    }
    mut func setYear(range: Range<Int64>): Unit {
        setTimeUnit(6, range)
    }
    public func checkNow(): Bool {
        //检查当前时间是否匹配这个 cron 表达式
    }
}
```

在上面的代码中，我们声明了一个公共的 CronCollection，并且声明了一个私有成员变量 cronExpr 和一个私有成员函数 setTimeUnit，用来填充 cronExpr。此外，还为每个时间单位声明了一个包内可访问的函数，由于这些函数只有在解析 cron 表达式时用来初始化 CronCollection，而这个类型只是作为辅助类型由同包的其他类型初始化它，也就没有必要把初始化的函数声明为 public。同时，由于需要在 CronCollection 访问它们，private 可见性也不合适，只有包级可见最适用。最后声明了一个公共函数 checkNow 可以在任意项目的任意模块访问它。检查时间匹配逻辑不是本书重点，此处不做介绍。

4.6.4 protected 可见性

有时我们希望一个声明在声明它的模块内可见，但是不希望其他模块能够访问它，就需要 protected 可见性。在上一小节的例子中，将声明可见性改成 protected，就只有声明它的模块可见了。比如下面的代码，这个顶级声明和它的成员函数都是只有模块内可见了。

```
protected struct CronCollection {
    //other codes
    protected func checkNow(): Bool {
        //检查当前时间是否匹配这个 cron 表达式
    }
}
```

4.7 禁止递归依赖

成员函数和属性的参数或返回类型允许递归依赖，但是成员变量不行。不过并不限制成员函数和属性把自身作为参数或返回类型，也不限制多个结构体成员函数和属性互相作为参数或类型。

程序清单 4-13：004/recursive_dependency.cj

```
public struct LinkedNode { // ERROR: 'LinkedNode' recursively references itself
    public var value = None<Any>
    public var next: LinkedNode
}
public struct HeadNode { // Error: 'HeadNode' and 'TailNode' mutually recursive
    public var tail: TailNode
}
public struct TailNode { // Error: 'HeadNode' and 'TailNode' mutually recursive
    public var head: HeadNode
}
```

有以上限制的原因很简单，由于仓颉没有空值概念，以上声明无法完成实例化。如果不得不做递归依赖，必须想办法绕过这个限制，比如把这几个成员变量的类型声明为 Option，如程序清单 4-14 所示。

程序清单 4-14：004/recursive_dependency2.cj

```
public struct LinkedNode{
  public var value = None<Any>
  public var next = None<LinkedNode>
}
public struct HeadNode{
  public var tail = None<TailNode>
}
public struct TailNode{
  public var head = None<HeadNode>
}
```

4.8 类

图 4-11 为仓颉类的基本特性。

4.8.1 声明类

由 class 开头，后跟标识符做类名称，然后是花括号包含的类成员，即完成类的声明。程序清单 4-15 是一个类的声明。

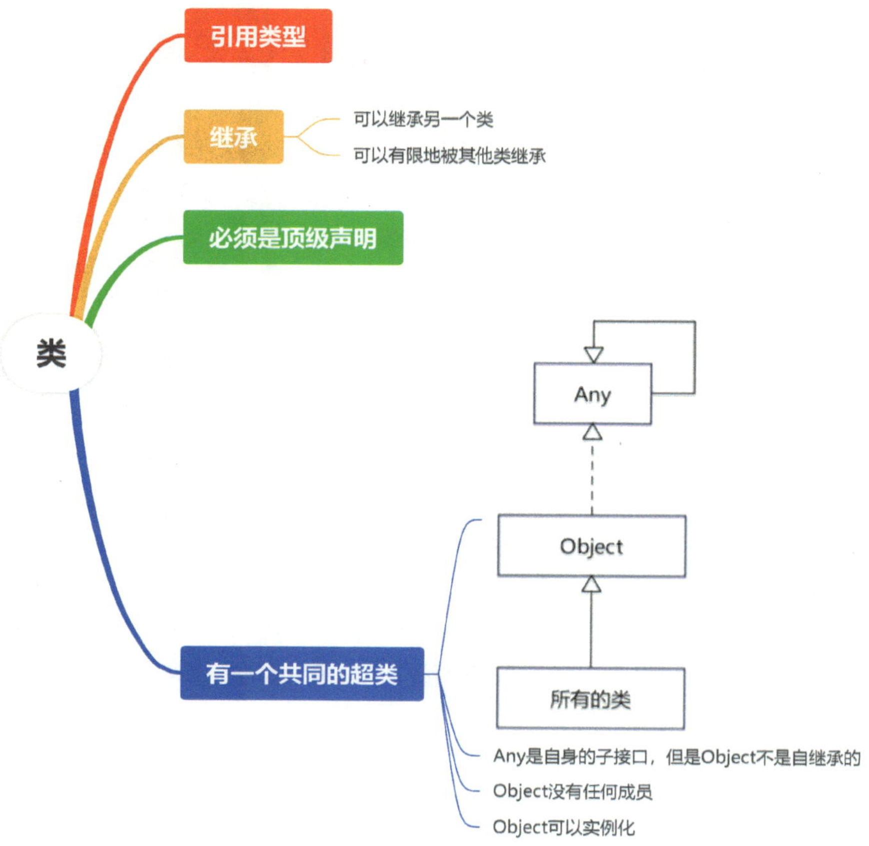

● 图 4-11　仓颉类的基本特性

程序清单 4-15：004/class_decl.cj

```
public class LinkedNode{
  public var value = None<Any>
  public var next = None<LinkedNode>
}
```

4.8.2　终结器

图 4-12 为类的终结器特性。

程序清单 4-16：004/finallizer.cj

```
public class LinkedNode {
    public var value = None<Int64>
    public var next = None<LinkedNode>
    ~init() { //一些垃圾回收前的收尾工作的代码
        value = None<Any>
        next = None<LinkedNode>
    }
}
```

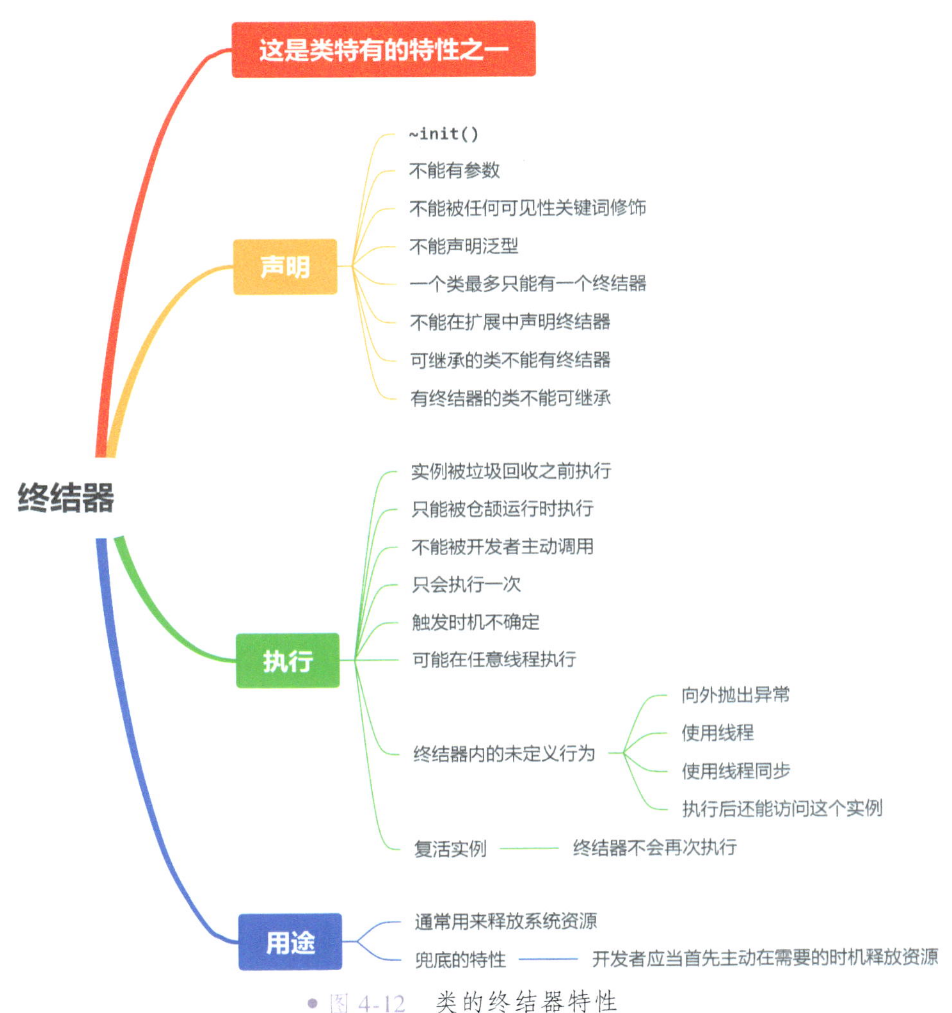

图 4-12 类的终结器特性

警告 终结器是一个兜底的特性，如果一个实例不再使用，强烈建议立即释放相关资源。否则，从实例不再使用到垃圾回收的这段时间，资源还被占用着，却不再有机会使用它们，这是对资源的巨大浪费，而等到垃圾回收的时候再释放就有些滞后了。

4.8.3 类的递归依赖

类同样不能递归依赖，理由与结构体一样。以笔者多年使用 Java 的体会来说，空指针异常是经常遇到的运行时的程序错误，而这类异常往往并不是参数错误导致，几乎都是代码的程序问题，即使有参数错误的原因，也必须返回相应的错误码和提示信息而不能简单粗暴地抛出空指针异常。仓颉一定会有一个值，如果需要空值，就强制要求开发者必须对当前变量做出判定、取值，否则无法完成编程，这样的特性在开发阶段就杜绝了空指针异常，大大减少了运行时程序出错的可能性。空安全特性为减少运行时程序出错提供了很多便利，同时也降低了某些灵活性，导致结构体和类不可以递归依赖，但是这点牺牲与获得的利益相比完全是值得的。

4.8.4 成员变量

类的成员变量声明与结构体完全一样，而且也支持静态初始化器。不同的是，如果修改实例成员可以不要求实例必须是可变量。程序清单 4-17 的例子可以编译并运行，如果 UserName 是结构体是不可以这样做的。同样地，也可以使用不可变量实例访问下面介绍的成员属性和成员函数修改类的实例成员变量。

程序清单 4-17：004/class_member_var.cj

```
class UserName {
  var name = "name"
}
main() {
  var name = UserName()//name 是结构体 UserName 的一个实例
  name.name = "Bob"// OK
  println(name.name)
  let name2 = name
  name2.name = "Alice" // OK
}
```

4.8.5 成员属性

类的成员属性声明方式与结构体完全一样，这里就不多介绍了。具体应用示例，见程序清单 4-18。

程序清单 4-18：004/class_prop.cj

```
class User {
User(var name_: String, let age_: Int64, let gender_: String) {}
mut prop name: String {
        get() {
            name_
        }
        set(value) {
            name_ = value
        }
    }
    prop age: Int64 {
        get() {
            age_
        }
    }
    prop gender: String {
        get() {
            gender_
        }
    }
    static prop male: String {
        get() {
```

```
            "male"
        }
    }
    static prop female: String {
        get() {
            "female"
        }
    }
}
```

4.8.6 成员函数

类的成员函数与结构体的不同之处在于，实例成员函数修改实例成员变量时，不需要使用 mut func 声明。具体应用示例见程序清单 4-19。

程序清单 4-19：004/class_func.cj

```
class User {
    User(var name: String, let age: Int64, let gender: String) {}
    func setName(name: String) {
        this.name = name
    }
}
```

4.8.7 函数重载

类的函数重载跟结构体一样。将前程序清单 4-8 的结构体成员函数重载改成类，如程序清单 4-20 所示，同时加上了可见性修饰符。

程序清单 4-20：004/class_overload.cj

```
public class ArrayByteBuffer {
    public ArrayByteBuffer(private let buffer: Array<UInt8>) {}
    public func set(index: Int64, value: Byte) {
        buffer[index] = value
    }
    public func set(index: Int64, value: Bool) {
        set(index, if (value) {
            1
        }else {
            0
        })
    }
}
```

4.8.8 可见性

仓颉类同样有公共可见性、模块级可见性、包级可见性和私有可见性，不再额外说明。另外，protected 和 private 对于类有额外的意义，将在下一章进行详细说明。

4.8.9 结构体与类的选择

结构体与类有很多相似之处，对于什么情况下应该使用结构体、什么情况下应该使用类，我们应该针对具体场景进行分析和选择，有可能还需要做性能测试。不过一般情况可以参考以下建议（仅作参考，不是必须坚持的原则）。

1）尽量使用类，除非确定采用结构体能够提升性能。

2）如果类型占用内存小，可以考虑使用结构体。

3）标准库的 Array<T>声明是结构体，但是它有自身的特殊性。它们内部维持着一个引用实例，而且引用不可变。这种情况使用结构体，只有一层引用，相对更经济。String 内部仅有一个字节数组，因此与数组有类似特性。

4）对于数组，能够改变的是引用的内容而不是引用本身，所以使用 let 声明的数组可以修改数组内容。

5）结合第三条，对于成员变量特别少又不需要修改，而成员变量本身占用内存比较大的情况，可以考虑使用结构体减少引用数，从而略微降低 GC（全并发垃圾收集技术）压力；而它的成员使用类，降低传参、赋值时发生实例复制的性能开销。

6）对于每一个实例占用内存都特别少，一次访问需要创建大量实例又面临赋值、传参、返回的情况，这些类型最好使用类。比如 JSON 解析就是这种情况。

4.9 枚举

图 4-13 为枚举的基本特性。

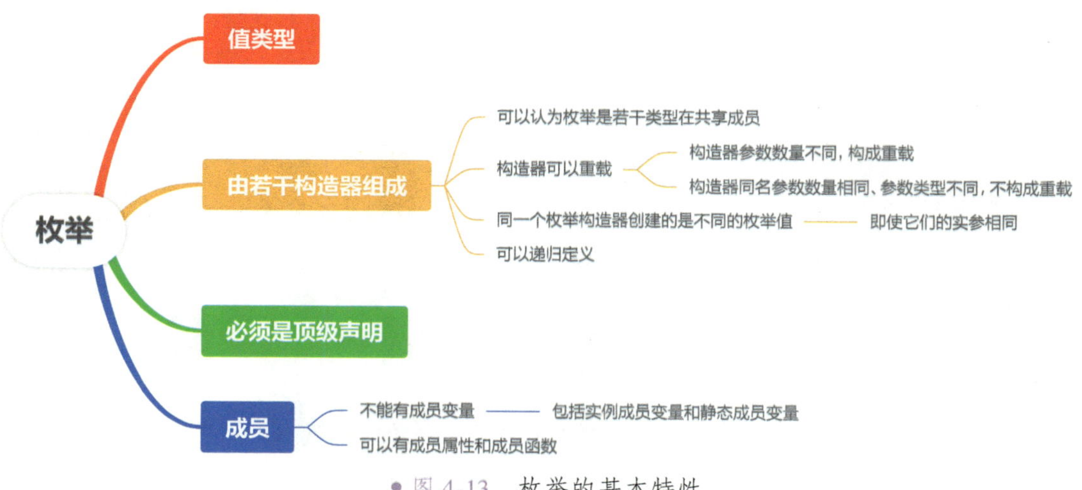

图 4-13 枚举的基本特性

4.9.1 声明一个枚举

枚举构造器之间都有一个 | 分割构造器声明，第一个构造器前面的 | 可省略。图 4-14 为枚举的声明。

声明枚举关键词
枚举名
每个枚举构造器前面都
要有一个|
enum Color {
//下面的Red Green Blue就是枚举构造器
//语法不要求每个构造器一行，这是笔者的习惯
| Red
| Green
| Blue
}

● 图 4-14　声明枚举

4.9.2 枚举构造器的重载

关于枚举构造器的重载，具体应用示例见程序清单 4-21。

程序清单 4-21：004/enum.cj

```
public enum Color {
    | Red
    | Red(UInt8)
    | Green
    | Green(UInt8)
    | Blue
    | Blue(UInt8)
    | Other(UInt8, UInt8, UInt8)
    | Mixed(Color, Color)
    | Mixed(UInt32, UInt32)// 这样是不行的,即使参数类型不一样,但是数量一样,则不能重载
}
```

4.9.3 枚举的比较

仓颉不为枚举直接提供相等性比较的特性，只能用模式匹配的方式判定两个枚举是否一致，如程序清单 4-22 所示。

程序清单 4-22：004/enum_eq.cj

```
public enum Color {
        | Red
        | Red(UInt8)
        | Green
        | Green(UInt8)
        | Blue
        | Blue(UInt8)
        | Other(UInt8, UInt8, UInt8)
        | Mixed(Color, Color)
    public operator func ==(other: Color): Bool {
        match ((this, other)) {
            case (Red, Red) | (Green, Green) | (Blue, Blue) => true
            case (Red(x), Red(y)) => x == y
            case (Green(x), Green(y)) => x == y
```

```
                case (Blue(x), Blue(y)) => x == y
                case (Other(a, b, c), Other(x, y, z)) => a == x && b == y && c == z
                case (Mixed(a, b), Mixed(x, y)) => a == x && b == y || a == y && b == x
                //因为此处有递归调用,所以编译器无法推断函数返回类型,只能显式指定
                case _ => false
            }
        }
}
```

4.9.4 枚举的使用

如果当前作用域内包括导入的类型，没有枚举构造器与其他类型同名，也没有其他枚举的构造器同名，可以直接使用枚举构造器创建一个枚举值，具体如下。

```
// 以上面的 Color 为例
main(){
  println(Red == Green)// 输出 false
}
```

如果有命名冲突，就只能用枚举名做前缀后跟．并且用枚举构造器创建一个枚举值，具体如下。

```
// 以上面的 Color 为例
main(){
  println(Color.Red == Color.Green)// 输出 false
}
```

4.9.5 成员属性

枚举不能有成员变量，成员属性也只能有只读属性，包括静态只读属性和实例只读属性，具体如下。

```
public enum Color {
    | Red
    | Red(UInt8)
    | Green
    | Green(UInt8)
    | Blue
    | Blue(UInt8)
    | Other(UInt8, UInt8, UInt8)
    | Mixed(Color, Color)
    public prop value: UInt32 {
        get() {
            match (this) {
                case Red | Green | Blue => 0
                case Red(x) => UInt32(x) << 16u32
                case Green(x) => UInt32(x) << 8u32
                case Blue(x) => UInt32(x)
                case Other(x, y, z) => Red(x).value | Green(y).value | Blue(z).value
```

```
                case Mixed(x, y) => x.value | y.value
            }
        }
    }
}
```

4.9.6 成员函数

枚举也可以声明静态成员函数和实例成员函数，特性与结构体和类没有区别，示例如下。

```
public enum Color {
    | Red
    | Red(UInt8)
    | Green
    | Green(UInt8)
    | Blue
    | Blue(UInt8)
    | Other(UInt8, UInt8, UInt8)
    | Mixed(Color, Color)

    public static func parse(value: UInt32): Color {
        Other(UInt8(value >> 16), UInt8((value >> 8) & 0xffu32), UInt8(value & 0xffu32))
    }
    // 下面是一个重载的函数
    public static func parse(x: UInt8, y: UInt8, z: UInt8): Color {
        Other(x, y, z)
    }
}
```

4.9.7 可见性

枚举的可见性与结构体完全一样，同样有 public 可见性、protected 可见性、private 可见性和 internal 可见性。

4.10 模式匹配

仓颉有一类模式匹配表达式，它们涉及解构枚举、绑定不可变量、类型转换等特性。甚至大多数时候枚举和类型转换相关的逻辑都跟模式匹配有关。下面将分别介绍每一种模式匹配表达式。

4.10.1 match 分支表达式

match 表达式可以完成复杂且严格的模式匹配，必须有一个分支要执行到且必须穷举所有可能，否则会出编译错误，如图 4-15 所示。我们可以看到，Option 的 getOrThrow( ) 的语义跟下图是一样的。

关于模式的 Refutability 介绍如下。

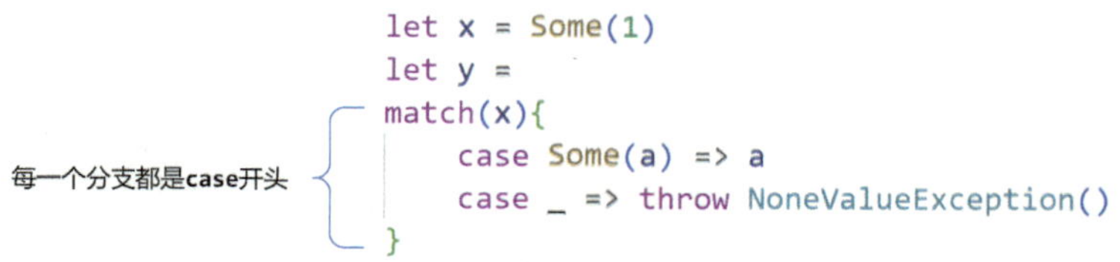

```
let x = Some(1)
let y =
match(x){
    case Some(a) => a
    case _ => throw NoneValueException()
}
```

每一个分支都是case开头

● 图 4-15 match 表达式

- 每一个分支都是一种模式。
- 某一种模式有可能无法匹配待匹配值的时候，它是 refutable 模式。
- 某一种模式一定会匹配待匹配值的时候，它是 irrefutable 模式。
- irrefutable 模式后面如果又出现其他分支，这些分支不会有执行机会，而且会产生编译器警告，见程序清单 4-23。

程序清单 4-23：004/match.cj

```
let i = 1
match (i) {
    case 0 => println(0) //字面量匹配是 refutable 模式。
    case 1 => println(1)
    case 2 | 3 => println("2 |3") //字面量匹配时,一个 case 后面可以用 |分割多个待匹配的值。
    case _ => println("other") //通配符匹配是 irretable 模式,如果没有这个分支会报编译错误,因为
match 强制要求必须有一个分支会匹配到变量 i
}
```

除了字面量匹配，还可以使用变量。仓颉把这种模式匹配叫作绑定模式，所有指定类型的绑定模式都是 refutable 模式，如程序清单 4-24 所示。

程序清单 4-24：004/retutablity.cj

```
let a: Any = 1
match (a) {
    case x: Int64 => println("${x} is an Int64")
    case x: Bool => println("${x} is a Bool")
    case _ => println("other")
}
//或者
match (a) {
    case x: Int64 => println("${x} is an Int64")
    case x: Bool => println("${x} is a Bool")
    case x: Int32 where x > 0 => println("${x} is an Int32 and it is greater than zero.")
    case x: Int32 => println("${x} is an Int32 and it is less than zero.")
    case x where x is String => println(x as String) // where 后面跟一个逻辑表达式,逻辑表达式值为
true 时执行当前分支
    case _ where a is Rune => println(a as Rune) // 也可以使用变量占位符
    case x => match (x) { //还可以单独绑定一个变量,此时这个变量的类型与 a 相同,这是 irrefutable 模式
        case _ => println("other")
    }
}
```

注意上面的代码，当一个简单的模式匹配不足以筛选符合分支执行条件的数据时，需要增加额外的判断逻辑，于是 case 模式匹配后面可以跟一个 where 关键词标示的逻辑表达式。

一个 case 只能声明一个绑定变量。程序清单 4-25 的代码会报编译错误。

程序清单 4-25：004/err_case.cj

```
let a: Any = 1
match (a) {
    case x: Int64 | x: Bool => println("${x} is an Int64") //ERROR
    case x: Char | String => println("${x} is a Bool") // ERROR
    case _ => println("other")
}
```

> **提示**
>
> case 分支在=>前面绑定的是不可变量，它的作用域在当前 case 分支内。

除了字面量模式和绑定模式，match 还可以用来解构枚举。前面已经演示过如何用 match 解构 Option，Option 也是一个枚举，前面没有提到引出程序清单 4-26。

程序清单 4-26：004/match_enum.cj

```
enum Test{
   |A
   |B(Int64)
}
let t = Test.A
match(t) {
  case A => println("A")
  case B(1) => println(1)
  case B(x) => println(x)
}
```

> **提示**
>
> 以上各种模式匹配可以在同一个 match 不同 case 分支混合使用，但是一个 case 分支的模式只能是一类。程序清单 4-27 的代码可以编译并运行。

程序清单 4-27：004/match_mode.cj

```
let a = 1
match(a) {
  case 0 |1 => println("0 or 1")
  case x => println("${x} is an Int64")//这个绑定模式已经覆盖了所有的可能性,下面的分支不会执行了
  case 3 => println("unreachable")
}
```

不过，程序清单 4-28 的做法是不行的，因为仓颉不支持隐式类型转换，而下面的代码试图将 Any 类型隐式转换为 Int64 类型。

程序清单 4-28：004/err_match_mode.cj

```
let a: Any = 1
match (a) {
    case 0 | 1 => println("0 or 1")
    case true => println(true)
    case 3 => println(3)
    case _ => println("other")
}
```

match 还可以用来匹配元组。元组的每个元素都可以字面量和变量混合搭配完成复杂的模式匹配，如程序清单 4-29 所示。

程序清单 4-29：004/tuple_match.cj

```
let tuple = (true, 100)
match(tuple) {
  case (false, 100) => println("(false, 100)")
  case (x, 100) => println("(${x}, 100)")
  case (x, y) => println("(${x}, ${y})")
}
match(tuple) {
  case (false, 100) => println("(false, 100)")
  case (x, 100) => println("(${x}, 100)")
  case _ => println("_")
}
match(tuple) {
  case (false, 100) => println("(false, 100)")
  case (x, 100) => println("(${x}, 100)")
  case (x, y) => println("(${x}, ${y})")
}
match(tuple) {
  case (false, 100) => println("(false, 100)")
  case (x, 100) => println("(${x}, 100)")
  case (_, y) => println("(_, ${y})")
}
```

带逻辑表达式的匹配在 match 中很常见，因此仓颉语法提供了一个简单做法。具体见程序清单 4-30 的代码示例。

程序清单 4-30：004/simple_match.cj

```
let i = 100
match {
  case i > 0 => println("i > 0")
  case i == 0 => println(0)
  case _ => println("i < 0")
}
```

前面介绍过的 is、as 操作符，其实就是 match 的语法糖。is 表达式等价于以下代码。

```
let x: Any = 1u64
let _ = x is Int64
```

```
//等价于
let _ = match (x) {
    case _: Int64 => true
    case _ => false
}
```

as 表达式等价于以下代码。

```
let x: Any = 1
let _ = x as Int64
//等价于
let _ = match (x) {
    case x: Int64 => Some(x)//更小作用的变量会覆盖外部作用域的同名变量
    case _ => None<Int64>
}
```

4.10.2 if-let 分支表达式

有时有些变量可能只在分支内使用，同时这些变量也是判断条件，这时我们按照变量的最小作用域原则把它们定义在分支外面就不合适了，而且有些时候可能并不需要 match 那么严格且复杂的模式匹配，此时可以使用 if-let 分支表达式。程序清单 4-31 是一个典型的示例，也是最常用的做法。

程序清单 4-31：004/iflet_option.cj

```
var opt = Some(1)
if (let Some(x) <- opt) {// 变量 x 不可修改,只能依赖类型推断,此处 x 被推断为 Int64
  println(x)
}else {//如果 opt 是 None 就会执行到这个分支
  println("none")
}
opt = None
if (let None <- opt) {//由于已经确认 opt 的类型,此处也可以把<>部分省略,编译可以推断得到此处的 None 就是 Option<Int64>.None
  println("none")
}
opt = Some(1)
//如果只希望在 opt 是 Some 时执行分支,而不关心 Some 的值可以有以下做法
if (let Some(_) <- opt) {// _是一个占位符,表示此处有一个变量,但是不关心这个变量的值,后面的代码也用不到这个变量
  println("some")
}
```

if-let 除了支持以上做法外，各种赋值操作 if-let 都可以支持。例如，程序清单 4-32 的代码都可以编译运行。

对此代码执行 cjc iflet.cj -o iflet && ./iflet ，会执行代码中的每一个 println 函数调用。

程序清单 4-32：004/iflet.cj

```
main() {
  let x = 1
```

```
    if (let 1 <- x) {
      println("constant")
    }
    if (let _ <- 0) {
      println("wildcard")
    }
    if (let y <- x) {
      println("bound")
    }
    if (let (1,2) <- (x,2)) {
      println("tuple and constant")
    }
    if (let (a, b) <- (x, 2)) {
      println("tuple and bound(${a}, ${b})")
    }
    if (let (a, _) <- (x, 2)) {
      println("tuple and wildcard")
    }
    var e = Test.A
    if (let A <- e) {
      println("enum")
    }
    e = Test.B(1)
    if (let B(x) <- e) {
      println(x)
    }
}
enum Test{
  |A
  |B(Int64)
}
```

下面是执行结果。

```
constant
wildcard
bound
tuple and constant
tuple and bound(1, 2)
tuple and wildcard
enum
1
```

程序清单 4-33 的情况，if-let 也是支持的。

程序清单 4-33：004/iflet2.cj

```
let a: Any = 1
if (let x: Int64 <- a) {
  println(x)
}
```

if-let 的圆括号内还能包含逻辑表达式和比较表达式，如程序清单 4-34 和程序清单 4-35 所示。

程序清单 4-34：004/iflet3.cj

```
main(){
  let x = 1
  let opt = Some(x)
      if (let Some(a) <- opt && a > 0) {
    println(x)
  }
}
```

程序清单 4-35：004/iflet4.cj

```
main(){
  let opt = Some(1)
  if (x > 0 && let Some(x) <- opt) {
    println(x)
  }
}
```

if-let 可以与 if 结合使用，也可以任意嵌套，如程序清单 4-36 所示。

程序清单 4-36：004/if_complex.cj

```
let opt = Some(1)
let any: Any = opt
let opt2 = Some(2)
if (let Some(x) <- opt) {
  if (x > 0) {
    println(x)
  }
} else if (let Some(x) <- opt && let Some(y) <- opt2) {
//这里还可以用逻辑或
  println("double let ${x} ${y}")
}else if (any is Option<Int64>) {
  println("ok")
}else {
  println("otherwise")
}
```

提示

1）if-let 和<-前面绑定的是不可变量。2）<-右面的表达式优先级不能低于 ..（即区间字面值运算符），比较运算、位运算、is、as 优先级都低于<-，如果希望优先做这些运算，应使用圆括号包含它们。3）&&、|| 的优先级低于<-，因此是首先完成模式匹配再做 &&、|| 运算。4）这个模式匹配表达式可以使用 &&、|| 连接得任意长，在语法上使用不受限制。

4.10.3 while-let 循环

前面已经介绍过 if-let，既然有用于分支的模式匹配，自然也有用于循环的模式匹配。满足模

式匹配的执行循环体，否则退出循环。具体过程如图 4-16 所示。

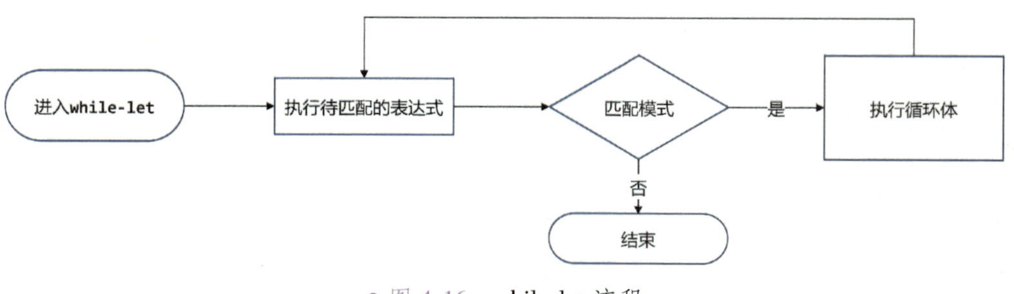

图 4-16 while-let 流程

> **提示**
>
> if-let 支持的所有模式都可以用在 while-let。while-let 绑定的也是不可变量。程序清单 4-37 是一个典型的示例。

程序清单 4-37：004/while_let.cj

```
var opt = Some(1)
while (let Some(x) <- opt) {//当 opt 能匹配这个模式就执行循环体,直到 opt 是 None 结束循环,这个 x 是不可变量。
    println(x)
    if (x < 10) {
      opt = x + 1
    }else {
      opt = None
    }
}
```

4.11 本章知识点总结和思维导图

本章介绍了结构体、类和枚举的声明以及它们的成员，还介绍了构造器、终结器、静态初始化器相关的知识。其中还说明了枚举不可以有成员变量，以及枚举构造器重载的特殊性，以及提到它们的可见性知识。尤其需要注意的是，结构体实例成员函数修改实例成员变量，函数需要使用 mut 修饰，而枚举不能声明成员变量和可读写的成员属性。最后提到模式匹配的特性。图 4-17 为本章知识要点。

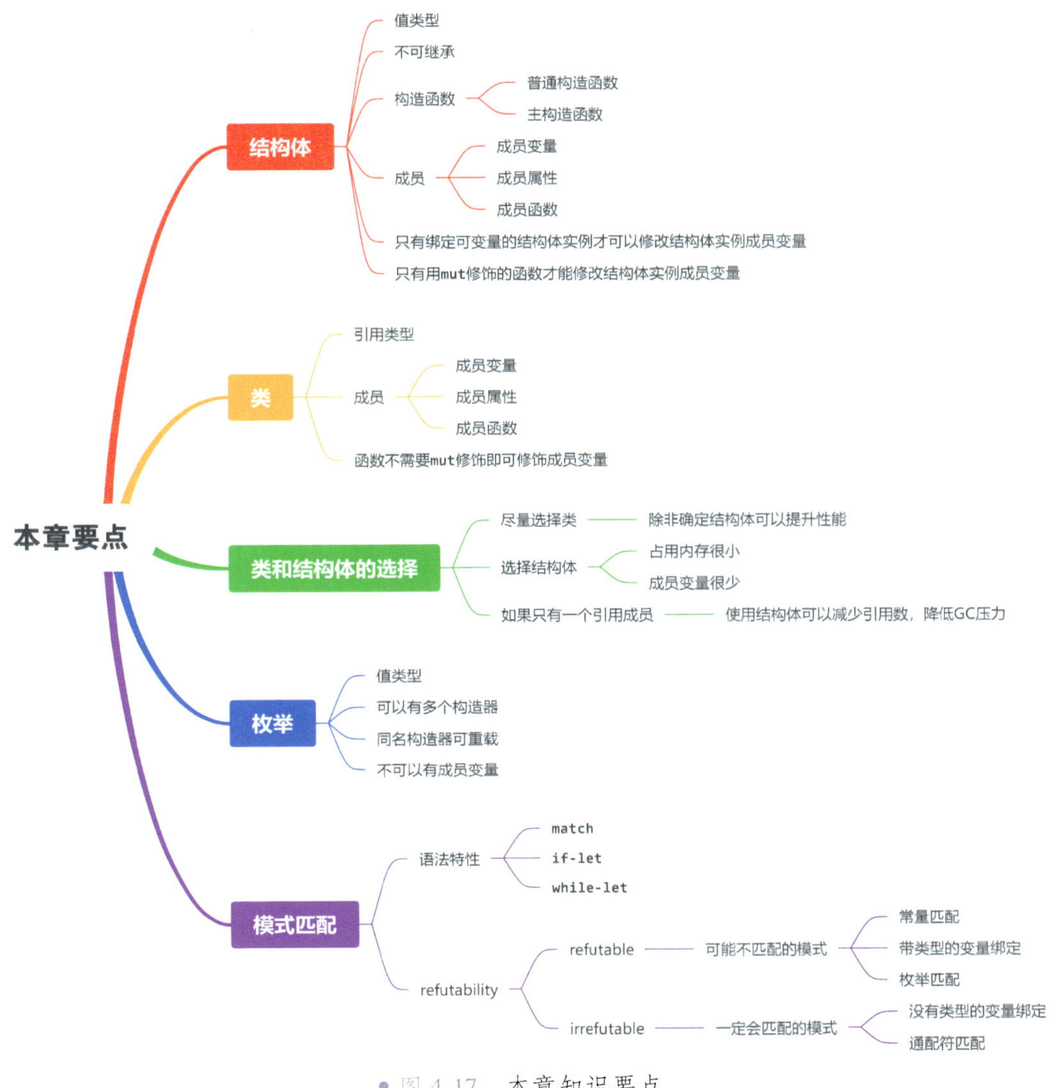
本章要点
结构体
值类型
不可继承
构造函数
普通构造函数
主构造函数
成员
成员变量
成员属性
成员函数
只有绑定可变量的结构体实例才可以修改结构体实例成员变量
只有用mut修饰的函数才能修改结构体实例成员变量
类
引用类型
成员
成员变量
成员属性
成员函数
函数不需要mut修饰即可修饰成员变量
类和结构体的选择
尽量选择类
除非确定结构体可以提升性能
选择结构体
占用内存很小
成员变量很少
如果只有一个引用成员
使用结构体可以减少引用数，降低GC压力
枚举
值类型
可以有多个构造器
同名构造器可重载
不可以有成员变量
模式匹配
语法特性
match
if-let
while-let
refutability
refutable
可能不匹配的模式
常量匹配
带类型的变量绑定
枚举匹配
irrefutable
一定会匹配的模式
没有类型的变量绑定
通配符匹配

图 4-17　本章知识要点

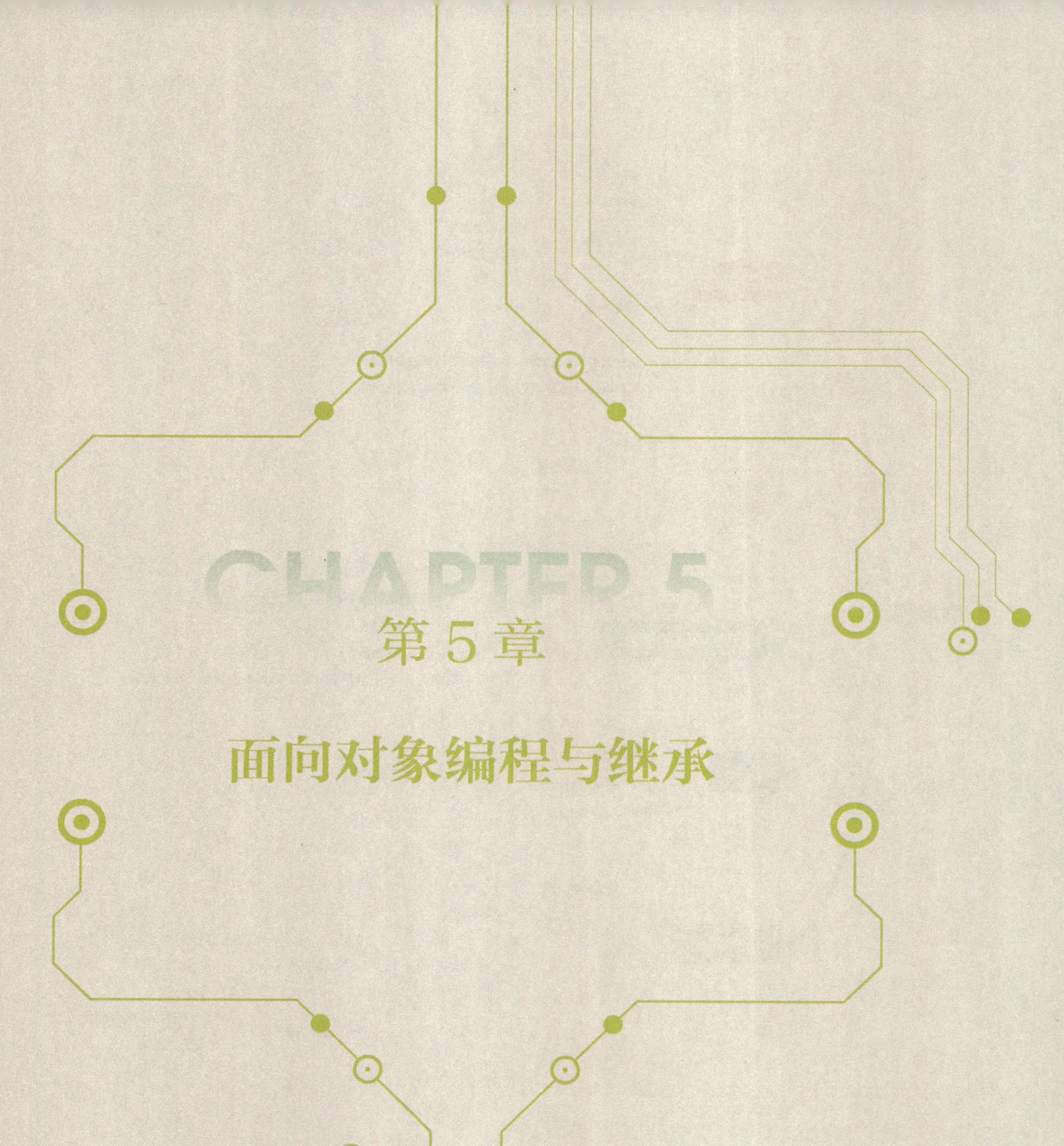

CHAPTER 5

第 5 章

面向对象编程与继承

本章将介绍面向对象编程思想和类的高级特性。

如果读者没有面向对象编程的知识储备，请一定要认真阅读本章内容，注意，面向对象编程与面向过程编程、函数式编程，在思维方式上有着巨大的差别。有时改变一种思维方式并不容易，而面向对象编程是仓颉的重要特性，因此为了继续学习仓颉，掌握面向对象编程是相当有必要的。

本章内容对于有 C++或 Java 编程经验的读者不会太陌生，不过它们跟仓颉仍存在很多不同之处，所以即使已有相关开发经验，认真阅读本章也是有必要的，尤其是本章 5.3 节及其后面的内容。

5.1 面向对象编程思想概述

面向对象编程（OOP）是当今主流的编程范式之一。面向对象是仓颉的重要特性，必须熟悉面向对象编程才能够真正地掌握仓颉。

考虑面向过程编程的历史渊源，在计算机科学的古早年代，编程工作都由计算机专家完成，而且是直接面向硬件编程。而芯片指令的执行是线性的，逐条指令执行下去，每条指令首先是操作码，然后是寻址方式和操作数。硬件是这样的运行方式，命令式编程范式就自然而然地产生了。开发者需要自己控制程序中的每个基本操作，不得不说这是一项特别痛苦又极考验耐心和细致程度的工作。随着软件规模越来越大，开发者就越来越力不从心，于是编程语言引入了对流程控制的语法级支持，可以采用更加自然的方式使用顺序、分支、循环三种基本结构构造程序。相比命令式编程，提高了程序的可读性和可维护性，降低了出错的概率。由于结构化编程通常用于描述和解决具体的过程或任务，算法是第一位的，这类编程语言也叫面向过程的语言。简单地说，面向过程是对命令式编程的一种组织管理风格。而这类语言仍然主要面向硬件开发，操作系统、硬件驱动的开发仍然是面向过程的语言为主流，可以说是应用场景决定了开发范式。图 5-1 为 CPU 执行指令的过程，是不是跟代码的分支、循环过程很像？

随着计算机越来越深入各行各业，软件应用逐渐渗透到各种领域，同时操作系统也越来越成熟，操作计算机的人逐渐地不再直接面对硬件，人通过操作系统向机器传达自己的意图，操作系统向硬件传达指令，操作系统成了人与硬件之间的翻译官。这样做降低了使用计算机的门槛，操作计算机不再需要艰深的计算理论知识，也不需要懂得计算机原理，只需要使用键盘、鼠标等输入设备，面对着屏幕按几下键盘或鼠标即可操作计算机。这彻底改变了计算机的使用方式，也拓宽了计算机的应用领域。与此同时，各种领域的应用软件越来越丰富，软件规模也越来越大。随之而来的是，应用软件开发不再面向机器，开发软件对计算机硬件知识的要求也越来越低，而满足人的需求却越发凸显其重要性。应用软件发展到此时此刻，对编程范式也提出了新的挑战。软件开发者逐渐发现了面向过程开发应用软件的短板。相同的数据组织形式可能需要有不同的功能，比如，对于用户数据，要有注册、登录、注销登录、删除用户等操作，面向过程的语言把数据作为参数传入并返回执行结果，此时面向过程尚可正常工作。不过，很多业务需要操作的数据有共性，同时这些数据又各自有一些自己特性。比如，在商品列表中，只需要显示商品的一些概要，而在商品详细页面需要显示商品的全部信息，全部信息显然包含商品概要部分。当这类需求越来越多，我们自然不希望重复地定义相同的数据，软件开发工作对数据的组织形式提出了更为丰富的要求。软件开发工作也逐渐从算法实现第一位转向数据第一位，而且特定的数据往往只需要特定的功能实现，特定的功能实现只依赖特定的数据，功能与数据紧密结合。另外，在很多时候，有些功能的实现只是相关联的功能在使用，而不希望被这些功能的依赖方、访问方看到。随着软件功能逐渐丰富，软件规模在增长，对功能可见性也提出了更丰富的要求。

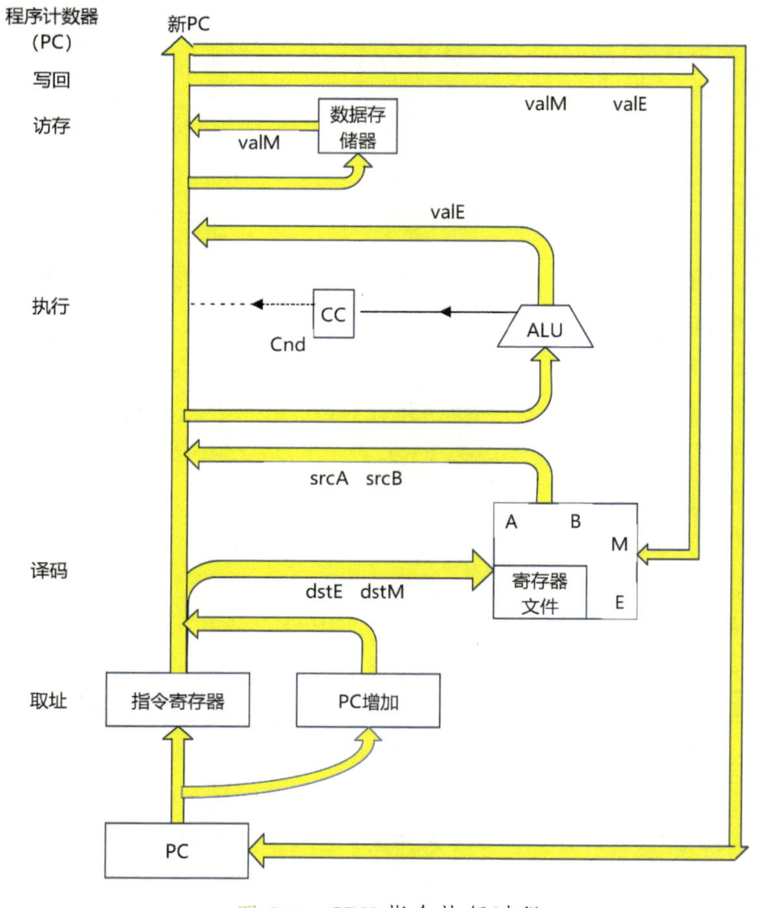

图 5-1 CPU 指令执行过程

既然功能与数据结合如此紧密，对功能和数据的可见性的要求也更加丰富，为什么不把它们结合为一个整体？于是面向对象编程范式应运而生，得以从更高维度对软件建模。

面向对象是对数据和行为的封装，对访问隐藏了实现细节，对这些数据和行为的实现被称作“类”。类是相同特性（成员变量）和行为（函数）的抽象。类的具体化被称作对象（实例），对象之间的交互通过行为（函数）完成，函数声明是对象交互的约定，只要函数声明确定，就应当认为它的功能确定，访问相同声明的函数应该有统一的行为，访问同名的函数应该达到一致的目的。描述对象当前信息的特征在类的内部不为外界所见，具有“黑盒”特征，访问方不必关心类的内部究竟发生了什么，只需要关心自己是否得到预期的结果。这是提高重用性和可靠性的关键。

5.2 面向对象编程的核心问题

面向对象编程的核心问题是如何定义一个类。类应该包含哪些特性？哪些东西应该在一个类里？哪些东西又应该在另一个类里？

类是对一类事物的抽象，或者说描述。想象你会如何描述一个人？

在童话故事《白雪公主》中，是这样描述白雪公主的：她的皮肤白里透红，就像洁白的雪和鲜红的血，她的头发像乌木一样又黑又亮，淡褐色的眼睛像星星一般明亮，闪烁着迷人的光芒，她戴着丝绸发卡，穿着金黄色的裙子。

对白雪公主的描述围绕着一系列名词性短语，核心词汇是公主、皮肤、头发、眼睛、发卡、裙子。这些名词性短语都是白雪公主的特征，也是对白雪公主的抽象描述。不过白雪公主还是太具体了，我们不能对每一个人每一个事物都定义一个类去描述他们。对于编程工作，我们需要更进一步地抽象。白雪公主是人，那么人除了五官还有哪些特征？有社会性的特征，比如身份、民族、职业、国籍、名字等；有生理性的特征，比如身高、年龄、血型、发色、肤色、瞳色、性别等；有个性化的特征，比如衣着等。对于不同的业务需求，我们可以挑选对业务有意义的特征用来描述一个人或一个事物，而不必把全部特征都填到代码里。假如需要用代码为《白雪公主》的角色建模，那么我们可以像程序清单 5-1 这样定义一个角色。这是示例代码，为了减少篇幅，枚举只列出声明（本章的所有代码都来自同一程序清单，完整的代码请看源代码目录，下文不再赘述）。

程序清单 5-1：005/snow_white.cj

```
public enum Color
public enum Identity
public enum Gender
public class Character {
    public Character(
        public let name!: String = "",
        public let skin!: ? Color, //肤色
        public let hair!: ? Color, //发色
        public let pupil!: ? Color, //瞳色
        public let dressing!: ? String, //服饰
        public let specialty!: ? String = None, //技能
        public let gender!: Gender,
        public let identity!: Identity //身份
    ) {}
}
main(): Unit {
    let snow = Character(
    //这样就定义了白雪公主这个角色的描述,我们可以认为这是代码版的白雪公主人物卡
        name:"Snow white",
        skin: White,
        hair: Black,
        pupil: Brown,
```

```
        gender: Female,
        dressing:"golden skirt",
        identity: Princess
    )
}
```

我们不必把一个人可能有的所有特性都放到描述角色的定义里，像国籍、种族、身高、血型等，没有出现在《白雪公主》的故事里，就没有必要在角色里定义它们了。换句话说，就是它们与业务无关。

只描述一个人的外貌是片面的，要全面地了解一个人，还需要知道他能做什么。同样的，对任何事物的描述都是如此。那么对于上面的 Character，我们应当加上对角色能做什么的描述。现在我们想象一个人最基本的能力都有什么？吃饭、睡觉、喝水、走路、奔跑，一个健全的人都会做这些事。不过挖掘这种事情就有些专业性了，笔者本人四体不勤，随便挖个小坑还行，但是长时间又快又好地挖掘就做不到了。还有注射、狩猎等更具有专业性的工作，就不是谁都能干的。基于这样的考虑，我们可以为角色做以下修改。

```
public class Character {
    public Character(
        public let name!: String = "",
        public let skin!: ? Color, //肤色
        public let hair!: ? Color, //发色
        public let pupil!: ? Color, //瞳色
        public let dressing!: ? String, //服饰
        public let gender!: Gender,
        public let identity!: Identity //身份
    ) {}
    public func eat(): Unit {
        println("${name} is eating")
    }
    public func drink(): Unit {
        println("${name} is drinking")
    }
    public func sleep(): Unit {
        println("${name} is sleeping")
    }
    public func walk(): Unit {
        println("${name} is walking")
    }
    public func run(): Unit {
        println("${name} is running")
    }
    public func dig(): Unit {
        println("${name} is dig")
    }
    //throw 是关键词,所以只能改变词性了。严格地说,在这里用现在分词并不合适
    public func throwing(thing: String): Unit {
```

```
        println("${name} is throwing ${thing}")
    }
}
```

在以上代码中，我们为角色定义了一些角色可以做的一些最基本的事情。读者应该注意到了，我们对角色的描述分成了两部分，一部分是外观描述，体现了角色当下的状态（后面可能还会根据需要添加表示情绪、生命状况等新的状态），它们都用实例成员变量描述，都是名词性的。还有一部分是对人的能力和行为的描述，表示角色可以做的事情，都是动词性的。而且角色这个类也是名词性的（Character）。注意两部分描述的词性差别，这很重要。简单地讲，对事物的定义（也就是类的名字）都是名词性短语，描述事物状态、特性、特征等都采用名词性短语声明为实例成员变量，或者说仅仅用来呈现的部分采用名词性短语；而描述事物的行为和能做什么事情的部分，我们都要采用动词性短语声明为实例成员函数，因为我们真的要调用这些函数，让这些角色发生这些行为。

读者应该注意到了，上面每个函数的代码重复率特别高，在逻辑层面，它们有很多共性，我们可以把这些共性做进一步的抽象。下面我们要对这个角色的定义做一点小小的改进，具体如下。

```
public class Character {
  public Character(
    public let name!: String = "",
    public let skin!: ? Color,//肤色
    public let hair!: ? Color,//发色
    public let pupil!: ? Color,//瞳色
    public let dressing!: ? String,//服饰
    public let specialty!: ? String = None,
    public let gender!: Gender,
    public let identity!: Identity//身份
  ){}
  private func doAction(action: String, thing!: String = String.empty): Unit {
        println("${name} is ${action} ${thing}")
    }
    public func eat(): Unit {
        doAction("eating")
    }
    public func drink(): Unit {
        doAction("drinking")
    }
    public func sleep(): Unit {
        doAction("sleeping")
    }
    public func walk(): Unit {
        doAction("walking")
    }
    public func run(): Unit {
        doAction("running")
    }
    public open func dig(): This {
        doAction("digging")
```

```
        this
    }
    public func throwing(thing: String): Unit {
        doAction("throwing", thing: thing)
    }
    public func ask(character: CommonCharacter, question: String): Unit {
        println('${name} ask ${character.name}: "${question}"')
    }
}
```

提示

在开发过程中，如果一个函数内只有一行代码，而这行代码的作用是调用另一个函数，这种做法是允许的，只要合理运用并不会增加代码的复杂性，相反会让代码更有可读性。通用的函数描述很多函数的共性行为，特定的函数描述特定行为的特性，共性的逻辑得到重用，特定行为在特定函数里。要认识到重用无处不在，小到类内部的一个函数，大到一个项目；而重用的目的只有一个，那就是减少重复代码量，增加可读性和可维护性。

5.3 继承

前面我们已经定义了一个描述角色的类，接下来我们需要定义更多有不同特性和能力的角色，有一些甚至拥有独特的能力，比如狩猎、注射等。这时，仅仅一个 Character 就不能满足需求了。为了满足需求，我们需要层次更加丰富的数据组织形式。下面介绍面向对象编程思想的重要特性之一——继承。

仓颉的继承特性如图 5-2 所示。

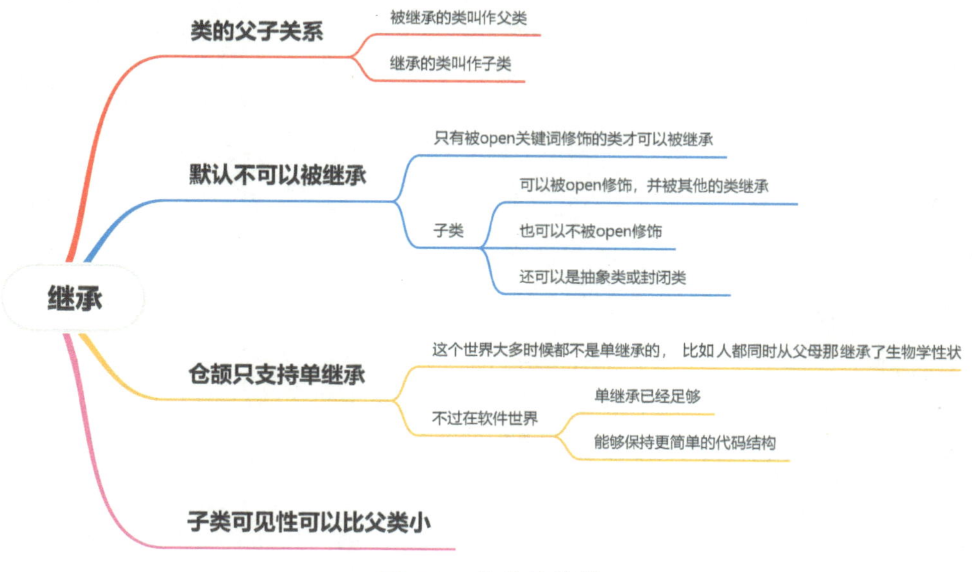

图 5-2　继承的特性

下面我们要把 Character 改成可继承的。在下面的代码中，我们在 class 前面增加了关键词 open，这个类就可以拥有子类了。

```
public open class Character {
```

现在 Character 类可以继承了，下面我们需要定义猎人。

仓颉的类要继承另一个类，需要在类名后面使用<：再跟着被继承的父类，如图 5-3 所示。

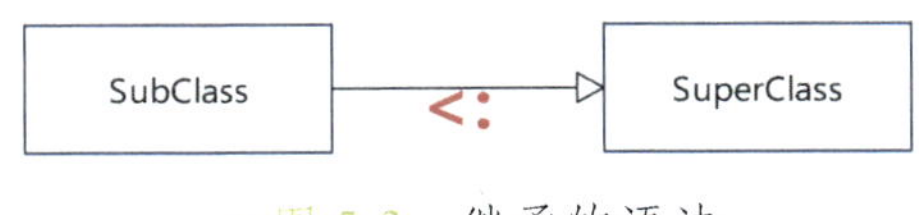

图 5-3 继承的语法

具体应用如下。

```
public class Hunter <: Character {
  public init(
    name!: String ="",
    skin!: ? Color,//肤色
    hair!: ? Color,//发色
    pupil!: ? Color,//瞳色
    dressing!: ? String,//服饰
    specialty!: ? String = None,
    gender!: Gender,
    identity!: Identity//身份
    ){
     super(name: name, skin: skin, hair: hair, pupil: pupil, dressing: dressing, specialty: specialty, gender: gender, identity: identity)
  }
}
```

这样就完成了一个叫作 Hunter 的子类的声明。读者应该发现了，《白雪公主》里面对白雪公主的外貌描述很详细，而且多次出现，但是对其他角色的外貌描述都不甚了了，甚至完全没有。那么我们是否有必要对每个角色都如此详细地描述呢？这里就见仁见智了。由于故事里只出现了一位公主，专门再声明一个 Princess 类似乎没有必要。不过针对其他角色，我们可以对它们的构造函数做一些改变，业务无关的部分就不再声明为构造函数的参数了。

```
public class Hunter <: Character {
  public init(){
     super(name: "Hunter", skin: None, hair: None, pupil: None, dressing: None, specialty: "Hunting", gender: Male, identity: Civilian)
  }
}
```

面向对象编程的一个原则是只为类声明它用到的成员，基于这个原则，似乎声明一个 Princess 类就很有必要了。针对 Character 我们需要做以下修改。

```
public open class Character {
  public Character(
  //故事里有些角色连个名字都没有，不过我们最好还是把名字保留在 Character 里，以便把故事讲下去
```

```
        public let name!: String = "",
        public let gender!: Gender,
        public let identity!: Identity//身份
    ){}
    //更多代码
}
```

再声明一个公主类，具体如下。

```
public class Princess <: Character{
  public Princess(
    name!: String,
    public let skin!: ? Color,//肤色
    public let hair!: ? Color,//发色
    public let pupil!: ? Color,//瞳色
    public let dressing!: ? String//服饰
  ){//公主的身份就决定了性别,这个大家都没有异议吧
    super(gender: Female, identity: Identity.Princess)
  }
}
```

然后，Hunter 类也可以有以下声明。

```
public class Hunter <: Character {
  public init(){
    super(name: "Hunter", gender: Male, identity: Civilian)
  }
}
```

5.3.1 覆盖

接下来就有了新问题，公主怎么能干挖掘这种粗重的体力工作呢？dig 函数似乎在 Character 里也不合适了。不过我们要明白一点，决定一个人会不会做什么事并不全是因为一个人的能力，还有人的身份。白雪公主的身份决定她不需要而且也会拒绝做体力劳动。所以我们应该在 Princess 覆盖 dig 函数。“覆盖”的目的，也为了能够继续声明其他角色。

子类覆盖父类函数的特征如图 5-4 所示。

下面修改 Character 声明，使它的某些函数可以被覆盖，代码如下。

```
public open class Character {
  public Character(
  //更多代码
  public open func dig(): Unit {
    doAction("digging")
  }
}
```

白雪公主可以拒绝挖掘工作，代码如下。

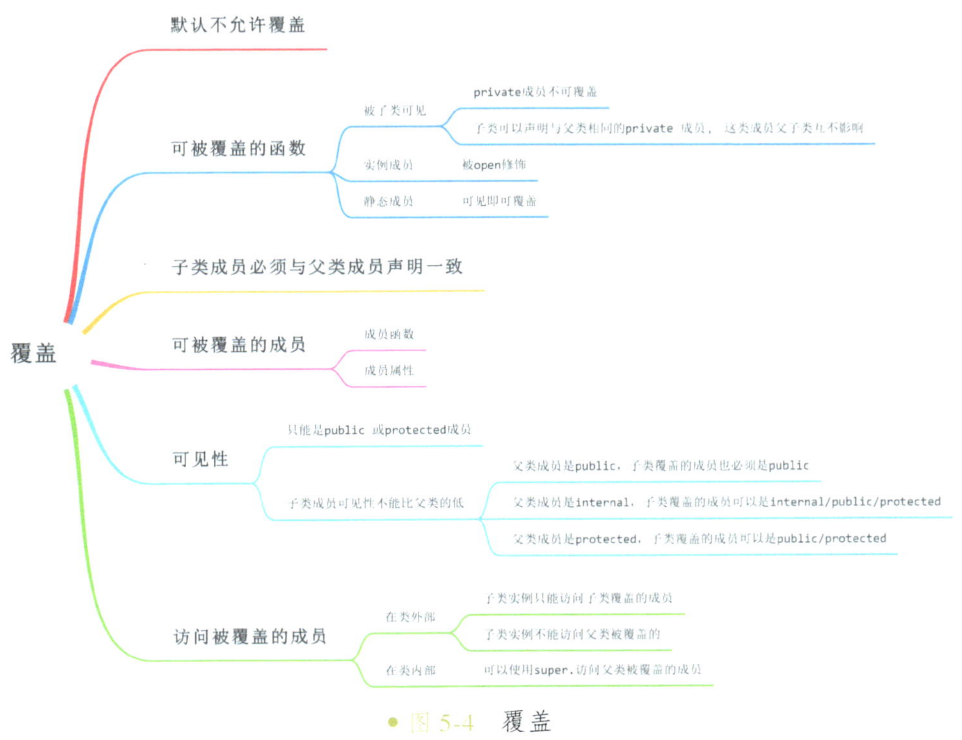

图 5-4 覆盖

```
public class Princess <: Character{
  public Princess(
    firstName!: String,
    lastName!: String,
    public let skin!: ? Color,//肤色
    public let hair!: ? Color,//发色
    public let pupil!: ? Color,//瞳色
    public let dressing!: ? String//服饰
  ){//公主的身份就决定了性别,这个大家都没有异议吧
    super(firstName_: firstName, lastName_: lastName,gender_: Female, identity_: Identity.
Princess)
  }
  public func dig(): Unit {
    println("I do not do this!")
  }
}
```

5.3.2 对成员变量的封装

通常来说，直接访问成员变量并不是良好的开发实践，我们需要把它们隐藏起来，使用属性访问。这样做的好处是访问时，可以对成员变量做一些修改。如果需要修改成员变量，还可以在可写属性的 set 函数内做一些检查工作，确保传入的值符合业务要求。

提示

需要额外指出的是，除了重载函数，仓颉不允许标识符同名，即属性、成员变量、成员函数不能同名。因此，以下代码为了区分成员变量和成员属性，给每一个成员变量名后面增加了一个下划线。

```
public open class Character {
  public Character(
  //故事里有些角色连个名字都没有,不过我们最好还是把名字保留在 Character 里,以便把故事讲下去
    private let firstName_!: String = "",
    private let lastName_!: String = "",
    private let gender_!: Gender,
    private let identity_!: Identity//身份
  ){}
  public prop firstName: String {
    get(){
      firstName_
    }
  }
  public prop lastName: String {
    get(){
      lastName_
    }
  }
  public prop name: String {
    get() {
      //有些角色没有姓名,比如七个小矮人
      if (lastName.isEmpty()) {
        firstName
      }else {
        "${firstName} ${lastName}"
      }
    }
  }
  public prop gender: Gender {
    get() {
      gender_
    }
  }
  public prop identity: Identity {
    get() {
      identity_
    }
  }
//更多代码
}
```

仓颉规定被覆盖的函数可以使用 override 修饰，用来表示这是个被覆盖的实例成员函数，不过这个关键词可以省略。被覆盖的静态成员函数使用 redef 修饰，也可以省略。

Java 注释：Java 使用@Override 注解达成这一目的，仓颉的 override 与之类似，仅仅是提示作用。

接下来，我们为 Hunter 做进一步的说明，为这个角色添加更多能力相关的函数，代码如下。

```
public class Hunter <: Character {
  public static let hunter = Hunter(firstName: "Hunt", lastName: "Hunter", gender: Male)
  private var prey: ? String = None//猎物
  private init(firstName!: String, lastName!: String, gender!: Gender){
    super(firstName_: firstName, lastName_: lastName, gender_: gender, identity_: Civilian)
  }
  //制作陷阱
  public func makeTrap(): Unit {
    dig()
    println("${name} dug a hole and made a trap.")
  }
  public override func get(prey: String) {
    this.prey = prey
  }
}
```

提示

被覆盖的实例成员函数，子类实例只能访问到子类的成员，即使变量使用父类声明。比如下面的代码。

```
let princess: Character = Princess.snow
princess.dig()//执行的是 Princess 的 dig 函数
```

在类型外部，子类型实例无法再调用父类型被覆盖的成员。不过，在类型内部可以使用 super.funcName()或 super.propName 的形式访问父类型被覆盖的成员。比如下面声明的类。

```
public class Miner <: Character {
  public init(firstName!: String, lastName!: String, gender!: Gender) {
    //矿工肯定是平民,这个没有疑问吧
    super(firstName_: firstName, lastName_: lastName, gender_: gender, identity_: Civilian)
  }
  public override func dig(): Unit {
    super.dig()
    println("I'm digging faster and better.")
  }
}
```

5.3.3 This 类型

有时候，我们希望函数返回自身，以便实现连续访问，这样的代码看起来更流畅。如果运用得好，这样的代码就像一段长句。通常我们会指定函数返回类型是当前类型，不过仓颉有简便做法，可以指定函数返回类型是 This。使用 This 还有个好处，使用实例访问成员函数时，返回的实际是当前实例的实际类型。This 的特性如图 5-5 所示。

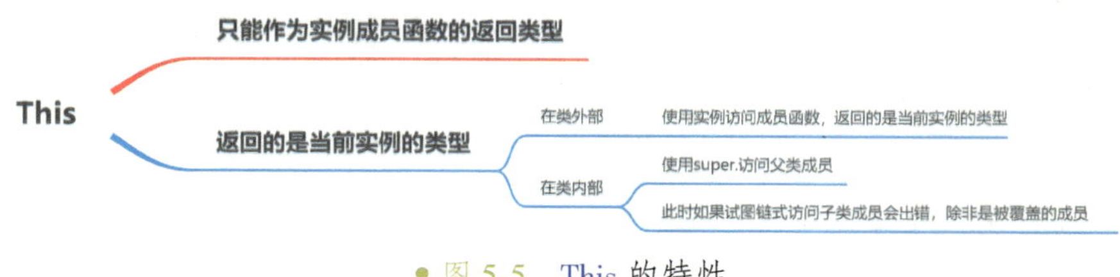

图 5-5 This 的特性

> **提示**
>
> This 只能在类的实例成员函数中用于声明返回类型。

角色、公主、矿工的声明可以做以下修改。

```
public open class Character {
    public Character(
        //故事里有些角色连个名字都没有,不过我们最好还是把名字保留在 Character 里,以便把故事讲下去
        private let firstName_!: String = "",
        private let lastName_!: String = "",
        private let gender_!: Gender,
        private let identity_!: Identity //身份
    ) {}
    private func doAction(action: String, thing!: String = String.empty): Unit {
        println("${name} is ${action} ${thing}")
    }
    public open func dig(): This {
        doAction("digging")
        this
    }
}
//公主什么也不用会,只需要美美哒^_^
public class Princess <: Character {
    static let snow = Princess(
        //这样我们就定义了白雪公主这个角色的描述
        //可以认为这是文字版的白雪公主人物卡
        firstName:"Snow",
        lastName:"White",
        skin: White,
        hair: Black,
        pupil: Brown,
        dressing:"golden skirt"
```

```
        )
        public Princess(
            firstName!: String,
            lastName!: String,
            public let skin!: ?Color, //肤色
            public let hair!: ?Color, //发色
            public let pupil!: ?Color, //瞳色
            public let dressing!: ?String //服饰
        ){//公主的身份就决定了性别,这个大家都没有异议吧
            super(firstName_: firstName, lastName_: lastName, gender_: Female, identity_: Identi-
ty.Princess)
        }
        //仓颉规定被覆盖的函数可以使用 override 修饰,用来表示这是个被覆盖的实例成员函数,不过这个关键词可
以省略
      //被覆盖的静态成员函数使用 redef 修饰,也可以省略
      public override func dig(): This {
        println("I do not do this!")
        this
      }
    }
    public class Hunter <: Character {
      public static let hunter = Hunter(firstName: "Hunt", lastName: "Hunter", gender: Male)
      private var prey: ?String = None//猎物
      private init(firstName!: String, lastName!: String, gender!: Gender){
        super(firstName_: firstName, lastName_: lastName, gender_: gender, identity_: Civilian)
      }
      private func doMakeTrap(): Unit {
        println("${name} dug a hole and made a trap.")
      }
      //制作陷阱
      public func makeTrap(): Unit {
        dig().doMakeTrap()//doMakeTrap 是 Hunter 的私有函数,可以直接这样调用
      }
      public func get(prey: String) {
        this.prey = prey
      }
    }
    //这是七个小矮人的角色
    public class Miner <: Character {
      public static let grumpy = Miner("Grumpy", "", Male)
      public static let bashful = Miner("Bashful", "", Male)
      public static let sleepy = Miner("Sleepy", "", Male)
      public static let sneezy = Miner("Sneezy", "", Male)
      public static let happy = Miner("Happy", "", Male)
      public static let doc = Miner("Doc", "", Male)
      public static let dopey = Miner("Dopey", "", Male)
      private init(firstName: String, lastName: String, gender: Gender) {
        //矿工肯定是平民,这个没有疑问吧
        super(firstName_: firstName, lastName_: lastName, gender_: gender, identity_: Civilian)
      }
```

```
    public func betterDig(): This{
        println("I'm digging faster and better.")
        this
    }
    public override func dig(): This {
    //  super.dig().betterDig()//这是不可以的
        //'betterDig' 不是类'Character' 的成员
        //但是可以在类的外部使用,Miner.doc.dig().betterDig()
        println("I'm digging.")
        this
    }
    /*
    public override func dig(): This {
      println("I'm digging faster and better.")
      this
    }
    */
}
```

现在可以声明其他角色类型了，代码如下。

```
public class King <: Character {
  public static let king = King("King", "White")
  private init(firstName: String, lastName: String) {
    super(firstName_: firstName, lastName_: lastName, gender_: Male, identity_: Identity.
King)
  }
  public func dig(): This {
    println("I will make somebody to do it.")
    this
  }
  public func dominate(): Unit {
    println("${name} dominate a country.")
  }
}
//女巫就是王后,在此先不为女巫添加能力,为了尽量保持风格统一,我们把女巫的能力放到后面的章节
public class Witch <: Character {
  public static let queen = Witch("Witch")
  private init(firstName: String){
    super(firstName_: firstName, lastName_: "", gender_: Female, identity_: Queen)
  }
}
```

到目前为止，大家应该注意到了，《白雪公主》中的各个角色声明都是用名词声明成员变量和类名，而他们的能力都是用动词声明的函数，将来我们要调用这些函数完成具体的行为。

提示

我们知道成员函数、成员属性、成员变量不能同名，其实在子类与父类之间这个限制也存在，只要父类成员对子类可见，那么子类成员也不能与父类成员同名，重载和覆盖除外。

5.4 抽象类

到目前为止，所有的角色都有了自己的类型，已经没有任何角色是使用 Character 实例化的。对于不需要实例化或者无法实例化的类型，它们都应当是抽象的。我们可以基于这样的类型声明一系列子类型，在这些类型内声明共同的特性（实例成员变量）和行为能力（函数）。对此，我们可以把这些类型声明为抽象类。

5.4.1 抽象类的特征

抽象类拥有的特征，如图 5-6 所示。

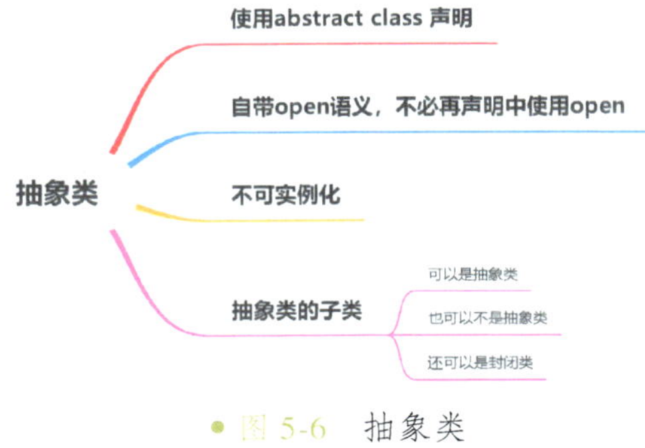

图 5-6 抽象类

具体应用示例如下。

```
public abstract class Character {
    //其他不变
}
```

5.4.2 抽象成员

我们可以在抽象类中声明抽象成员，抽象成员特征如图 5-7 所示。

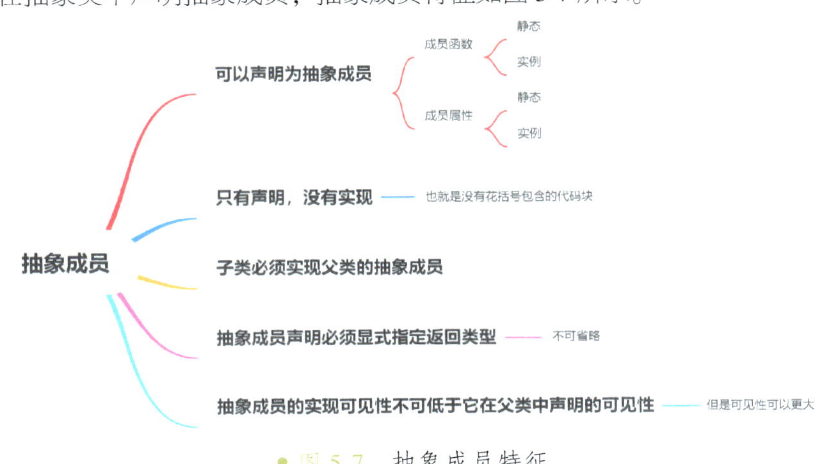

图 5-7 抽象成员特征

《白雪公主》中有一个特殊的角色，这个角色不具备人的特性，严格说应该算道具，但是它会说话，为了代码实现方便，我们把会说话的归类为角色，把不会说话的归类为道具。这个角色就是魔镜。由于所有人都会说话，我们可以对角色做定义，代码如下。

```
public abstract class CommonCharacter {
  public func say(content: String): Unit {
    println(content)
  }
  public prop name: String
}
public abstract class Character <: CommonCharacter {
    public func ask(character: CommonCharacter, question: String): Unit {
        println('${name} ask ${character.name}: "${question}"')
    }
}
//下面是魔镜的声明
public class MagicMirror <: CommonCharacter {
  public static let mirror = MagicMirror()
  private init(){}
  public prop name: String {
    get(){
      "Mirror"
    }
  }
  //魔镜的主人是王后
  public prop owner: Character {
    get(){
      Witch.queen
    }
  }
}
main(): Unit {
    let mirror = MagicMirror.mirror
    Witch.queen.ask(mirror,"${mirror.name}, ${mirror.name}, tell me who is the most beauti-
ful woman in the country?")
    MagicMirror.mirror.say(
        "Your Majesty, my master, you are a so beautiful woman, But ${Princess.snow.name} is
more beautiful than you in this country."
    )
}
```

5.4.3 封闭类

当我们只希望某个类只能在声明它的包继承时，可以把它声明为封闭类。封闭类的特征如图 5-8 所示。

由于所有角色都在同一个包内，我们可以把 Character 和 CommonCharacter 都声明为封闭类，具体示例如下。

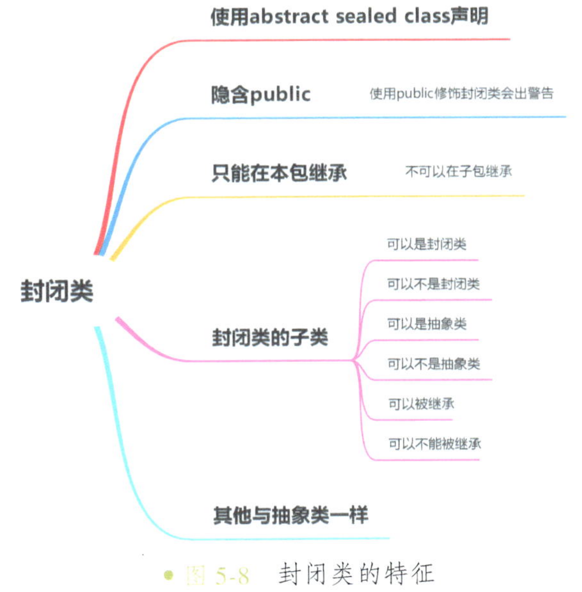

图 5-8　封闭类的特征

```
abstract sealed class CommonCharacter
abstract sealed class Character <: CommonCharacter
```

C++/Java 注释：熟悉这两种语言的开发者都清楚，这两种语言默认都是不限制继承的。要禁止继承 Java 需要使用 final 修饰一个类，而 C++需要把类的所有构造函数都声明为 private，并把析构函数声明为 protected。自从面向对象编程思想出现以后，滥用继承被认为是极为糟糕的编程风格，我们应当多用组合，慎用继承，只有实在想不到继承以外的实现方式，或者不使用继承会导致代码过于复杂的时候才应该考虑使用继承。因此，仓颉在语法层面默认不可继承。每当你想使用继承解决问题的时候，都要先在 class 前面加上一个 open，这时候自己不得不暂停一会，想一下：此处使用继承是不是一个好主意？

> **提示**
>
> 笔者刚做程序员的时候读过一本设计模式的书籍，里面有一句话揭示了上面这一段的精髓："Sam 放弃了继承，因为他认为这才是真正的男子汉。"这句话对笔者影响至今，每当想要使用继承，都会想起这句话，然后再想一想是否还有其他的做法。

这个例子当然可以不使用继承，不过，笔者认为使用继承是最简单的方式，如果放弃继承，就需要使用一些设计模式。对于这个简单例子来说，显然属于过度设计了。至于不使用继承应该怎么做超出了本章的主题，不在此详述。

5.5 可见性

上一章我们提到结构体和枚举可见性的相关知识，而类的可见性拖到本章末尾才介绍，正是因为类的继承特性带来的类成员可见性与结构体和枚举成员可见性的不同。类的可见性如图 5-9 所示。

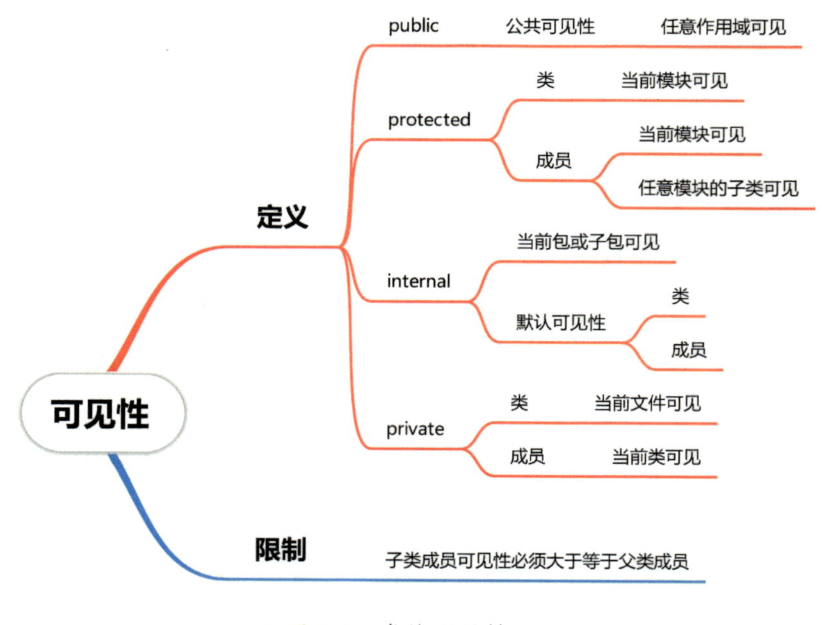

• 图 5-9 类的可见性

5.6 本章知识点总结和思维导图

本章通过《白雪公主》的故事介绍了面向对象编程思想的基本知识和仓颉的继承、覆盖、多态等特性，还对抽象类和封闭类进行了介绍。读者可能疑惑本章并没有提到多态的概念，其实多态就是不同类型共享对外暴露相同的成员声明，却有各种不同的实现。本章示例中不同角色不同的 dig 能力就是多态的体现。

俗话说得好："一千个读者眼中就会有一千个哈姆雷特。"不同的开发者对相同的需求和功能也有不同的理解和实现方式，开发工作需要注意功能拆分的粒度和抽象程度，切不可过度设计。这依赖于开发者长期的思考、专业训练和工作经验，坚持项目各部分单一职责、接口隔离、最少知识、合理的开放封闭等原则，确保代码灵活、性能稳健、可重用、易读等特性。

如今与人的行为强相关、有强烈社会属性的应用层面软件占了大多数，比如电商软件、税务软件、办公软件、社交软件等，都有强烈的社会属性，都与人在社会中的行为息息相关。于是很多人会对刚入行的下属说不要过于关注技术，要更多地关注业务。这句话不能说完全错误，开发这类软件确实不需要掌握太多硬件层面的技术知识，也不需要关注操作系统如何工作，甚至不需要知道计算机原理，只需要掌握相关业务知识和编程语言就有可能开发出优秀的应用软件，而且很多业务领域相当复杂，需要对业务知识有深刻理解才有可能开发出优秀的应用软件，比如财务软件。于是很多人就认为技术不重要，业务才重要。而笔者认为，技术永远是基础，基础扎实开发应用软件就能如虎添翼。另外，技术不只是算法性能、时间和空间复杂度、计算机原理、数据结构，它还是软件工程。对软件工程的理解、对基础知识的掌握又直接影响到软件在系统、技术选型、业务等各个层面的架构设计，乃至某一个具体功能的数据模型应该如何设计、函数应该如何实现。如果能用一百行代码完成别人两百行代码的工作，那么代码出错的可能性就至少减少了一半，开发相同的功能所花费的时间也至少减少了一半。长期坚持对技术的思考，可能刚开始会慢一些，但是一段时间以后，会发现你的开发效率、对技术的理解都会取得长足进步。同时逐渐会发现对于应用软件，技术和业务就像硬币的两面，并不是谁更重要的问题，它们互相影响。

最后需要指出的是，本章并不是要说明面向过程已经不合时宜了。面向过程也好，面向对象也好，各种编程范式都伴随着软件工程的发展而生，而软件工程又伴随着计算技术和软件业的发展进步。依笔者浅见，面向对象更适合开发强社会属性的软件；而操作系统和驱动程序等与硬件强相关，与人的关系就不够紧密。除了用户界面，更多地要考虑如何与硬件交互，而受限于硬件特性，这类软件更适合使用面向过程的语言。读到这里，可能会有读者说 JVM 和很多硬件驱动程序是用 C++实现的。确实如此，不过即使它们使用 C++开发，还是更倾向于面向过程的模式。同样的，很多应用软件也是用 Go、Rust、Python、C 开发的，这些语言有一些具备有限的面向对象特性，但是本质并不是面向对象的语言，而开发应用软件的时间越久，就会越来越向面向对象的思想靠拢。前文提过开发场景决定开发范式，面向过程是对程序流程的规范，面向对象是对数据和程序行为的规范，同时也是对软件工程在不同维度和不同层面的理解，而面向对象思想的产生伴随着软件工程对模块化的思考。笔者认为最重要的是对软件工程的理解程度。

本章知识要点总结如图 5-10 和图 5-11 所示。

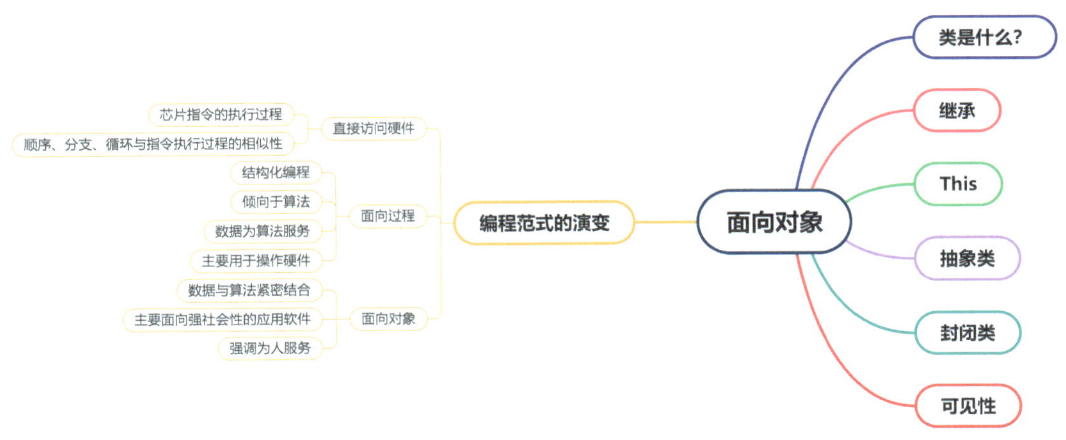

图 5-10　编程范式

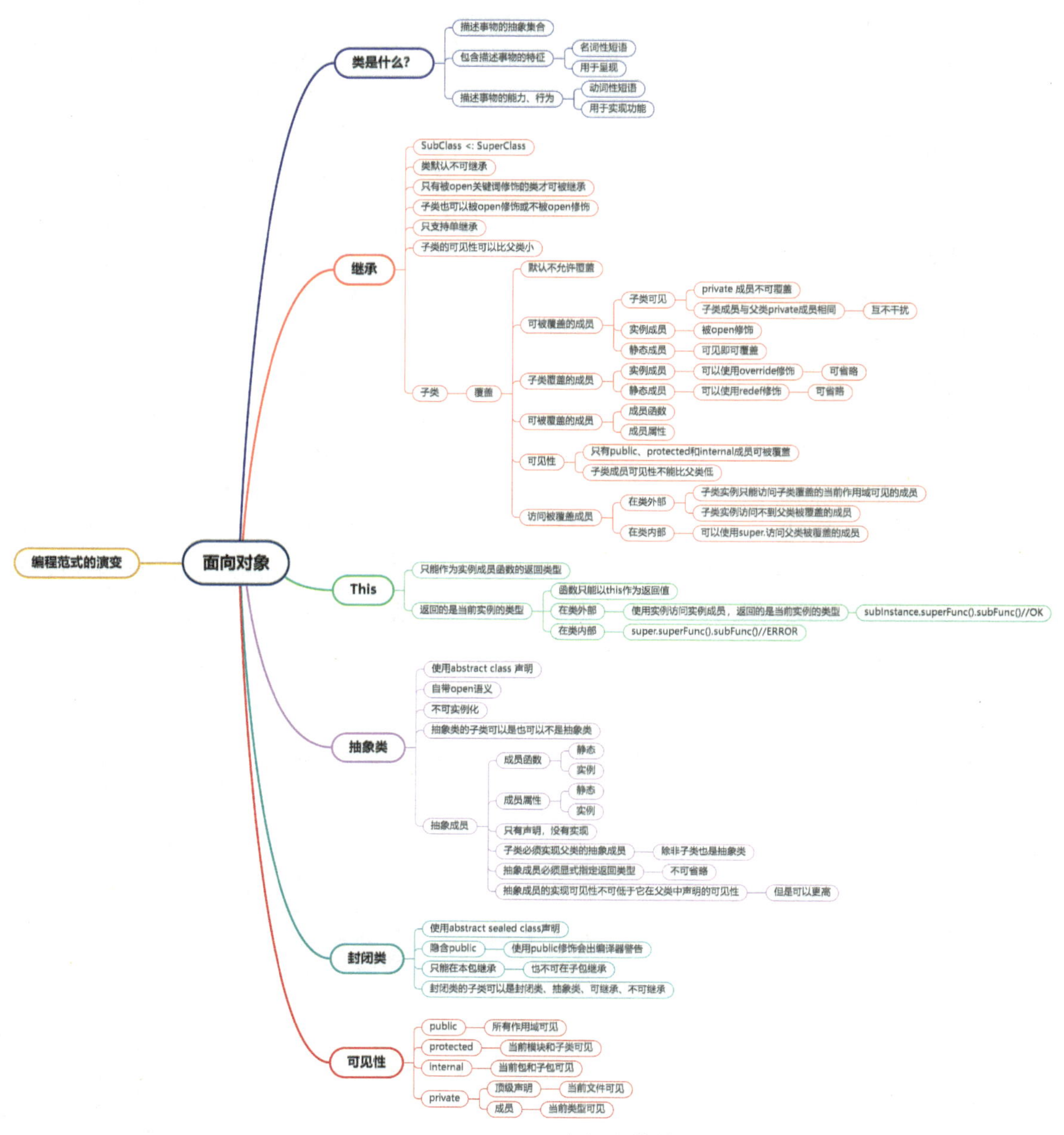

图 5-11　面向对象的特性

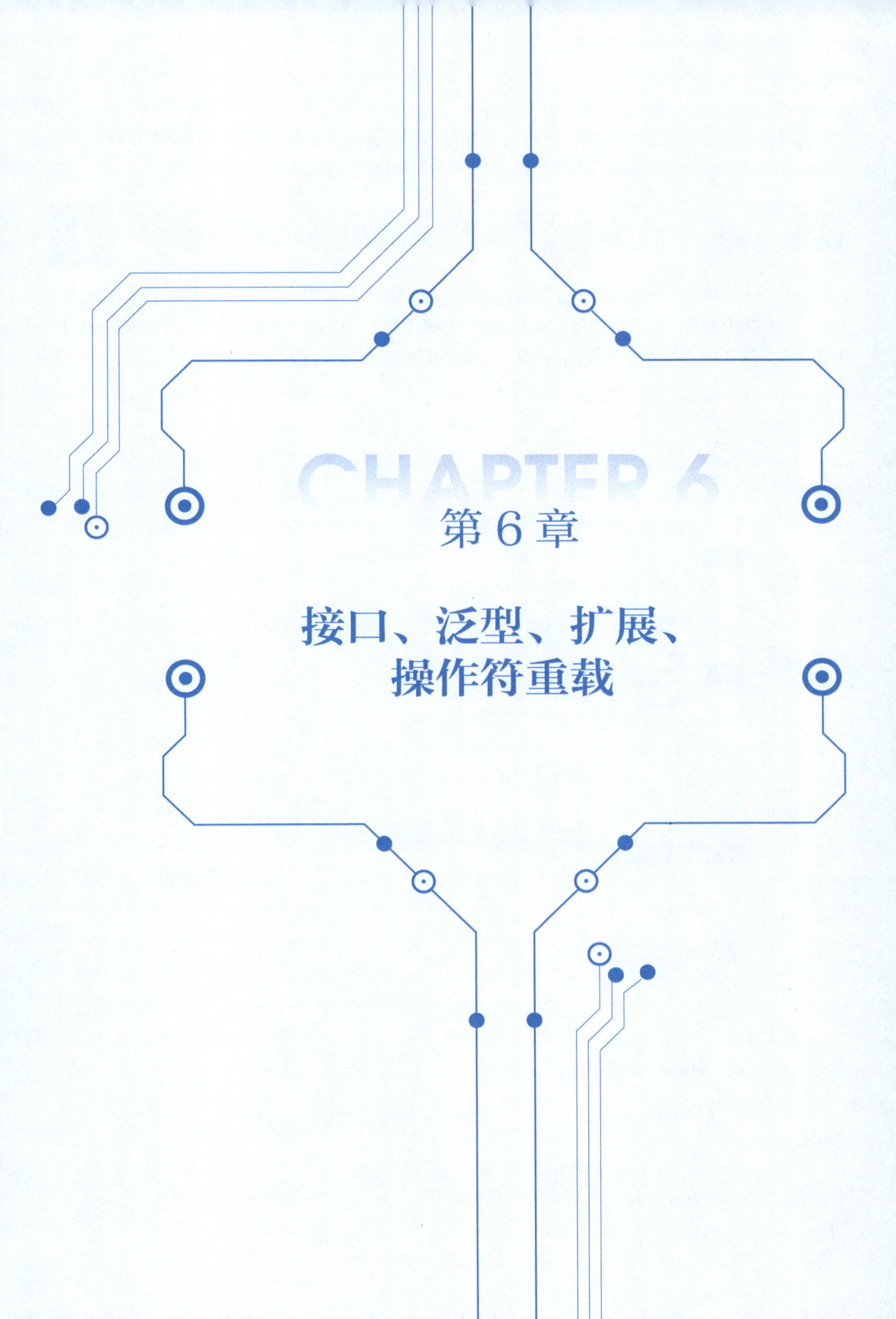

第 6 章

接口、泛型、扩展、操作符重载

本章将介绍仓颉语言的一些高级特性，其中，接口是一种代码定义的规范，泛型是一种代码模板，扩展可以增强类型能力，操作符也可以像函数一样重新定义。

6.1 接口

接口为类型提供了一个希望类型拥有哪些能力的规范，可以为一系列类型约定相同或类似的功能，达到类似的目的，对调用方开放相同的行为能力约定（函数、属性声明），而对于具体的行为和能力（实现）不同的实现却又不尽相同。图 6-1 为接口的基本特性。

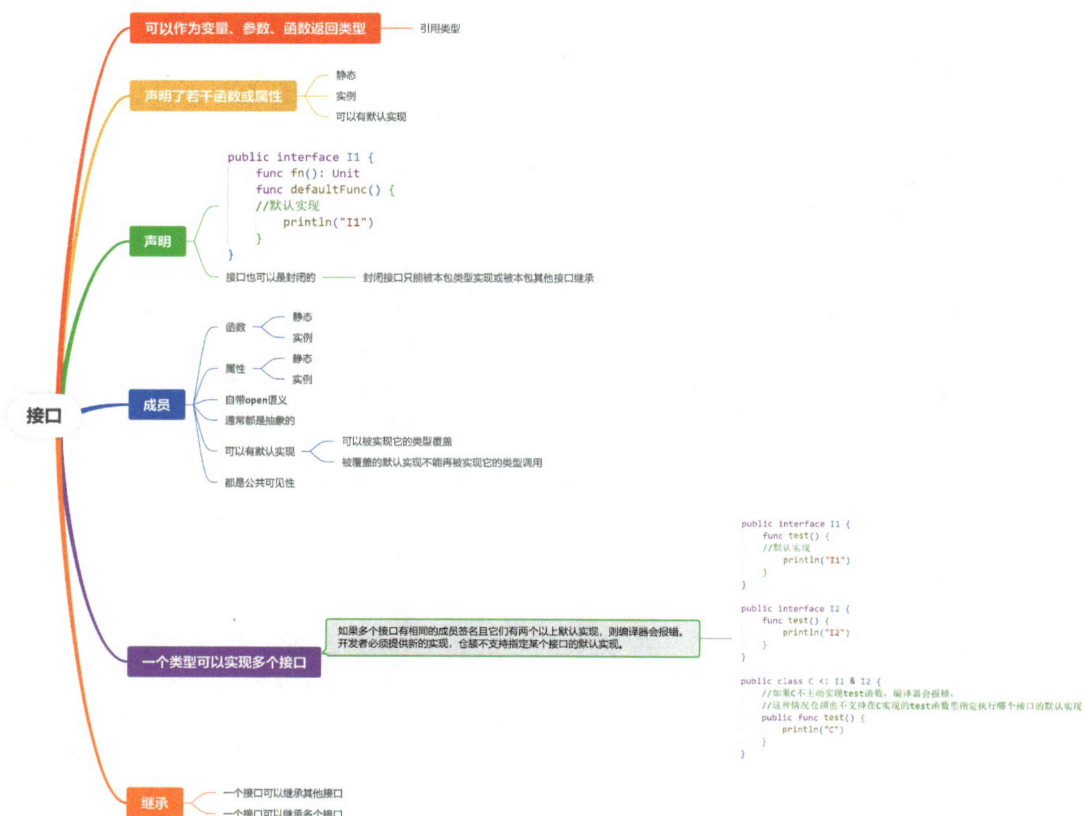

图 6-1　接口的基本特性

6.1.1　声明一个接口

上一章声明了封闭类 CommonCharacter，它没有任何成员变量，其实声明为接口更为合适，具体代码如下。

```
public interface CommonCharacter {
  func say(content: String): Unit {
```

```
    println(content)
  }
  prop name: String
}
```

6.1.2 实现接口

关于实现接口，相关介绍如下。

1）实现接口的类型跟实现的接口之间使用<:分隔，跟类的继承语法一样。

2）如果一个类型实现了多个接口，每个接口之间使用 & 分隔。

3）如果一个类同时继承了另一个类又实现了接口，则<:后面首先是父类，然后是 & 分隔的实现的接口。

4）接口继承接口的语法规则与实现接口的规则一致。

5）结构体、枚举、类（包括抽象的和可实例化的，可继承的和不可继承的，封闭的和不封闭的）都可以实现接口。

示例如下。

```
public abstract class Character <: CommonCharacter {
//其他不变
}
```

6.1.3 封闭接口

封闭接口只能在声明它的包内实现或被其他接口继承，封闭接口隐含 public open 语义，不需要为封闭接口添加 public open 修饰。封闭接口的子接口可以是封闭的，也可以不是。如果子接口不是封闭接口，则可以被包外的声明实现。上面的接口最好声明为封闭的，具体代码如下。

```
sealed interface CommonCharacter {
  func say(content: String): Unit {
    println(content)
  }
  prop name: String
}
```

接着上一章《白雪公主》的示例，为了能够把故事讲下去，我们还需要新的接口。女巫用来毒杀白雪公主的是一只毒苹果。苹果是一种食物，我们需要声明一个苹果类型，并且用接口说明它是一种食物，具体如下。

```
public sealed interface Food {}
public class Apple <: Food {}
```

女巫把毒药注入了苹果，这个行为太具体了，毒药不是只能注入苹果中，还可以注入别的食物中，也不是只有毒药可以注射到食物里，因此我们需要一个接口来规范注射的行为。由于毒苹果仍然是苹果，外观没有任何区别，因此用一个新的类型表示有毒的食物就不太合适了；而专门声明一个毒苹果类又过于具体，我们不能给每种有毒的食物都声明一个类型，这样类型就太多了。

在这种情况下，我们可以定义一个枚举来表示食物的状态。代码细节请见程序清单 6-1。

程序清单 6-1：006/snow_white.cj

```
public enum FoodStatus
//食物的声明可以改成下面的样子
abstract sealed class Food {
  //食物状态的改变是不可逆的,一旦状态变化就不能变回去了
  private var changed = false
  private var status_ = FoodStatus.Delicious
  public Food(public let name: String){}
  public mut prop status: FoodStatus {
    get(){
      status_
    }
    set(value){
      if(changed){
        return
      }
      status_ = value
      changed = true
    }
  }
}
public class Apple <: Food {
  public init(){
    super("apple")
    println("This is an apple, it looks delicious.")
  }
}
sealed interface Injectable{
  //我们并不能预设注射到食物里的是什么,因此这里不能提供默认实现
  func into(food: Food): Unit
}
public class Poison <: Injectable {
  public func into(food: Food): Unit {
    food.status = Nocuous
  }
}
//声明一个规范注射行为的接口
public interface Injection{
  func inject(injectable: Injectable): Injectable {
    injectable
  }
}
//修改女巫
public class Witch <: Character & Injection {
  public static let queen = Witch("Witch")
  private init(firstName: String){
    super(firstName_: firstName, lastName_: "", gender_: Female, identity_: Queen)
```

```
    }
  }
  public enum CharacterStatus
  //为角色添加状态,并修改 eat 函数,在这里判断吃下食物以后角色的变化
  sealed class Character <: CommonCharacter {
    //没有变化的部分就不重复了
    private var status_ = CharacterStatus.Calm
    public prop status: CharacterStatus {
      get(){
        status_
      }
    }
    public func eat(food: Food): Unit {
      println("${name} is eating")
      match(food.status){
        case Delicious => status_ = Glad
        case Unplalatable | Stale =>
          println("vomit")
          this.say("${food.name} is so bad.")
        case Nocuous => status_ = Death
      }
    }
  }
```

6.1.4 接口的继承

接口的继承也是用<:，如果继承多个接口，被继承的接口之间用 & 分隔。在《白雪公主》中没有接口可以继承，我们举另一个例子，具体代码如下。

```
sealed interface UserSession {
mut prop username: String
    mut prop password: String
    prop userId: Int64
    prop token: String
}
public interface Login {
  func login(checker: (String, String) -> (Int64, Bool)): (Int64, String, String)
}
public interface Logout {
  func logout(userId: Int64, token: String, sessionRemover: (Int64, String)->Bool): Bool
}
//下面的接口继承了 UserSession、Login 和 Logout 三个接口
public interface UserActions <: UserSession & Login & Logout {}
```

6.1.5 接口的继承关系

实现接口的类型是被实现接口的子类型，Witch 是 Injection 的子类型，Poinson 是 Injectable 的子类型。如果一个接口继承了其他接口，那么这个接口是它继承的接口的子类型。在 6.1.4 小节

中，UserActions 是 UserSession 的子类型。

6.1.6 针对结构体的特殊规则

如果一个结构体要实现某个接口，而这个接口在结构体中的实现需要修改结构体的实例成员变量，那么接口声明中也需要用 mut 修饰这个函数，示例代码如下。

```
//这个接口仍然可以被一个类实现,不过类实现的函数就没有 mut 修饰了
public interface AgeChanger {
    mut func change(age: Int64): Unit
}
public struct User <: AgeChanger {
    public User(public let name: String, private var age_: Int64) {}
    public mut func change(age: Int64): Unit {
        this.age_ = age
    }
    public prop age: Int64 {
        get() {
            age_
        }
    }
}
```

6.1.7 装箱

由于接口当作声明的类型使用时（变量、参数、函数返回类型等），它是引用类型，对于实现了接口的值类型而言，这种情况下会发生一个装箱操作。关于装箱的特性，如图 6-2 所示。

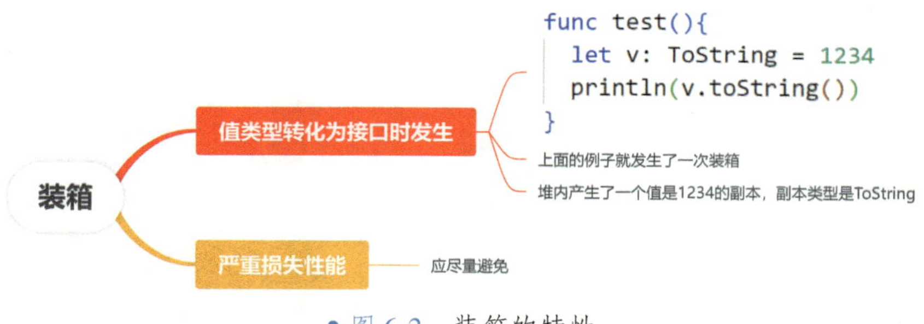

• 图 6-2 装箱的特性

6.2 泛型

前面的一些例子中，我们提到一些泛型，比如 Array<T>和 Option<T>就是两个泛型类型，被尖括号包含的 T 就是泛型形参。声明泛型的标识符是泛型形参，使用泛型时指定的实际类型就是泛型实参。

6.2.1 声明一个泛型类型

上面有几个例子就特别适合声明为泛型类型，示例如下。

```
sealed interface Injectable<T>{
    /* 我们不但不能预设注射到食物里的是什么,也不能预设被注射的对象是什么。因此函数参数不能是具体的类型。Food 尽管是抽象类,但是仍然过于具体,对于一个描述注射行为的接口来说,既不能假定注射的是什么也不能预设被注射的对象是什么,因此把这个接口声明为泛型的就非常合适。
    */
  func into(object: T): Unit
}
```

6.2.2 泛型的上下界

我们可以通过指定泛型形参的继承关系，约束哪些类型可以作为泛型实参。比如，我们可以把前面的 Poison 类重新声明为泛型类型，并指定它的上界为 Food，约束它只能注入食物内，具体代码如下。

```
public class Poison<T> <: Injectable<T> where T <: Food {
    init() {
        println("Poison is made.")
    }
    func into(food: T): Unit {
        food.status = Nocuous
        println("posion was injected into ${food.name}.")
    }
}
```

泛型形参可以有多个上界，只有当泛型实参同时满足所有形参上界的要求时才能编译。每个形参上界类型之间使用 & 分隔。

假设我们想实现哈希表 HashSet<T>。按照哈希表的定义，只有同时可以计算哈希值且可以进行相等性比较的类型才可以存入哈希表。为了规范访问哈希表的行为，我们可以定义以下接口，并为 HashSet<T>的泛型形参做出上界限制。

```
//下面是两个标准库的接口,标准库的 Equatable 声明略有不同
public interface Hashable{
  func hashCode(): Int64
}
public Equatable<T> where T <: Equatable<T> {
  operator func ==(other: T): Bool
}
public class HashSet<T> where T <: Hashable & Equatable<T> {
...
}
```

按照以上类型定义，只有一个类型同时实现了 Hashable 和 Equatable<T>，才可以指定为 HashSet<T>的泛型实参。

6.2.3 泛型函数

函数也可以是泛型的，例如，我们可以为女巫声明制作毒药的函数，具体如下。

```
public interface Makable<T>{
  static func make(): T
}
public class Poison<T> <: Makable<Poison<T>> & Injectable<T> where T <: Food {
    private init() {
        println("Poison is made.")
    }
    public static func make(): Poison<T> {
        Poison<T>()
    }
    func into(food: T): Unit {
        food.status = Nocuous
        println("posion was injected into ${food.name}.")
    }
}
public class Witch <: Character {
    public static let queen = Witch("Witch")
    private init(firstName: String) {
        super(firstName: firstName, lastName: "", gender: Female, identity: Queen)
    }
    public func make<T>(): T where T <: Makable<T> {
        //Hunter 的 makeTrap 也可以这么重写
        T.make()
    }
    public func inject<T>(injectable: Injectable<T>): Injectable<T> {
        injectable
    }
}
//现在女巫有能力制作毒药了
main() {
    let queen = Witch.queen
    let apple = Apple()
    let poison = queen.make<Poison<Apple>>()
    queen.inject(poison).into(apple)
}
```

上面的实现有个瑕疵，就是制作出来的毒药只能注射到苹果里，没有通用性。要完美地解决这个问题需要使用后面介绍的知识。不过，现在这样可以把故事讲下去了。没有通用性的毒药不影响讲故事，不是吗？

6.2.4 泛型初始化

仓颉的泛型初始化是把泛型声明带着泛型实参复制一遍。当编译器遇到泛型实参，就会用泛型声明创建一个泛型实参的副本，如图 6-3 所示。需要额外提醒一点，图 6-3 仅仅是为了表达方便，编译器并不会把泛型实参跟声明标识符用下划线分隔。

```
func test<T>(arg: T): T where T <: ToString{
  '#${arg}#'
}
test<String>('hello world')

func test_String(arg: String): String{
  '#${arg}#'
}
test_String('hello world')
```

● 图 6-3 泛型初始化

提示

泛型实参的初始化方式决定了泛型约束是接口的情况不会发生装箱操作。

6.2.5 泛型的递归初始化

在仓颉中，泛型是编译器把项目里出现的每一种泛型实参的泛型类型复制一遍，形成一个新的类型。因此有一种需要避免的情况，即仓颉编译器不支持递归初始化泛型。比如下面的例子。

```
public abstract class Iterator<T>{
  public func enumerate(): Iterator<(Int64, T)>{
    //some code
  }
}
```

在上述代码中，类型定义会导致泛型递归初始化，即编译器编译 enumerate 函数时会返回一个新的类型 Iterator<(Int64, T)>，而 enumerate 函数又会导致出现 Iterator<(Int64, (Int64, T))>，如此无限递归下去。一旦遇到这种情况，就会导致编译失败。为了实现这个功能，同时又规避泛型递归初始化，需要用到泛型限制的相关知识。

6.2.6 泛型的限制

下面将对仓颉编程语言中泛型限制的相关知识进行介绍，具体如下。

1）很多语言支持泛型的逆变和协变，即构成继承关系的泛型实参，可以隐式地互相转换。但是仓颉不支持这个特性。这样确实丧失了一些灵活性，不过也降低了代码复杂性，还减少了一些安全问题，比如协变数组运行时异常等问题。

仓颉的泛型类型不因泛型实参的继承关系而构成继承关系。假设存在类型 A<I1>和 A<I2>，同时 I1 <: I2，但是 A<I1> <: A<I2>不成立。

假设有以下几个类型。

```
public open class Animal{}
public class Cat <: Animal{}
main(){
  let animals: Array<Animal> = Array<Cat>()// 编译错误
}
```

2）抽象函数和 open 函数不能是泛型函数，由于接口默认所有成员声明都是 open 的，因此接口函数全部不能是泛型函数。例如，运行下面的代码，就会出错。

```
public open class Character{
  public Character(private let name: String){}
  //虽然两个 talk 的泛型约束相同,但是第一个函数声明不能编译
  public open func talk<T>(to: T): Unit T <: Character{
    println("${this.name} talks with ${to.name}")
  }
  /*
  public func talk<T>(to: T): Unit where T <: Character {
    println("${this.name} talks with ${to.name}")
  }
  */
}
```

3）泛型函数不支持泛型约束重载，示例如下。

```
public interface ToString {
  public func toString(): String
}
public class Character {
    public Character(private let name: String) {}
    //虽然两个 talk 的泛型约束不同,但是编译器会报错,报错太长就不复制了
    public func talk<T>(to: T): Unit where T <: Character {
        println("${this.name} talks with ${to.name}")
    }
    public func talk<T>(content: T): Unit where T <: ToString {
        println("${this.name} is talking about ${content}")
    }
}
```

4）不能用两个泛型形参互为上下界约束。例如，运行以下代码会导致编译错误。

```
func testFn<T1, T2>(): Unit where T1 <: T2 {
}
```

5）泛型只能有上界约束。例如，运行下面的代码，会导致编译错误。

```
public open class I {}
public class A <: I{}
func testFn<T>(): Unit where A <: T{}
```

6）泛型不能作为 is 的左操作数。例如，运行下面的代码，会导致编译错误。

```
public func testFn<T1, T2>(): Bool {
  T1 is T2
}
```

提示

不过泛型形参可以作为 is 的右操作数，如下代码可以编译。

```
public func testFn<T>(a: Any): Bool {
  a is T
}
main(){
  println(testFn<Hashable>(''))
}
```

6.2.7 泛型类型推断

不止变量和函数返回类型可以推断，泛型实参也可以。程序清单 6-2 展示了这个可能性。其中 println 函数是标准库的一个泛型函数，它调用参数的 toString( ) 函数并把生成的字符串输出到控制台。它的声明是 func println<T>(s: T): Unit where T <: ToString。

程序清单 6-2：0061generic_infer.cj

```
class Test<T> <: ToString where T <: ToString{
  private let v: String
  public init(v: T){
    this.v = v.toString()
  }
  public func toString(): String{
    v
  }
}
main(){
  println(Test(10234))
}
```

6.3 扩展

刚学习编程的时候笔者偶尔会想，如果能给第三方库和标准库类型增加新方法就好了。即使已经工作很多年了，偶尔还是会冒出这个念头。因为有些特性很适合工具化，这些代码如果跟业务逻辑混在一起，会增加代码冗余；而这些代码又过于零散，专门给它们开发工具类型又过于烦琐，增加了很多代码量很少、功能又很匮乏的类型。每当笔者出现这个念头，立即想到这是动态语言的标配，静态语言恐怕是不可能的。随着笔者对编程语言了解的加深，发现这个可能是存在的，比如 Kotlin、Scala 等语言就支持在编译期为已有类型增加扩展方法。

仓颉也提供了编译期扩展特性。

6.3.1 扩展的意义

扩展的意义介绍如下。

1）当我们希望增强已有类型的能力，比如某个类型来自标准库或第三方库，我们希望它拥有某项功能，实际却没有。此时可以扩展这个类型。

2）当一个类型的代码太长，不利于维护，但是拆分成子类型或者两个类型又破坏了封装性时，可以使用扩展把一些不太重要的或者非核心的功能作为扩展能力实现，就很合适。

3）某些泛型类型的泛型实参，只有在满足某些约束的时候某些功能才能成立，此时只能通过扩展实现。

6.3.2 扩展的声明

图 6-4 为扩展的基本特性。

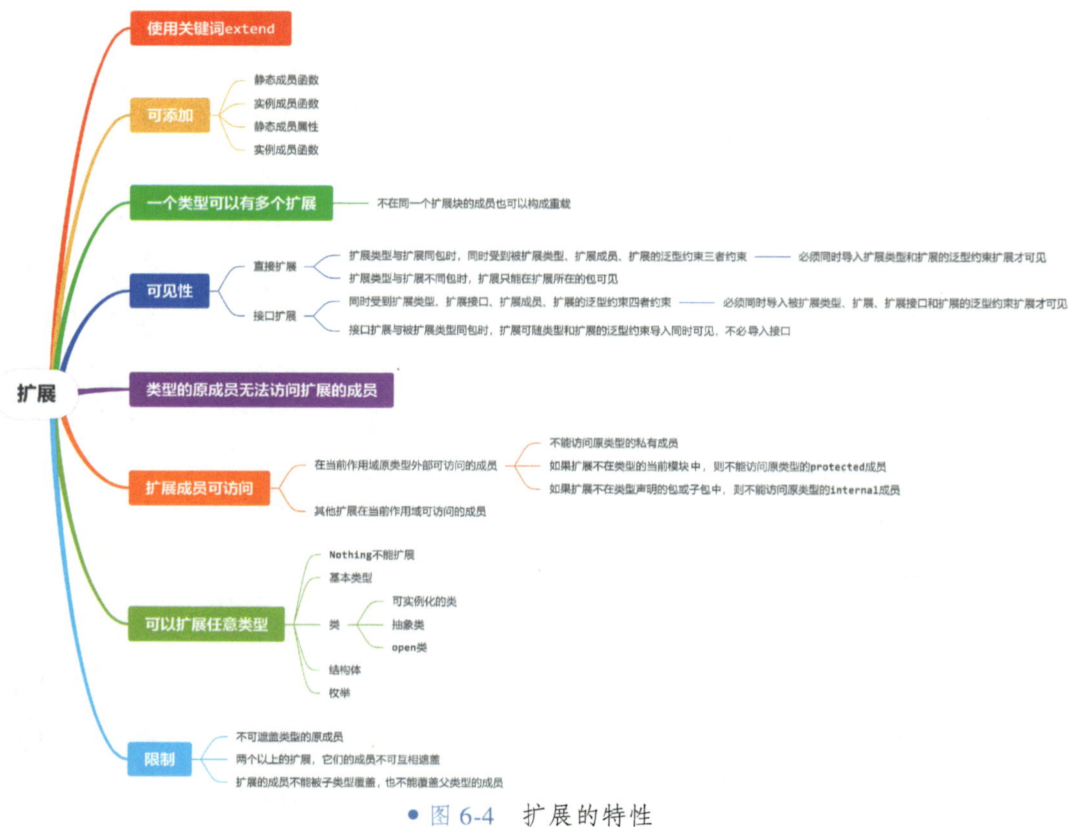

● 图 6-4 扩展的特性

6.3.3 直接扩展

下面是一个针对 Int64 的扩展，extend 关键词后面跟着被扩展的类型，然后紧跟花括号包含的函数或属性。

```
extend Int64 {
    public func days(): Duration {
        Duration.day * this
    }
}
```

6.3.4 直接扩展的可见性

本小节将对直接扩展的可见性进行介绍，具体如下。

1）如果扩展和类型声明在相同的包，扩展可见性取决于被扩展类型、扩展的泛型约束的可见性和扩展成员的可见性。首先在当前作用域，被扩展类型声明的可见性决定类型是否可见，扩展成员声明及扩展的泛型约束的可见性决定是否可以在当前作用域可见。public 扩展成员是全局可见，private 扩展成员是扩展块内可见，protected 扩展成员是扩展所在模块可见，internal 扩展成员是扩展所在包内可见。示例如下。

```
public class ArrayByteBuffer {
    //some codes
    private let array: Array<Byte>
    private var index = 0
    public init(size: Int64) {
        array = Array<Byte>(size, item: 0)
    }
    public func append(bytes: Array<Byte>) {
        var bi = 0
        while (bi < bytes.size && index < array.size) {
            array[index] = bytes[bi]
            index++
            bi++
        }
    }
}
extend ArrayByteBuffer {
    //这个扩展的函数在任意地方都可见。如果改成 private，就只有扩展块内可见；如果改成 protected，就只有
当前模块可见
    public func append(value: Int64) {
        append(Array<Byte>(8) {
            i => UInt8(value >> (7 - i) * 8)
        })
    }
}
```

2）如果扩展和类型声明在不同的包，则只有扩展所在的包可以访问扩展。上面代码中的 Int64 扩展就是这种情况。

3）当前作用域的直接扩展必须同时导入了被扩展类型和泛型约束类型，扩展的成员才可见。

6.3.5 接口扩展

有时候我们需要在类型声明的包以外进行扩展，以便按照开发者的需要增强类型，例如上面的示例中对 Int64 的扩展。不过，由于这是直接扩展，且扩展和类型不在同一包内，只能在扩展的包内使用这个扩展。更多的时候，我们希望在扩展的包外也能访问到这个扩展，这时就需要使用接口扩展。

首先声明一个接口，然后在被扩展类型后面使用<：指定扩展的接口。扩展的接口如果有不带默认实现的成员声明，则扩展必须实现这些成员，扩展的成员可以不必在接口内声明。示例如下。

```
importstd.time.Duration
public interface DurationCategory {
```

```
    func days(): Duration
}
extend Int64 <: DurationCategory {
    public func days(): Duration {
        Duration.day * this
    }
}
```

支持扩展多个接口，每个接口之间用 & 分隔。比如在之前哈希的例子中，假如我们想把所有角色存入哈希表，则可以做以下扩展。

```
extend Character <: Hashable & Equatable<Character> {
    public func hashCode(): Int64 {
        this.name.hashCode()
    }
    public operator func ==(other: Character): Bool {
        this.name == other.name
    }
}
```

6.3.6 接口扩展的可见性

接口扩展的可见性取决于被扩展的类型、接口、扩展成员及扩展的泛型约束四者的可见性。在上面的示例中，接口扩展虽然跟 Int64 不在同一包，但是扩展的接口是公共可见的，只要当前包导入了这个接口和被扩展类型，就可以访问这个扩展实现的接口成员。

需要注意的是，必须同时导入被扩展类型、扩展接口和扩展的泛型约束类型，扩展才能在当前作用域生效。

6.3.7 扩展的重载

一个类型多次扩展的成员可以重载，程序清单 6-3 的代码展示了这一点，其中第一个扩展的 containsValue 可以调用第二个扩展的同名函数。

程序清单 6-3：006/extend_overload1.cj

```
import std.collection.HashMap
extend<K, V> HashMap<K, V> where K <: Hashable & Equatable<K>, V <: Equal<V> {
    func containsValue(value: V): Bool {
        containsValue{v => v == value}
    }
}
extend<K, V> HashMap<K, V> where K <: Hashable & Equatable<K> {
    func containsValue(predicate: (V) -> Bool): Bool {
        for(v in this.values() where predicate(v)){
            return true
        }
        return false
    }
}
```

```
main(){
    let map = HashMap<Int64, Int64>([(1, 1),(2, 2),(3, 3)])
    println(map.containsValue(3))
}
```

6.3.8 接口扩展的孤儿规则

接口扩展要么跟接口在同一包内，要么跟被扩展的类型在同一包内，目的是避免随意扩展造成理解上的困扰。

注意，以上规则指的是扩展必须至少与被扩展类型或扩展接口在同一包内，如果被扩展类型和扩展接口在同一包内，但是扩展在另一个包内，是不允许的；扩展、被扩展类型和扩展接口三者在三个包内也是不允许的。

6.3.9 扩展泛型类型

本小节将对扩展泛型的类型进行介绍，具体如下。

1）可以在扩展声明中指定泛型约束。这种方法用于被扩展类型的泛型实参尚不确定的情况，示例如下。

```
public interface ToString {
    func toString(): String
}
extend<T> Array<T> <: ToString where T <: ToString {
    public func toString(): String {
        var s = "["
        for (i in 0..this.size) {
            if (i > 0) {
                s += ", "
            }
            s += this[i].toString()
        }
        s + "]"
    }
}
```

这种方式也可以用于直接扩展，具体如下。

```
extend<T> Array<T> where T <: ToString {
    public func printAll(): Unit {
        println("[")
        for (i in 0..this.size) {
            if (i > 0) {
                println(", ")
            }
            println(this[i])
        }
        println("]")
    }
}
```

ToString 是编译器默认导入的标准库接口，对数组的 ToString 扩展也是标准库提供的声明。不过标准库肯定不是这么实现的，截至目前由于本书还有些知识没有介绍，因此只能使用这个效率一般的实现方式。

2）如果泛型实参已经确定了，可以为扩展指定泛型实参。只有泛型实参是这个扩展指定的类型时扩展才会生效，示例如下。

```
extend Array<Int64> {
    public func sum(): Int64 {
        var s = 0
        for (i in this) {
            s += i
        }
        s
    }
}
```

3）扩展的泛型形参必须都是被扩展类型的泛型形参。下面的做法不能编译，因为 S 不是被扩展类型 TreeSet<T>的泛型形参。

```
extend<T, S> TreeSet<T> <: Equatable<S> where T <: Comparable<T>, S <: Set<T>
```

6.3.10 扩展泛型成员

扩展泛型成员不是一个新的语法规则，而是一种不太容易想到的情况。前面提到抽象函数不能带泛型，而有些时候扩展的成员不得不带泛型又希望能够被扩展的包外访问到。这时利用扩展成员就可以不在扩展接口内声明这个特性。在之前《白雪公主》的示例中，毒药没有通用性，我们就可以利用扩展制造有通用性的毒药。经过下面代码的改造，毒药就不仅能注射到苹果中了，可以注射到任意指定的食物中。如果要把食物这个限制也去掉，就需要增加一个表示可被注射的接口并让 Food 实现它。我们的代码就到此为止，不再继续优化了，有兴趣的读者自己尝试实现吧。

```
sealed interface Injectable {
}
public class Poison <: Makable<Poison> {
    private init() {
        println("Poison is made.")
    }
    public static func make(): Poison<T> {
        Poison<T>()
    }
}
extend Poison <: Injectable {
    public func into<T>(food: T): Unit where T <: Food{
        food.status = Nocuous
```

```
        println("posion was injected into ${food.name}.")
    }
}
```

最后，既然前面已经声明了 ToString，我们可以以《白雪公主》示例代码中的几个类型实现它，以便让某些函数实现看起来更符合英语语法。

```
sealed interface CommonCharacter <: ToString {
    func say(content: String): Unit {
        println(content)
    }
    prop name: String
    func toString(): String {
        name
    }
}
extend Witch {
    public func isJealousOf<T>(character: T): Witch where T <: Character{
      println("${this} is jealous of ${character}")
      this
    }
}
main(){
    let mirror = MagicMirror.mirror
Witch.queen.ask(mirror, "${mirror}, ${mirror}, tell me who is the most beautiful woman in the country?")
MagicMirror.mirror.say("Your Majesty, my master, you are a so beautiful woman, But ${Princess.snow} is more beautiful than you in this country.")
    let poison = Witch.queen.isJealousOf(Princess.snow).make<Poison>()
    let apple = Apple()
    Witch.queen.inject(poison).into(apple)
}
```

6.3.11 规避泛型递归初始化

现在可以回答 6.2.5 小节最后留下的问题了。把触发递归初始化的函数移到扩展就可以了，具体代码如下。

```
public abstract class Iterator<T> {
    //some code
}
class IndexIterator<T> <: Iterator<(Int64, T)> {
    IndexIterator(private let itr: Iterator<T>){}
    private var idx = 0
    public func next(): ?(Int64, T) {
        for(v in itr){
            let tuple = (idx, v)
            idx++
            return Some(tuple)
```

```
            }
            None
        }
    }
    extend<T> Iterator<T>{
        public func enumerate(): Iterator<(Int64, T)> {
            IndexIterator<T>(this)
        }
    }
```

6.4 操作符重载

图 6-5 为操作符重载的基本特性。

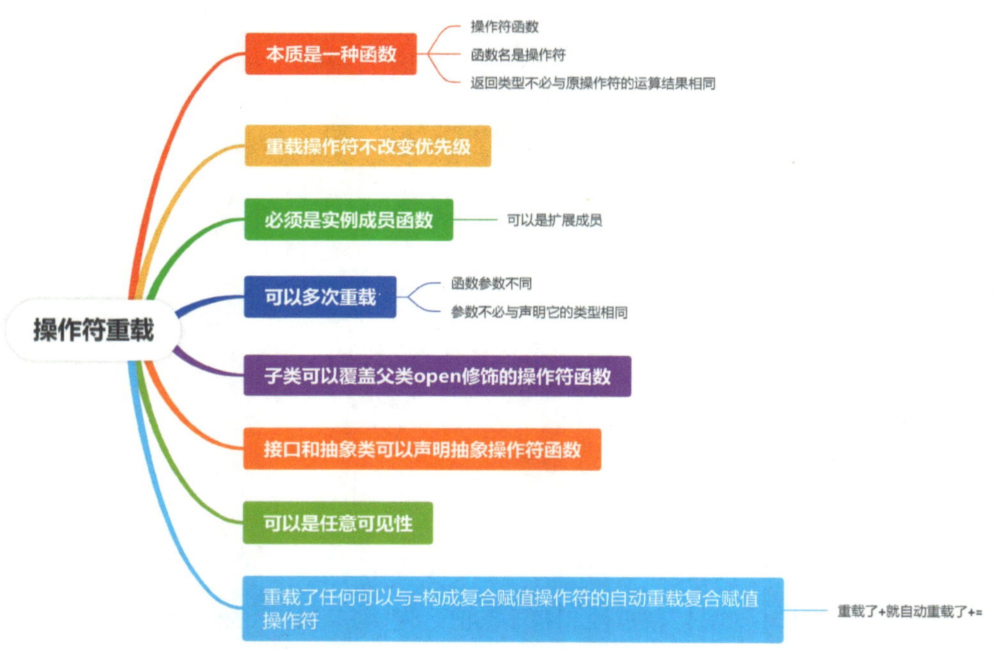

● 图 6-5　操作符重载的基本特性

6.4.1 重载规则

1. 作为实例成员

以+为例，作以下声明。

```
public operator func +(right: T): R
七个小矮人应该是一个团队,我们可以声明一个类专门用来维护他们。
public class MinerTeam {
```

```
    //这里用数组不是很合适,仅为教学展示
    private var team = Array<Miner>()
    public operator func +(miner: Miner): This {
        let size = team.size
        team = Array<Miner>(size + 1) {
            i => if (i < size) {
                team[i]
            }else {
                miner
            }
        }
        this
    }
}
main() {
    let team = MinerTeam()
        +Miner.grumpy
        +Miner.bashful
        +Miner.sleepy
        +Miner.sneezy
        +Miner.happy
        +Miner.doc
        +Miner.dopey
    println(team.size)
}
```

2. 索引取值操作符

```
public operator func [](index1: T1, index2: T2,...): V
```

所有参数都是索引参数,必须至少有一个索引参数,使用如下方式调用索引取值操作符。`let value = object[index1, index2, ...]`

```
public class MinerTeam {
    //这里用数组不是很实用, 仅为教学展示
    private var team = Array<Miner>( )
    public operator func + ( miner: Miner ) : This {
        // some code
    }
    public prop size: Int64 {
        get ( ) {
            team. size
        }
    }
    public operator func [] ( index: Int64 ) : Miner {
        team [index]
    }
}
```

3. 索引赋值操作符

```
public operator func [](index1: T1, index2: T2,...value!: V): Unit
```

可以有至少一个参数做索引参数，最后一个参数名必须是命名参数且参数名必须是 value，而且返回类型必须是 Unit。我们使用以下方式调用索引赋值操作符，赋值表达式的右值不必是 value 标识符，可以是任意符合 value 参数类型的表达式。

```
object[index1, index2,...] = value。
public class MinerTeam {
    // other code
    public operator func [](index: Int64, value!: Miner): Miner {
        team[index] = value
    }
}

main() {
    let team = MinerTeam()
        +Miner.grumpy
        +Miner.bashful
        +Miner.sleepy
        +Miner.sneezy
        +Miner.happy
        +Miner.doc
        +Miner.dopey
    //doc 是他们的头,所以把他放到第一个
    (team[0], team[5]) = (team[5], team[0])
}
```

4. 函数调用操作符

```
public operator func ()(arg1: T1, arg2: T2,...): R
我们可以把一个实例当作函数调用这个操作符,let result: R = object(arg1, arg2,...)
```

5. 取反操作符

```
public operator func !(): R
let result = ! object
```

6. 所有可重载操作符

可重载的操作符见表 6-1。

表 6-1　操作符函数

操作符函数	函 数 签 名	示　　例
[ ]	operator func [ ](index1: I1, index2: I2,...): V	value[index1, index2,...]
[ ]	operator func [ ](index1: I1, index2: I2, ..., value!: V): Unit	value[index1, index2,...] = newValue
( )	operator func ( )(arg1: T1, arg2: T2, ...): R	value(arg1, arg2)
!	operator func ! ( ): R	! value
**	operator func **(right: T): R	left ** right
*	operator func *(right: T): R	left * right
/	operator func /(right: T): R	left / right

（续）

操作符函数	函 数 签 名	示　例
%	operator func %(right: T): R	left % right
+	operator func +(right: T): R	left + right
-	operator func -(right: T): R	left - right
<<	operator func <<(right: T): R	left << right
>>	operator func >>(right: T): R	left >> right
<	operator func <(right: T): R	left < right
<=	operator func <=(right: T): R	left <= right
>	operator func >(right: T): R	left > right
>=	operator func >=(right: T): R	left >= right
==	operator func ==(right: T): R	left == right
!=	operator func !=(right: T): R	left != right
&	operator func &(right: T): R	left & right
^	operator func ^(right: T): R	left ^ right
|	operator func |(right: T): R	left | right

6.4.2 一个典型的例子

下面我们使用接口扩展的方式为 Option 重载加法操作符，具体如下。

```
public interface Addable<T> where T <: Addable<T> {
    operator func +(right: T): T
}
public interface OptionAdd<T> where T <: Addable<T> {
    operator func +(right: T): ?T
    operator func +(right: ?T): ?T
}
extend<T> Option<T> <: OptionAdd<T> where T <: Addable<T> {
    public operator func +(right: T): ?T {
        match (this) {
            case Some(x) => x + right
            case _ => None
        }
    }
    public operator func +(right: ?T): ?T {
        match ((this, right)) {
            case (Some(x), Some(y)) => x + y
            case _ => None
        }
    }
}
```

6.5 所有类型的类图

截至本章此处，仓颉的类型系统已介绍完毕，下面以图 6-6 作为总结。

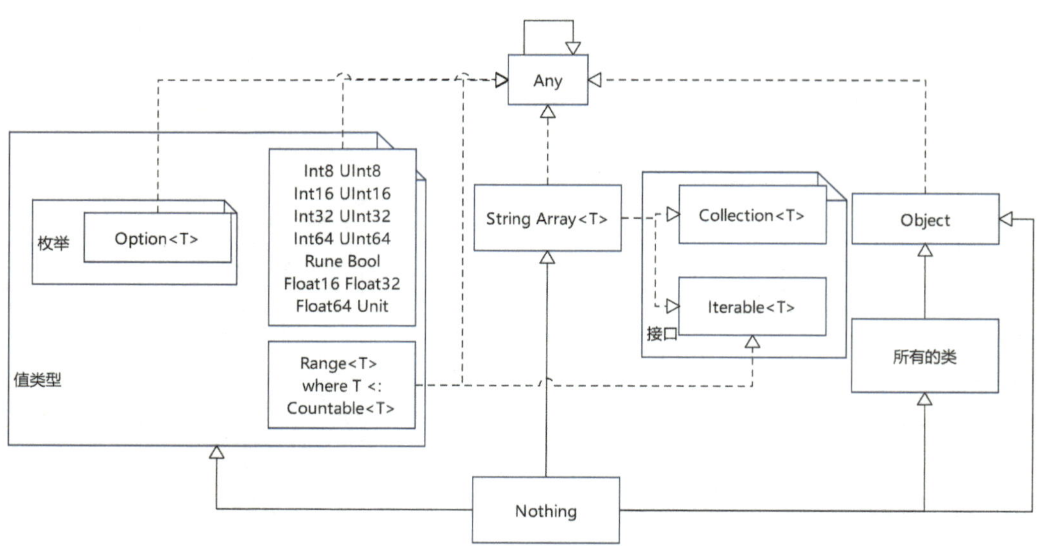

● 图 6-6 仓颉类型系统

提示

字符串和数组没有被归为值类型，它们虽然是结构体声明，但是官方文档把它们归为引用类型，理由是它们内部维持着唯一的引用类型成员。结构体只是一个外壳，每次传参、赋值、返回，它们只是复制了结构体内对成员的引用。因此可以修改数组类型的不可变量的元素，因为修改的不是数组结构体的成员，而是数组内部的引用类型成员。

6.6 本章知识点总结和思维导图

本章介绍了接口、泛型、扩展和操作符重载等方面的知识，通过《白雪公主》的故事，展示了接口的声明、实现、泛型类型、泛型函数等的应用。

接口是一种规范，所有实现相同接口的类型都遵守相同的规范，通过接口访问成员达成一样的目的，拥有一致的行为逻辑以及一样的参数和输出。

泛型是一种模板，当类型不同而行为相同时，为了避免重复代码，抽象出共性，把不同的类型作为泛型，编译器会用泛型实参构造新的类型。

扩展可以用来增强指定类型的能力。

图 6-7 为本章的知识要点。

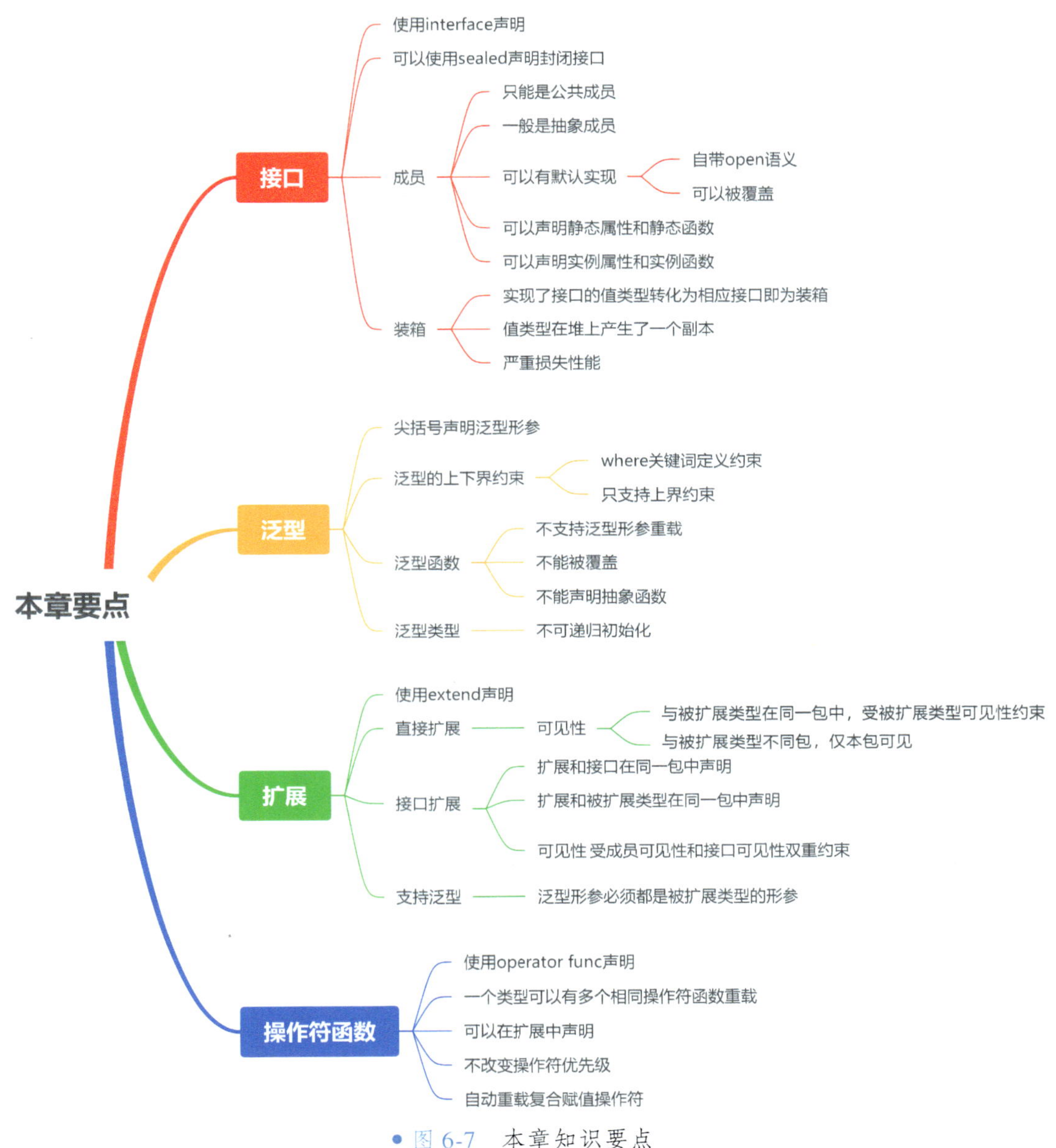
本章要点
接口
使用interface声明
可以使用sealed声明封闭接口
成员
只能是公共成员
一般是抽象成员
可以有默认实现
自带open语义
可以被覆盖
可以声明静态属性和静态函数
可以声明实例属性和实例函数
装箱
实现了接口的值类型转化为相应接口即为装箱
值类型在堆上产生了一个副本
严重损失性能
泛型
尖括号声明泛型形参
泛型的上下界约束
where关键词定义约束
只支持上界约束
泛型函数
不支持泛型形参重载
不能被覆盖
不能声明抽象函数
泛型类型
不可递归初始化
扩展
使用extend声明
直接扩展
可见性
与被扩展类型在同一包中，受被扩展类型可见性约束
与被扩展类型不同包，仅本包可见
接口扩展
扩展和接口在同一包中声明
扩展和被扩展类型在同一包中声明
可见性 受成员可见性和接口可见性双重约束
支持泛型
泛型形参必须都是被扩展类型的形参
操作符函数
使用operator func声明
一个类型可以有多个相同操作符函数重载
可以在扩展中声明
不改变操作符优先级
自动重载复合赋值操作符

图 6-7　本章知识要点

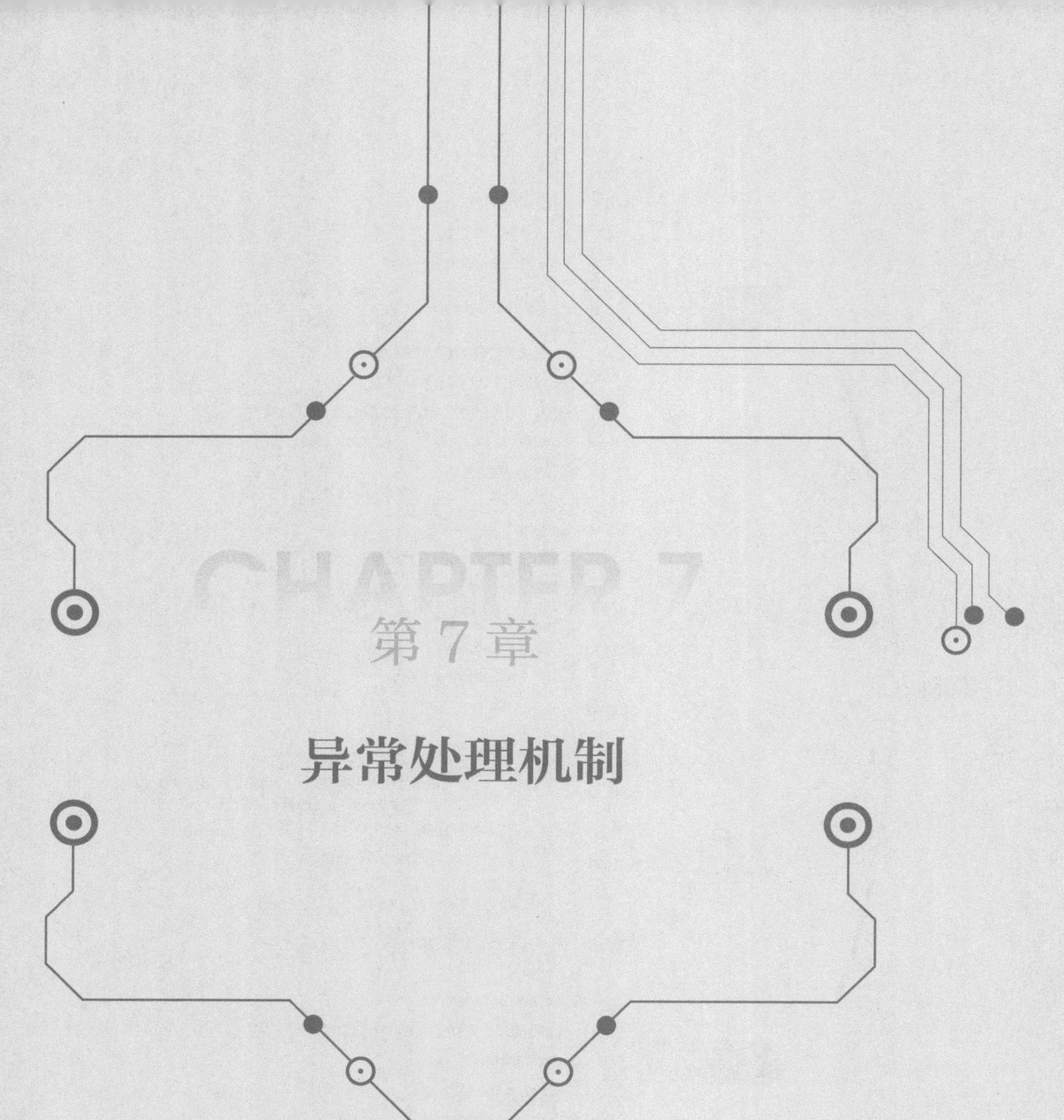

CHAPTER 7

第7章

异常处理机制

程序运行过程中总是会遇到不符合正常业务逻辑的状况，比如除以零、索引越界、整数溢出、堆内存溢出、栈空间溢出等。遇到这些状况时，当前业务肯定执行不下去了。为了保证软件系统的稳定性、健壮性，我们需要一种比较优雅的退出机制来结束当前访问。

异常不属于正常软件功能，一旦发生，应该进入异常处理分支，尽量优雅地结束访问或释放资源，乃至退出进程。仓颉的异常机制有两类，如图 7-1 所示。

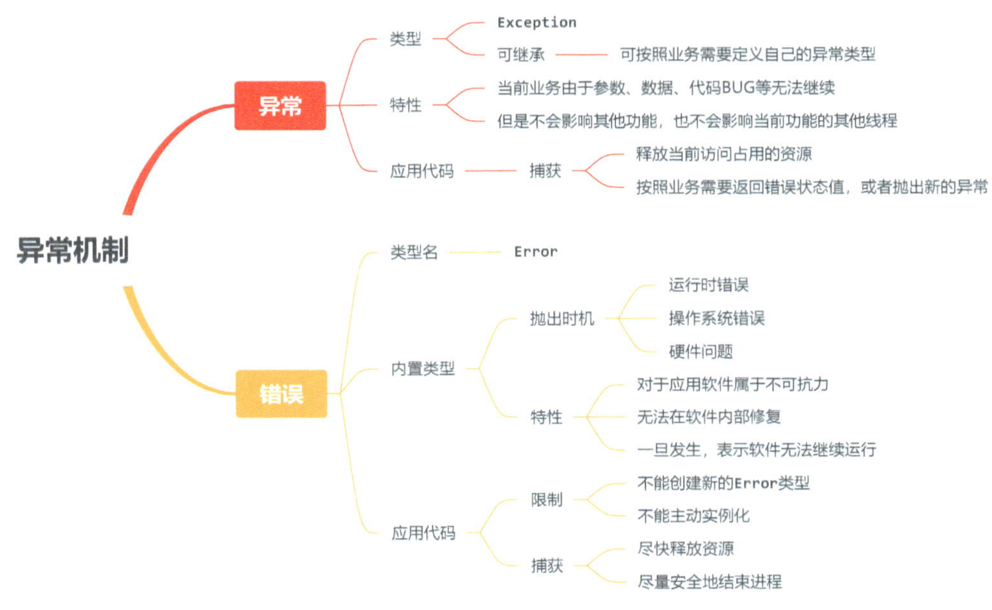

图 7-1　异常机制

7.1 异常类型

仓颉标准库的常见异常类型见表 7-1。

表 7-1　常见异常

类　型　名	功　　能
Error	所有错误的父类型
InternalError	运行时内部错误
OutOfMemoryError	内存不足
StackOverflowError	线程栈溢出。遇到这种错误，程序肯定有 BUG
Exception	所有异常的父类型
IllegalArgumentException	函数参数错误
IllegalStateException	状态错误
IndexOutOfBoundsException	索引越界

（续）

类 型 名	功 能
NoneValueException	Option<T>的值是 None，通常是调用它的 getOrThrow( ) 函数时抛出
UnsupportedException	不支持的功能
OverflowException	整型算术运算溢出
ArithmeticException	算术运算错误，比如除以 0

7.2 异常

异常是应用运行期由于参数、数据、代码逻辑等意料之外的情况导致的问题，通常只是影响当前线程甚至只能影响某个函数或某个分支。异常在一定程度上可以在运行时得到解决而不必退出进程。

7.2.1 异常的成员

我们可以利用异常的构造函数和成员指定、获取异常信息，获取或向标准输出流输出线程栈。Java 可以自主决定是否填充线程栈，而仓颉的异常（Exception）一定会填充线程栈。异常的成员见表 7-2。

表 7-2 异常的成员

成 员	特 性
init( )	创建一个没有错误信息的异常实例
init（message：String）	创建一个有错误信息的异常实例，错误信息就是这个构造函数的参数
open prop message：String	返回错误信息，默认实现的是创建异常实例时传入的字符串
func getStackTrace( )：Array<StackTraceElement>	获取线程栈信息，每个 StackTraceElement 表示一次函数调用以及异常在这次函数调用发生的代码行数、函数名、类型信息等
func printStackTrace( )：Unit	把线程栈信息输出到标准输出流
func toString( )：String	获取当前异常实例的字符串值，包括当前异常实例的类名和异常信息

7.2.2 声明一个异常

由于 Exception 是一个类，声明一个异常就是声明它的子类，因此所有的异常类型都具备类的一切特性。Exception 没有接收异常实例的构造函数，有时候可能需要在处理异常时再抛出新的异常，而我们还想携带原异常的信息。这时，程序清单 7-1 中的异常可以满足要求。

程序清单 7-1：007/BaseException.cj

```
public open class BaseException <: Exception {
    public BaseException(
        message: String,
```

```
        public let caused!: ?Exception = None<Exception>
    ) {
        super(message)
    }
    public init(){
        this("")
    }
}
```

7.2.3 异常的特性

与 Java 不同，仓颉的所有异常都是运行时异常，没有检查异常，因此不会有带异常的函数声明。笔者认为这样做函数声明更简洁，因如果有检查异常，要么调用时立即处理，要么每个调用抛出检查异常的函数都要声明这些异常，要么包装成运行时异常再抛出，实在过于烦琐。并且有时候检查异常会导致函数声明里的异常列表比函数声明还要长。笔者认为不同的应用开发项目应有不同的异常处理风格，没必要强制一种风格。有的场景需要发生异常立即处理，有的场景可以全局统一处理。

7.2.4 抛出异常

我们可以在需要抛出异常的时候，使用 throw 关键词后跟一个异常实例。比如要抛出一个 Exception 类的实例，可以有以下代码。

```
throw Exception("This is an instance of Exception.")
```

提示

throw 表达式的类型是 Nothing。程序清单 7-2 的函数可以正确编译。

程序清单 7-2：007/throw.cj

```
func fn(a: Int64): Int64 {
    if (a != 0) {
        100 / a
    }else {
        throw IllegalArgumentException("wrong arg")
    }
}
```

7.3 异常/错误的捕获

为了处理抛出的异常，首先要捕获异常。错误虽然不能主动抛出，但是可以像异常一样捕获。

7.3.1 try-catch 表达式

捕获异常的方式就是使用 try-catch 表达式。首先使用 try 块包含可能抛出异常的代码，后跟

catch，catch 后的圆括号包含被捕获的异常类型和异常变量名，再跟着一个代码块用来处理异常，如程序清单 7-3 所示。

程序清单 7-3：007/try.cj

```
func fn(a: Int64) {
    try {
        let v = 1 / a //这里会抛出一个算术运算异常并在异常信息中说明发生了除以 0 的错误
        println(v)
    }catch (e: Exception) {
        //通常来说,在 catch 块向标准输出打印线程栈并不是一个良好的编程实践,建议在实际开发中将异常以日志的形式输出、重新包装后再次抛出或者按照异常信息做一些工作后忽略异常
        e.printStackTrace()
    }
}

main() {
    fn(0) //如果代码中以字面量形式出现 1/0,会在编译时出错。
}
```

7.3.2 捕获多个异常

很多时候一段代码或者一个函数可能会由于不同的参数或执行不同的分支，导致抛出不同的异常。我们可以使用多个 catch 块捕获异常。还是以前面的《白雪公主》的故事为例，见程序清单 7-4。

程序清单 7-4：007/catch2.cj

```
func makeTrap(character: Character) {
    (character as Hunber).getOrThrow().makeTrap()
}

main() {
    let team = MinerTeam()
        +Miner.grumpy
        +Miner.bashful
        +Miner.sleepy
        +Miner.sneezy
        +Miner.happy
        +Miner.doc
        +Miner.dopey
    for (i in 0..=7) {
        //由于七个小矮人是矿工,没有制作陷阱的能力,因此前七次都会抛出 NoneValueException。又因为没有第八个人了,所以第八次会抛出 IndexOutOfBoundsException
        try {
            makeTrap(team[i])
        }catch (e: NoneValueException) {
            e.printStackTrace()
        }catch (e: IndexOutOfBoundsException) {
```

```
            e.printStackTrace()
        }
    }
}
```

在上面的例子中，两个 catch 块逻辑一样，这样连续多个 catch 块就太啰嗦了。对于这种情况，还有一个简便做法，即我们可以用一个 catch 块捕获多个异常，每个异常类型用 | 分隔。上面两种方式可以混用，见程序清单 7-5。

程序清单 7-5：007/catch3.cj

```
main() {
    let team = MinerTeam()
        +Miner.grumpy
        +Miner.bashful
        +Miner.sleepy
        +Miner.sneezy
        +Miner.happy
        +Miner.doc
        +Miner.dopey
    for (i in 0..=7) {
        try {
            makeTrap(team[i])
        }catch (e: NoneValueException | IndexOutOfBoundsException) {
            e.printStackTrace()
        }
    }
}
```

7.3.3 忽略捕获

在我们只需要知道发生了异常，却并不想关注异常本身时，可以在异常变量声明处使用变量占位符，见程序清单 7-6。

程序清单 7-6：007/catch4.cj

```
main() {
    let team = MinerTeam()
        +Miner.grumpy
        +Miner.bashful
        +Miner.sleepy
        +Miner.sneezy
        +Miner.happy
        +Miner.doc
        +Miner.dopey
    for (i in 0..=7) {
        try {
            makeTrap(team[i])
        }catch (_) {
```

```
            println("an exception occured.")
        }
    }
}
```

异常占位符可以跟异常变量混合使用，见程序清单 7-7。

程序清单 7-7：007/catch5.cj

```
main() {
    let team = MinerTeam()
        +Miner.grumpy
        +Miner.bashful
        +Miner.sleepy
        +Miner.sneezy
        +Miner.happy
        +Miner.doc
        +Miner.dopey
    for (i in 0..=7) {
        try {
            makeTrap(team[i])
        }catch (_: NoneValueException) {
            println("an exception occured.")
        }catch (e: IndexOutOfBoundsException) {
            e.printStackTrace()
        }
    }
}
```

仅有占位符的 catch 块只能是最后一个，否则后面的 catch 块都不可达了，见程序清单 7-8。

程序清单 7-8：007/catch6.cj

```
main() {
    let team = MinerTeam()
        +Miner.grumpy
        +Miner.bashful
        +Miner.sleepy
        +Miner.sneezy
        +Miner.happy
        +Miner.doc
        +Miner.dopey
    for (i in 0..=7) {
        try {
            makeTrap(team[i])
        }catch (e: NoneValueException) {
            e.printStackTrace()
        }catch (_) {
            println("an exception occured.")
        }
    }
}
```

7.3.4 finally 分支

如果我们希望不论有没有异常，都执行一段代码对之前的程序运行过程做一些收尾工作。此时我们需要使用 finally 块，这个块只能在所有 catch 块的后面，见程序清单 7-9。

程序清单 7-9：007/finally.cj

```
main() {
    let team = MinerTeam()
        +Miner.grumpy
        +Miner.bashful
        +Miner.sleepy
        +Miner.sneezy
        +Miner.happy
        +Miner.doc
        +Miner.dopey
    for (i in 0..=7) {
        try {
            makeTrap(team[i])
        }catch (_) {
            println("an exception occured.")
        }finally {
            println("Miners can dig to get ore, but they cannot make trap.")
        }
    }
}
```

有些时候，我们可能不需要关心有没有抛出异常、或者抛出的异常可能会有一个全局的异常处理逻辑，也许就不需要 catch 块。但是我们又需要做一些收尾工作，此时可以只使用 try 和 finally 块，详见程序清单 7-10。

程序清单 7-10：007/finally2.cj

```
main() {
    let team = MinerTeam()
        +Miner.grumpy
        +Miner.bashful
        +Miner.sleepy
        +Miner.sneezy
        +Miner.happy
        +Miner.doc
        +Miner.dopey
    for (i in 0..=7) {
        try {
            makeTrap(team[i])
        }finally {
            println("Miners can dig to get ore, but they cannot make trap.")
        }
    }
}
```

7.3.5 try-catch 表达式的类型

try 和每一个 catch 块的最小公共父类型就是 try-catch 表达式的类型，finally 块不会影响 try-catch 表达式的类型。如果把它作为函数的最后一个表达式或者用于赋值，那么最小公共父类型不能是 Any，否则编译时会出错。如果不需要使用 try-catch 表达式的值，这个表达式的结果一定是 Unit。这一点与 if、match 表达式是类似的。

程序清单 7-11：007/catch7.cj

```
main() {
    let team = MinerTeam()
        +Miner.grumpy
        +Miner.bashful
        +Miner.sleepy
        +Miner.sneezy
        +Miner.happy
        +Miner.doc
        +Miner.dopey
    //这个函数只是为了说明 try-catch 表达式的类型
    //编译器会把函数返回类型推断为 Character
    func checkCivilian(character: Character) {
        try {
            match (character.identity) {
                case x: Civilian => x
                case _ => throw Exception("I am ${character}")
            }
        }catch (e: Exception) {
            println(e.message)
            team[0]
        }
    }
    let character = checkCivilian(Princess.snow)
    println("I am ${character}")
}
```

7.4 被遮盖的异常

在标准库提供的异常不一定满足项目需要时，需要自己声明异常。前面介绍了 BaseException，当 catch 块内又抛出了异常，我们同样需要抛出这个异常又不想忽略之前抛出的异常时，可以给 BaseException 增加一些功能，见程序清单 7-12。

程序清单 7-12：007/shadow.cj

```
importstd.io.{OutputStream, StringWriter}
importstd.collection.ArrayList

public open class BaseException <: Exception {
```

```
private var caused_ = None<Exception>
private var suppressed_ = ArrayList<Exception>()

public init() {}

public init(message: String) {
    super(message)
}
public init(caused: Exception) {
    caused_ = caused
}
public init(message: String, caused: Exception) {
    this(message)
    caused_ = caused
}

public func addSuppressed(suppressed: Exception): Unit {
    this.suppressed_.append(suppressed)
}
public prop caused: Option<Exception> {
    get() {
        caused_
    }
}
public prop suppressed: ArrayList<Exception> {
    get() {
        suppressed_
    }
}
public func printStackTrace(writer: OutputStream): Unit {
    printStackTrace(this, writer)
    let causedBy = unsafe { "Caused by: ".rawData() }
    if (let Some(c) <- caused) {
        writer.write(causedBy)
        if (let Some(cp) <- c as BaseException) {
            cp.printStackTrace(writer)
        }else {
            printStackTrace(c, writer)
        }
    }
    if (!suppressed.isEmpty()) {
        writer.write("Suppressed: \n".toArray())
    }
    for (s in suppressed) {
        if (let Some(se) <- s as BaseException) {
            se.printStackTrace(writer)
        }else {
            printStackTrace(s, writer)
        }
```

```
        }
    }
    private func printStackTrace(
        exception: Exception,
        output: OutputStream
    ):Unit {
        let writer = StringWriter(output)
        writer.write("An exception has occured: ")
        writer.write(exception.toString())
        writer.write('\n')
        let stacks = exception.getStackTrace()
        var i = 0
        let size = stacks.size
        while (i < size) {
            let stack = stacks[i]
            writer.write("        at ")
            writer.write(stack.declaringClass)
            writer.write(".")
            writer.write(stack.methodName)
            writer.write("(")
            writer.write(stack.fileName)
            writer.write(": ")
            writer.write(stack.lineNumber)
            writer.write(")\n")
            i++
        }
        writer.flush()
    }
}
```

现在，不论是最初抛出的异常还是 catch 块内抛出的异常，都包含在 BaseException 内了。我们可以使用 caused 记录最初抛出的异常，使用 suppressed 记录上一层 catch 块内被当前 catch 块遮盖的异常，而且调用 printStackTrace（OutputStream）还可以把它们输出到标准输出流或者指定的输出流。

7.5 本章知识点总结和思维导图

本章介绍了仓颉的错误和异常机制，包括系统级的错误和应用层面的异常。错误只能由运行时抛出，开发者不能声明、创建、抛出。更常见的是各种异常，不但运行时会主动抛出，开发者也可以声明异常类型并主动抛出异常实例。另外异常和错误都可以被捕获，捕获后可以做一些异常处理工作和当前任务的收尾工作，比如释放系统资源等，或者按照捕获的异常做一些业务处理并继续执行业务。

本章还提到，根据需要不论有没有异常都必须执行一段代码时，则可以使用 finally 块。另外还列举了几个标准库的常见异常和一个自定义的异常。

最后要说明的是，仓颉的异常处理机制虽然跟 Java 很像，但是运行时实现并不相同，二者的设计理念有巨大的差异，看似一样的语法特性实际实现天差地别。

图 7-2 为本章的知识要点。

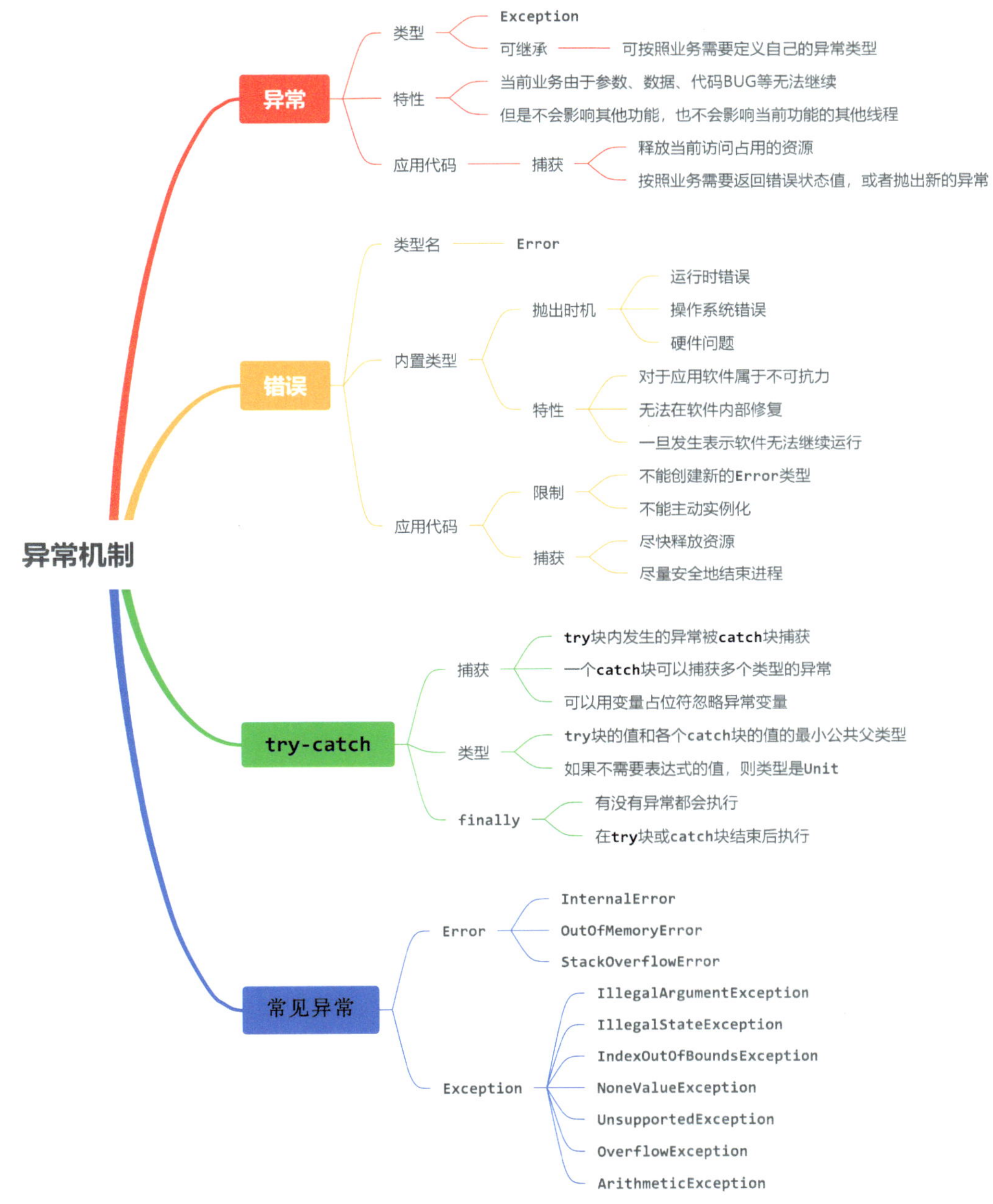

图 7-2 本章知识要点

CHAPTER 8

第8章

并行与并发

学习完前 7 章，读者已经可以使用介绍过的功能编写比较复杂的单线程程序。但是如今，并行、并发已经是主流的编程技术，为了让程序具有并行、并发能力，我们要引入线程概念。什么是线程呢？我们现在使用的操作系统都是多任务并行的，可以同时运行多个应用软件而互不干扰。每个应用软件占据一块单独的内存并且各自轮番占用一部分 CPU 时间，我们把这些应用软件在操作系统中的运行时叫作进程，它们是软件运行过程中的数据集合和软件运行状态。操作系统以进程为单位分配计算资源，而在一个进程内部很多时候我们也需要并行、并发地执行某些任务。比如我们打开浏览器，输入一个网址，浏览器需要发起 HTTP 访问。得到 HTML 页面以后，会解析 HTML，得到 JS、CSS、图片等网页资源以及用来填充页面的各种数据，浏览器又需要一次次地发起 HTTP 访问获取它们。浏览器获取了这些数据又需要渲染页面并呈现在浏览器上。这个过程有时候会比较消耗时间，而大部分时间都花费在了创建网络连接、发起 HTTP 访问、等待数据、读取数据，真正需要 CPU 的时间很少。如何把 CPU 时间充分利用起来，减少呈现 HTML 页面的时间呢？线程就应运而生了。浏览器完全可以同时发起多个 HTTP 访问获取网页资源和数据，这样就节省了很多等待的时间。浏览器同时发起多个 HTTP 访问的能力就是多线程赋予的。大家一定早就发现了，在输入网址、按下回车到页面渲染出来的这个段时间，我们仍然能够操作浏览器，而且它仍然能够响应。这是因为浏览器执行 HTTP 访问跟浏览器界面是不同的线程在执行，应用软件界面有一个单独的线程专门用来响应用户操作，由其他线程负责执行 HTTP 访问等比较耗时的功能，从而给用户带来浏览器能够及时响应的体验。这就是应用软件的多线程并行能力。

如今应用软件的多线程能力已经司空见惯，编程语言当然要把多线程作为重要特性提供支持。比较早的多线程能力是调用操作系统 API 实现的，也就是应用软件创建的每一个线程其实是执行系统调用创建的，编程语言的线程实例跟操作系统线程是一一对应关系。虽然编程语言提供 API 包装系统调用降低创建线程的难度，但在很长一段时间内都没有改变编程语言线程跟操作系统线程的一一对应关系。这种模式在很多时候运行良好，但是在需要大量多线程任务的时候就显得力不从心了，每一个线程都占用着宝贵的计算资源，占用着内存用来保存函数调用栈，而且每次在一个 CPU 内核上切换线程也伴随着一些计算资源的消耗；每次创建线程都要进入操作系统内核态，而应用软件被隔离在内核态之外，它在用户态运行，于是创建和调度线程的过程也浪费了一些计算资源。在线程任务很少的情况下这并不是问题，当多线程任务越来越多，这些浪费就越来越明显了。尤其是在高并发的服务器应用开发领域，这个问题愈发明显。另外，在发生线程阻塞时，这种模式的线程不做任何事，此时如果需要执行新任务就要创建新线程，而创建线程又是一个比较重量级的操作。那么有没有办法可以节省一部分创建、调度线程的计算资源，还能在任务阻塞时使线程能够执行其他任务，从而降低资源消耗、提升运行性能呢？最显而易见的是，既然通过系统调用创建线程要消耗计算资源，能不能创建一些线程调度跟任务调度解耦，用户态调度线程任务，并与操作系统线程交互给它们安排任务，这样是不是能节省一些资源呢？况且很多时候系统线程并没有在执行计算任务，而是在等待 IO、等待某些数据就绪等，而这时候线程什么也不做就是对资源的巨大浪费，况且切换系统线程也要消耗计算资源，如果把安排任务的工作交给用户态了，用户态与内核态的交互产生的代价就能够节省下来，在需要等待的时候使原来的线程任务让出线程，此时就可以安排这个系统线程去执行其他任务，这样计算资源是不是就利用得更充分了？图 8-1 为操作系统线程模型示意图，线程与 CPU 一般不是绑定在一起的，而线程的创建和调度都是在内核态执行的。

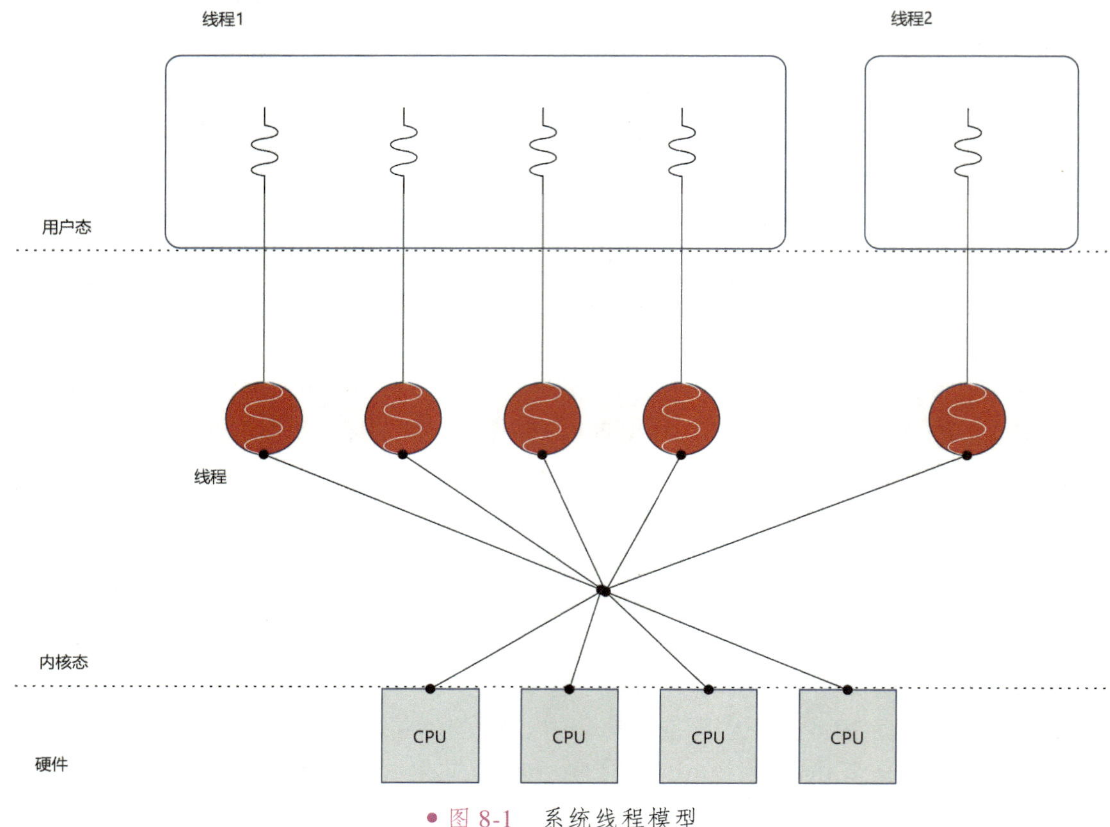

• 图 8-1　系统线程模型

基于以上考虑，用户态线程应运而生。由于它们初始占用内存较少、创建代价较低，因此又叫轻量级线程［不同的编程语言对此有不同的概念，有的叫协程（coroutine），Go 语言叫 goroutine，大同小异，达成的目的是一致的］。创建、调度、销毁等操作都在用户态进行。可以创建少量的操作系统线程，并且由于用户态线程占用资源较少，可以创建比系统线程数多很多的轻量级线程。在一个线程任务需要等待或阻塞时，立即让出系统线程，系统线程马上执行另一个线程任务，任务结束时立即销毁轻量级线程，系统线程继续执行其他任务。应用进程按照实际运行情况，自动调整系统线程数，极大地提升了资源利用率。

8.1 线程

仓颉的多线程机制是一种轻量级线程。说它是轻量级的，是因为初始栈空间比较小、创建代价低，而且所有的调度都发生在用户态，调度代价低；而把它称为“线程”，是因为它还拥有很多线程的特性，比如它是抢占式的，而且对于耗时任务也会发生调度，确保所有线程都能尽量公平地得到执行机会，避免饿死。除非特别说明，本书提到的线程一律指仓颉编程语言的用户态轻量级线程。

8.1.1 创建一个线程

使用关键词 spawn 后跟一个闭包，即创建了一个线程，具体如下。

```
spawn{println("running in a thread")}
```

8.1.2 线程的特点

图 8-2 为仓颉线程的主要特点。

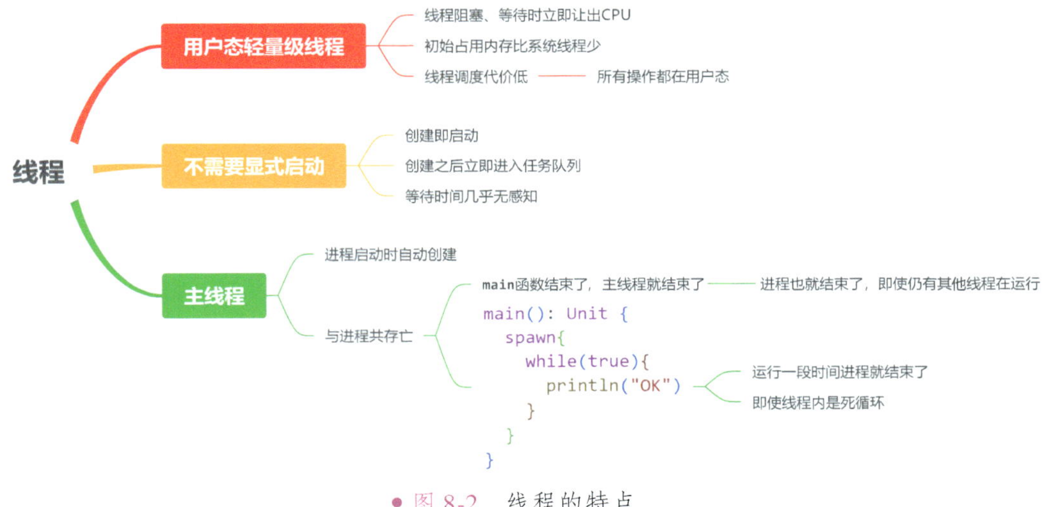

● 图 8-2　线程的特点

虽然说是轻量级线程，创建线程还是得克制，按照奥卡姆剃刀原则，如非必要，勿增实体。除非确认增加新线程能够提升性能，否则只要当前线程能够完成业务需求就没有必要创建新线程，要不然只是徒增代码复杂性并白白消耗系统资源。

> **提示**
>
> spawn 不是函数，因此不能把另一个函数作为创建线程的闭包使用，也不能把 spawn 当作实参传给另一个函数。

8.1.3 Future<T>类型

前面说过仓颉代码要么是声明要么是表达式。声明不是立即执行的代码，它负责确定程序的功能范围；表达式会立即执行，表达式也是能够实际执行的最小程序单元。spawn 是一个表达式，它的类型就是 Future<T>实例，而 Future<T>的泛型 T 就是 spawn 表达式的闭包返回类型，具体如下。

```
let v: Future<Int64> = spawn{1}
println(v.get())//1
```

1. 从 Future<T>获取线程执行结果

```
public func get(): T
public func get(timeout: Duration): ?T
public func tryGet(): ?T
```

第一个函数会一直阻塞直到线程结束，如果调用时线程已经结束了就立即返回。第二个函数会等待参数指定的时长，如果在等待超时以前线程结束了，就返回线程执行结果，否则返回 None<T>。第三个函数不会阻塞当前线程，调用时立即返回，如果线程已结束就返回线程执行结果，否则返回 None<T>。如果线程抛出了异常，调用它们时也会再次抛出这个异常。程序清单 8-1 的代码展示了这个过程。

程序清单 8-1：008/thread_thrown.cj

```
importstd.sync.*
main(){
  let f = spawn{
    sleep(Duration.second)
    throw Exception()
  }
  println("ok")
  try{
    f.get()
  }catch(e: Exception){
    println("catch 1")
    e.printStackTrace()
    println("catch 1 end")
  }
  try{
    f.tryGet()
  }catch(e: Exception){
    println("catch 2")
    e.printStackTrace()
    println("catch 2 end")
  }
  println("end")
}
```

2. 结束一个线程

如果需要提前结束一个线程，可以执行以下函数。

```
public func cancel(): Unit
```

上述函数返回后，线程不会立即结束，只是给被结束的线程发送了一个取消请求。spawn 表达式的闭包内判断线程是否被取消并自行决定是否提前结束线程。具体应用示例，见程序清单 8-2。

程序清单 8-2：008/cancel_invalid.cj

```
main(): Unit {
    let f = spawn {
        while (true) {//本例不会主动结束线程,直到主线程睡眠结束
```

```
            println("OK")
        }
    }
    f.cancel()
    sleep(Duration.day)//睡眠一天以后进程才会结束
}
```

3. 得到线程实例

得到线程实例如下。

```
public prop thread: Thread
```

得到线程实例以后，开发者可以从线程实例得到线程 ID、线程名，并判断线程是否被外部取消。

8.1.4 Thread 类型

获取一个线程实例的方式有两种，一种是前文讲的从 Future<T>的实例成员属性 thread 得到，第二种是在当前线程访问 Thread 的静态成员属性 currentThread。

1. 获取当前线程

```
public static prop currentThread: Thread
```

2. 分别获取当前线程的 ID 和线程名

```
public static prop id: Int64
public static prop name: String
```

程序清单 8-3：008/current_thread.cj

```
main(): Unit {
  spawn{
    println(Thread.currentThread.id)//输出当前线程 ID
    println(Thread.currentThread.name)//输出当前线程名
      }
}
```

3. 判断线程取消状态

```
public prop hasPendingCancellation: Bool
```

在程序清单 8-4 中，线程刚创建就被取消了，没有机会输出“OK”。

程序清单 8-4：008/cancel_thread.cj

```
main(): Unit {
    spawn {
        while (! Thread.currentThread.hasPendingCancellation) {
            println("OK")
        }
        println("END")
    }.cancel()
}
```

4. 注册线程异常处理函数

注册线程异常处理函数如下。

```
public static func handleUncaughtExceptionBy(exHandler: (Thread, Exception) -> Unit): Unit
```

这是一个全局的线程异常回调函数。如果从线程闭包内抛出了异常，都会统一地由这个函数注册的异常处理逻辑处理。如果没有注册全局异常处理函数，线程任务抛出的异常信息和线程栈将打印到控制台。如果这个异常处理函数内抛出了异常，会将异常信息打印到控制台，但是不会打印这个异常线程栈。如果多个线程同时抛出异常，会并发执行异常处理函数，开发者需要自行处理并发安全问题。

8.1.5 睡眠

在仓颉中，睡眠的声明函数如下。

```
public func sleep(duration: Duration): Unit
```

1）这是一个顶级声明函数，调用它的线程会睡眠指定时长。

2）线程睡眠不会严格计时，只是一个尽量满足的大致时间长度。

3）线程睡眠时会放弃 CPU，使其他线程得以竞争 CPU。

> **提示**
>
> 本函数在 std.core 声明，已自动导入。

8.1.6 线程调度

图 8-3 为线程调度模型。

线程调度过程如下。

1）创建的仓颉线程，首先尝试进入父线程执行器的本地队列，如果本地队列已满，会进入全局队列。

2）执行器会首先尝试从本地队列获取仓颉线程，如果本地队列空就尝试从全局队列跟其他本地队列为空的执行器竞争仓颉线程，如果全局队列为空就会从其他执行器的队列偷窃仓颉线程。

3）仓颉线程进入阻塞、睡眠等状态时，线程不再做任何事，执行器会尝试把正在执行的线程推入本地队列，如果本地队列已满就把这个线程推入全局队列。

4）监视线程会检查每个正在执行的线程占用的 CPU 时间，占用时间过久的线程会修改线程状态、让渡 CPU、进入本地队列，如果本地队列已满会被推入全局队列。

5）尝试使线程让渡 CPU 时，如果无法让渡，会尝试从空闲线程队列获取系统线程，如果空闲线程队列为空就创建新的系统线程用来执行其他仓颉线程。

6）空闲线程队列内存在过久的系统线程不会被销毁。

7）通常来说，CPU 数量的系统线程已经够用，超过这个数量的系统线程会在没有任务时进入空闲线程队列。这个数可以通过环境变量 cjProcessorNum 调整，取值区间是（0，CPU * 2]，不在这个区间的值无效，仍然采用默认值。如果能获取 CPU 数，则默认值就是 CPU 数，否则默认值是 8。

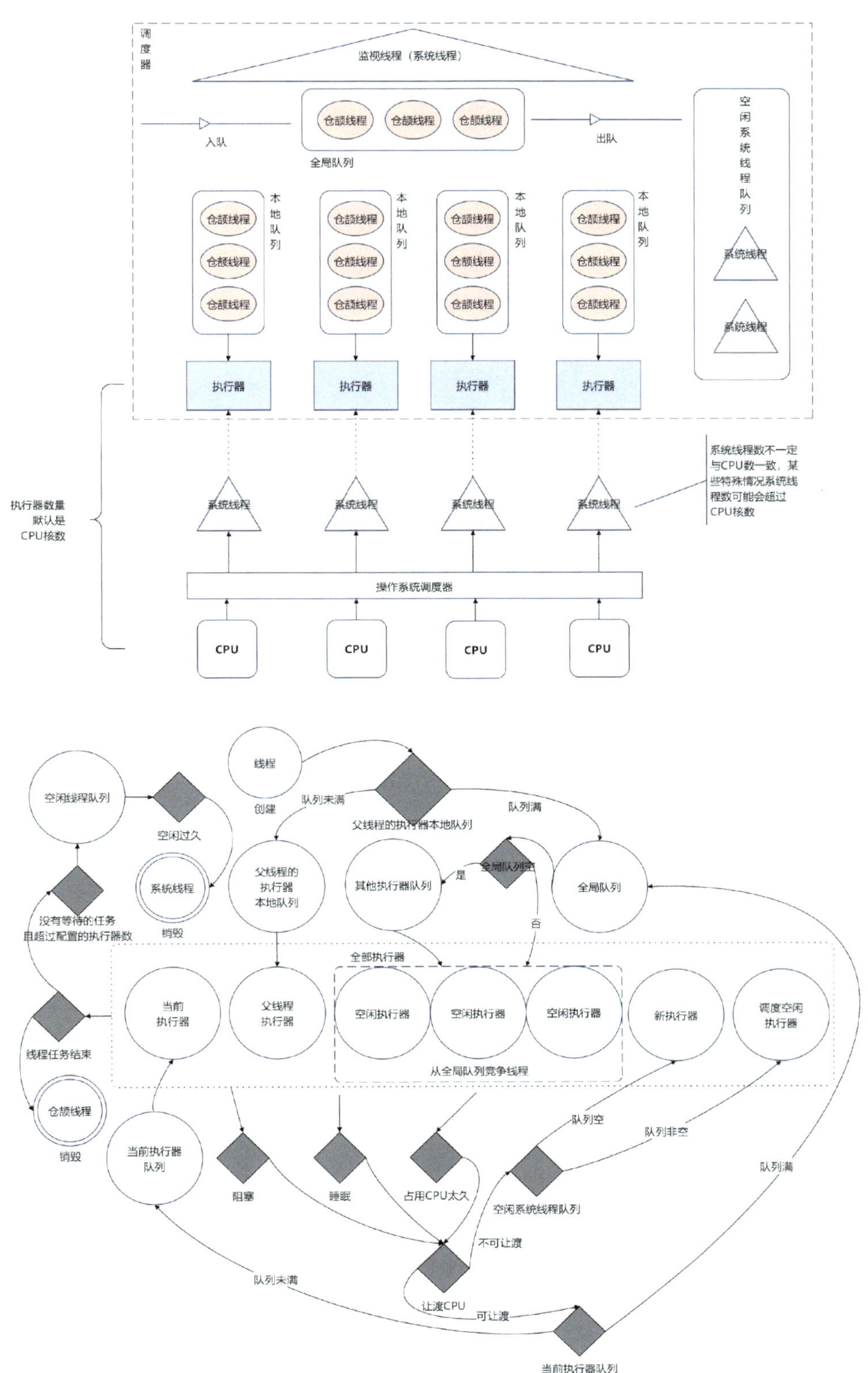
调度器
监视线程（系统线程）
仓颉线程
仓颉线程
仓颉线程
入队
全局队列
出队
空闲系统线程队列
系统线程
系统线程
本地队列
本地队列
本地队列
本地队列
仓颉线程
执行器
执行器
执行器
执行器
系统线程
系统线程
系统线程
系统线程
系统线程数不一定与CPU数一致，某些特殊情况系统线程数可能会超过CPU核数
执行器数量默认是CPU核数
操作系统调度器
CPU
CPU
CPU
CPU
线程
创建
队列未满
父线程的执行器本地队列
队列满
空闲线程队列
空闲过久
系统线程
销毁
没有等待的任务
且超过配置的执行器数
父线程的执行器本地队列
其他执行器队列
是
全局队列空
否
全局队列
全部执行器
当前执行器
父线程执行器
空闲执行器
空闲执行器
空闲执行器
新执行器
调度空闲执行器
从全局队列竞争线程
线程任务结束
仓颉线程
销毁
当前执行器队列
阻塞
睡眠
占用CPU太久
队列空
队列非空
空闲系统线程队列
队列满
不可让渡
队列未满
让渡CPU
可让渡
当前执行器队列

● 图 8-3　线程调度模型

8.2 线程安全类型

既然引入了多线程机制，自然就涉及多线程同时访问某个实例导致的安全问题。如果忽略这些问题，就很有可能操作了预料之外的值，得到了意料之外的结果。比如程序清单 8-5 的代码。

程序清单 8-5：008/unsafe_concurrency.cj

```
var a = 1
@OverflowWrapping
func add(i: Int64) {
    a + i
}
main(): Unit {
    func newThread() {
        spawn {
            for (i in 1 ..= 99999999) {
                a = add(i)
            }
            println("END")
            a
        }
    }
    let f1 = newThread()
    let f2 = newThread()
    let f3 = newThread()
    let v1 = f1.get()
    let v2 = f2.get()
    let v3 = f3.get()
    println(v1)
    println(v2)
    println(v3)
}
```

读者认为最后三行 println 会输出什么值？多次运行就会发现，每次运行结果都不一样。为了每次运行都产生稳定的结果，我们需要引入线程安全类型。

8.2.1 ThreadLocal<T>

有时候，我们不希望为每个线程创建一个实例，以免创建过多实例增加 GC 压力，但又不希望它们共享相同的实例成员变量的值，这个时候就需要 ThreadLocal<T>。如果希望上面的例子每个线程都有独立的 a 变量值，就可以把 a 声明为 ThreadLocal<T>类型。这样，多个线程拥有各自的 a 变量值，互不干扰。

ThreadLocal<T>有两个成员函数，分别用来获取和填充新值。刚实例化的时候它的实例内是没有值的，此时调用 get( )会返回 None<T>。我们也可以通过向 set 函数传入 None 清除值，如程序清单 8-6 所示。

程序清单 8-6：008/threadlocal.cj

```
let a = ThreadLocal<Int64>()
@OverflowWrapping
func add(i: Int64) {
    a.set((a.get() ?? 1) + i)
}
main(): Unit {
    func newThread() {
        spawn {
            for (i in 1..=99999999) {
                add(i)
            }
            println("END")
            a.get()
        }
    }
    let f1 = newThread()
    let f2 = newThread()
    let f3 = newThread()
    let v1 = f1.get()
    let v2 = f2.get()
    let v3 = f3.get()
    println(v1)
    println(v2)
    println(v3)
}
```

现在每次运行结果都一样了，而且是三个一样的值。

8.2.2 原子类型

如果希望多线程访问同一个变量，而且这些线程能够共享访问结果，就需要原子类型。原子类型有以下几种，它们都在 std.sync 包。

```
public class AtomicReference<T> where T <: Object
public class AtomicOptionReference<T> where T <: Object
public class AtomicBool
public class AtomicInt8
public class AtomicInt16
public class AtomicInt32
public class AtomicInt64
public class AtomicUInt8
public class AtomicUInt16
public class AtomicUInt32
public class AtomicUInt64
```

这几种类型都有以下几个函数。

load( )返回当前原子类型的实际值。

store（value）：Unit 将参数设置为新值。

swap（value）将原值替换为参数指定的值并返回原值。

compareAndSwap(old, new)：Bool 如果原值与第一个参数相同，则替换为第二个值并返回 true，否则不替换且立即返回 false。

每种原子类型都有一个有参构造函数。AtomicOptionReference<T>的构造函数参数是 Option<T>，AtomicReference<T>的构造函数参数是 T，其他基本原子类型的构造函数参数是各自的基本类型。其中 AtomicOptionReference<T>还有一个无参数构造函数，相当于向构造函数传入了 None<T>做实参。

每种整数原子类型还都有 fetchAdd(val)、fetchSub(val)、fetchAnd(val)、fetchOr(val)、fetchXor(val)，分别是原子计算加、减、位与、位或、位异或，并用计算后的新值替换原值，返回计算前的原值。

以上每种原子类型的实例成员函数还各有一个重载函数，比如 fetchAdd 就有一对重载函数 fetchAdd(val)和 fetchAdd(val, memoryOrder!: MemoryOrder)。这些重载函数用于在我们希望告诉编译器是否允许本次原子操作前后的指令重排序时，使用没有 MemoryOrder 参数的重载，就是可以重排序；使用有 MemoryOrder 参数的重载，就是禁止重排序。MemoryOrder 是一个 std.sync 包下的枚举，只有一个构造器，声明如下。

```
public enum MemoryOrder {
    | SeqCst
}
```

每个原子类型成员函数都有一对带 MemoryOrder 参数和不带 MemoryOrder 参数的重载。所不同的是 compareAndSwap 的重载函数如下。

```
public func compareAndSwap(old, new): Bool
public func compareAndSwap (old, new, successOrder!: MemoryOrder, failureOrder!: Memory-
Order): Bool
```

successOrder 是 CAS 操作成功时，即返回 true 时的内存排序方式，这种情况下执行的操作是读==>修改==>写。

failureOrder 是操作失败时，即返回 false 时的内存排序方式，这种情况下执行的操作是读。

本节一开始的例子可以改成程序清单 8-7 的样子。

程序清单 8-7：008/atomic_int.cj

```
import std.sync.AtomicInt64
let a = AtomicInt64(1)
@OverflowWrapping
func add(i: Int64) {
    a.fetchAdd(i)
}
main(): Unit {
    func newThread() {
        spawn {
            for (i in 1..=99999999) {
```

```
            add(i)
        }
        println("END")
        a.load()
    }
}
let f1 = newThread()
let f2 = newThread()
let f3 = newThread()
let v1 = f1.get()
let v2 = f2.get()
let v3 = f3.get()
println(v1)
println(v2)
println(v3)
}
```

这样修改后，每次执行都会得到一样的结果。不过每个线程的结果是不同的。

8.3 并发控制

前面介绍了原子类型和 ThreadLocal，它们只能控制一个变量的并发安全性，在需要对一个代码块做并发安全控制的时候就无能为力了。此时就需要用到同步代码块。

8.3.1 synchronized

同步代码块需要使用锁，执行同步代码块之前首先锁定，离开同步代码块之前会解锁。同步代码块使用关键词 synchronized 后跟圆括号包含的锁实例，然后是一对花括号包含的代码块。同步代码块是一个表达式，它的值就是这对花括号最后执行的表达式的值。synchronized 不能脱离锁实例单独使用，这一点跟 Java 是不同的。Java 的 synchronized 本身就是锁，而仓颉的同步代码块是对简化使用锁的语法糖。

为了进一步说明同步代码块的使用方法，接下来先介绍一个锁的类型。

8.3.2 可重入互斥锁

仓颉的锁的特性，如图 8-4 所示。

> **提示**
>
> synchronized 后面的圆括号只接收 IReentrantMutex 实现的实例，但是目前只接收标准库的实现，如果开发者自己实现一个 IReentrantMutex 类型并放到 synchronized 的圆括号里，则是不能编译的。不过开发者可以实现 ReentrantMutex 的子类，并在 synchronized 中使用它。

常用的锁特性见表 8-1。

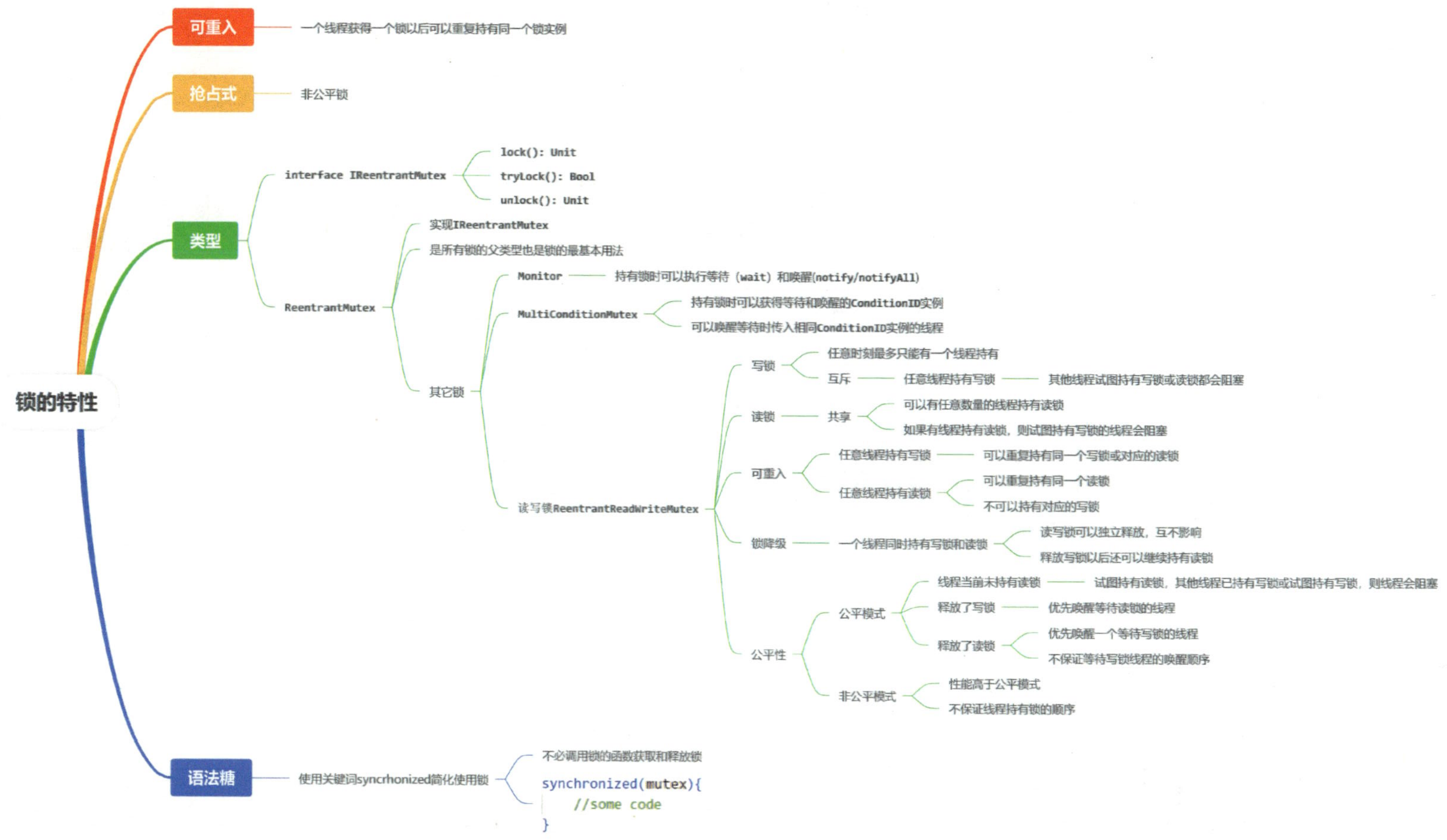

锁的特性
可重入
一个线程获得一个锁以后可以重复持有同一个锁实例
抢占式
非公平锁
类型
interface IReentrantMutex
lock(): Unit
tryLock(): Bool
unlock(): Unit
ReentrantMutex
实现IReentrantMutex
是所有锁的父类型也是锁的最基本用法
其它锁
Monitor
持有锁时可以执行等待（wait）和唤醒(notify/notifyAll)
MultiConditionMutex
持有锁时可以获得等待和唤醒的ConditionID实例
可以唤醒等待时传入相同ConditionID实例的线程
读写锁ReentrantReadWriteMutex
写锁
任意时刻最多只能有一个线程持有
互斥
任意线程持有写锁
其他线程试图持有写锁或读锁都会阻塞
读锁
共享
可以有任意数量的线程持有读锁
如果有线程持有读锁，则试图持有写锁的线程会阻塞
可重入
任意线程持有写锁
可以重复持有同一个写锁或对应的读锁
任意线程持有读锁
可以重复持有同一个读锁
不可以持有对应的写锁
锁降级
一个线程同时持有写锁和读锁
读写锁可以独立释放，互不影响
释放写锁以后还可以继续持有读锁
公平性
公平模式
线程当前未持有读锁
试图持有读锁，其他线程已持有写锁或试图持有写锁，则线程会阻塞
释放了写锁
优先唤醒等待读锁的线程
释放了读锁
优先唤醒一个等待写锁的线程
不保证等待写锁线程的唤醒顺序
非公平模式
性能高于公平模式
不保证线程持有锁的顺序
语法糖
使用关键词syncrhonized简化使用锁
不必调用锁的函数获取和释放锁

```
synchronized(mutex){
    //some code
}
```

图8-4 锁的特性

表 8-1 常用的锁特性

API	解释
ReentrantMutex	所有锁的父类型
init()	创建一个锁实例
lock(): Unit	当前线程持有该锁。如果没有成功持有锁，当前线程会阻塞
tryLock(): Bool	尝试持有该锁，调用该函数会立即返回。如果成功持有了锁就返回 true，否则返回 false
unlock(): Unit	释放锁，如果有其他线程在该锁上阻塞，则该函数返回前会唤醒其中一个阻塞的线程
Monitor	ReentrantMutex 的子类，本类型的实例除了拥有锁的特性，还可以在持有锁时执行等待或被其他持有锁的线程唤醒
wait(timeout!: Duration = Duration.Max):Bool	持有锁后调用本函数，线程将进入等待状态，线程放弃 CPU。如果参数小于 Duration.Zero 或线程没有持有锁，将会抛出异常。如果被其他线程唤醒，本函数返回 true，等待超时返回 false
notify(): Unit	持有锁后调用本函数，将唤醒一个正在等待状态的线程。如果当前线程没有持有锁，调用本函数会抛出异常
notifyAll(): Unit	持有锁后调用本函数，将唤醒全部正在等待状态的线程。如果当前线程没有持有锁，调用本函数会抛出异常
MultiConditionMutex	ReentrantMutex 的子类，本类型的实例除了拥有锁的特性，还可以使线程持有锁时按照传入的条件实例进入等待状态或者唤醒用相同条件实例进入等待状态的线程
newCondition(): ConditionID	持有锁时调用本函数获取一个条件实例，该实例只能作为创建它的同一锁实例的实参，否则会抛出异常
wait(condID: ConditionID, timeout!: Duration = Duration.Max):Bool	当前线程用指定条件实例和超时时间调用此函数会进入等待状态，条件实例必须是当前锁实例创建
notify(condID: ConditionID):Unit	唤醒一个用相同条件实例进入等待状态的线程
notifyAll(condID: ConditionID):Unit	唤醒用相同条件实例进入等待状态的全部线程
ReentrantReadWriteMutex	读写锁
init(mode!: ReadWriteMutexMode = Unfair)	创建一个读写锁，默认是非公平模式。非公平模式性能比较高
prop readMutex: ReentrantReadMutex	获得一个读锁实例，读锁 API 与 ReentrantMutex 一致，只是 API 行为遵循读锁特性
prop writeMutex: ReentrantWriteMutex	获得一个写锁实例，写锁 API 与 ReentrantMutex 一致，只是 API 行为遵循写锁特性

图 8-5 为锁的竞争过程。

提示

值得一提的是，如果超过一个线程同时竞争两个锁实例可能会导致死锁。为了避免死锁发生，应当务必确保所有竞争这些锁的线程保持相同的加锁和解锁顺序，图 8-6 为发生死锁的过程以及避免死锁的做法。从以下时序图可以看到两个线程各自持有一个锁的时候，再去试图持有另一个线程持有的锁，两个线程都会发生阻塞，而且不再有机会解锁。要避免这个问题，需要竞争两个锁实例的线程必须保持持有和释放锁的顺序相同。

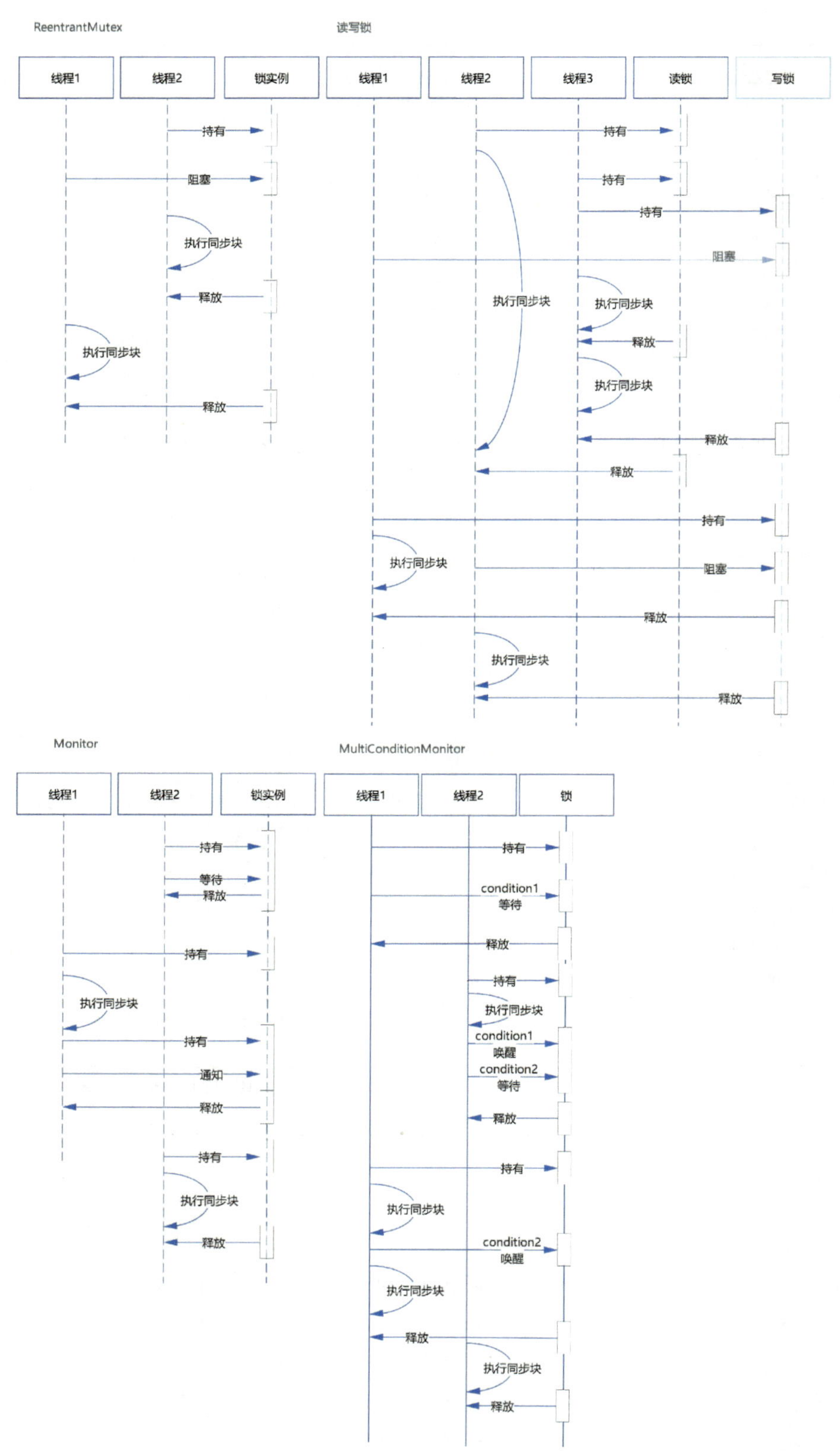

• 图 8-5　多线程竞争各种锁的过程

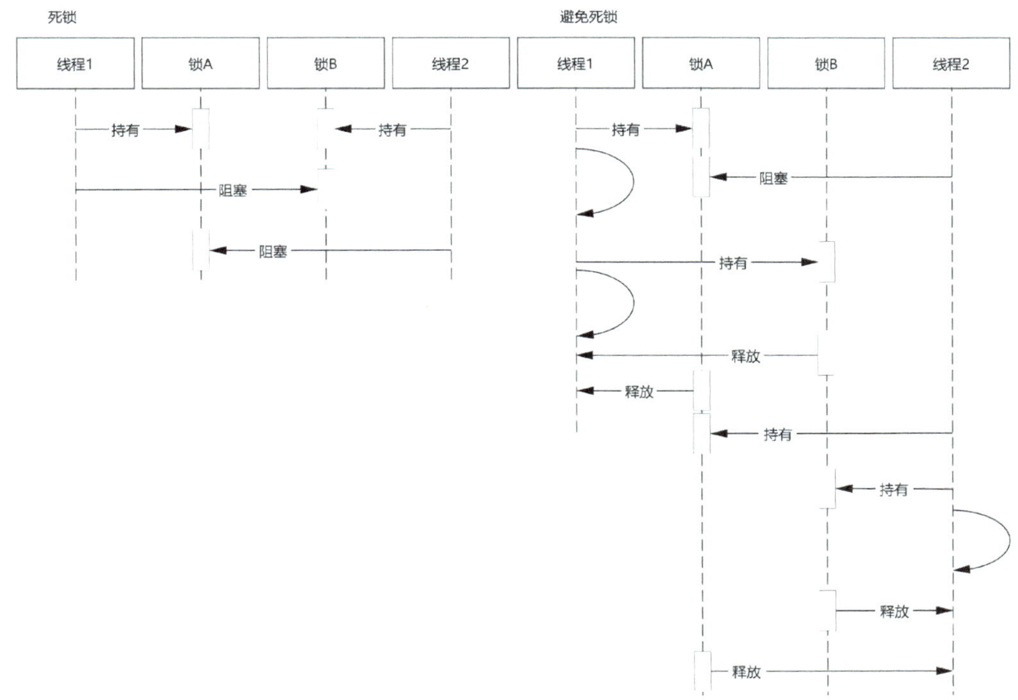

● 图 8-6　死锁与避免死锁

8.4 并发实例

单纯介绍 API 太枯燥了。接下来我们将通过两个例子展示并发安全相关的 API。这两个例子仅展示并发安全相关的关键代码，完整的代码见程序源代码。

8.4.1　并发安全的队列

标准库的 std.collection.concurrent 包提供了并发安全的队列（ArrayBlockingQueue<T>、BlockingQueue<T>、NonBlockingQueue<T>）和并发安全的 Map（ConcurrentHashMap<K, V>）。本例比较典型，用来展示如何使用锁类型，详细内容请参考程序清单 8-8 中的注释。

程序清单 8-8：008/SyncDeque.cj

```
//这是节点类型的根接口,由于笔者不想使用 Option,就只能让节点类型实现这样一个接口,在不得不使用空值的时候,使用 NoneNode<T>的实例表示空值
public interface Node<T> {
    func insertPrev(value: T): ValueNode<T> {...}
    func insertNext(value: T): ValueNode<T> {...}
    func remove(): T {...}
    func removePrev(): Option<T> {...}
    func removeNext(): Option<T> {...}
}
//表示空节点的类型
```

```
public class NoneNode<T> <: Node<T> {
    static const instance = NoneNode<T>()
    private const init() {}
}
//队列的头节点，它没有前驱节点，只有后继节点，并且不保存数据，在与尾节点的实例互相引用的时候队列为空
public class HeadNode<T> <: Node<T> {
    var next: Node<T>
    let tail = TailNode<T>()
    init() {
        this.next = tail
        this.reset(tail)
    }
    public func insertNext(value: T): ValueNode<T> {...}
    public func removeNext(): Option<T> {...}
    public func reset(tail: TailNode<T>): Unit {
        tail.prev =this
        this.next = tail
    }
}
//队列的尾结点，它只有前驱节点，没有后继节点，并且不保存数据
public class TailNode<T> <: Node<T> {
    TailNode(var prev!: Node<T> = NoneNode<T>.instance) {}
    public func insertPrev(value: T): ValueNode<T> {
        ValueNode<T>(value,this)
    }
    public func removePrev(): Option<T> {...}
}
//用于保存数据的节点，同时有前驱节点和后继节点，要实现的队列是一个双向链表，关于链表的操作逻辑都在这个类里实现，详细见源代码程序
public class ValueNode<T> <: Node<T> {
    ValueNode(var value: T, var prev: Node<T>, var next: Node<T>) {}
}
public class SyncDeque<T> {
    //队列的同步锁
    private let monitor = MultiConditionMonitor()
    private let notEmpty: ConditionID//队列空时线程用来等待的条件，等待队列非空，非空时用来唤醒使用本条件等待的线程
    private let notFull: ConditionID//队列满时线程用来等待的条件，等待队列不满时用来唤醒使用本条件等待的线程
    private let head_ = HeadNode<T>()//队列头
    private let tail_ = head_.tail//队列尾
    private let size_ = AtomicInt64(0)
    public SyncDeque(private let maxSize_: Int64) {
        synchronized(monitor) {//初始化条件，条件实例必须在同步块内部创建
            //这些条件实例只能由创建它们的锁实例使用
            notEmpty = monitor.newCondition()
            notFull = monitor.newCondition()
        }
    }
```

```
    //非空时唤醒,本函数只能在成员变量 monitor 的同步块内调用,被唤醒的线程重新竞争锁实例,竞争失败的线程会阻塞直到成功持有锁
    private func notifyNotFull() {
        monitor.notify(notFull)
    }
    //不满时唤醒,本函数只能在成员变量 monitor 的同步块内调用,被唤醒的线程重新竞争锁实例,竞争失败的线程会阻塞直到成功持有锁
    private func notifyNotEmpty() {
        monitor.notify(notEmpty)
    }
    //非空时唤醒,本函数只能在成员变量 monitor 的同步块内调用,被唤醒的线程重新竞争锁实例,竞争失败的线程会阻塞直到成功持有锁
    private func notifyAllNotFull() {
        monitor.notifyAll(notFull)
    }
    //不满时唤醒,本函数只能在成员变量 monitor 的同步块内调用,被唤醒的线程重新竞争锁实例,竞争失败的线程会阻塞直到成功持有锁
    private func notifyAllNotEmpty() {
        monitor.notifyAll(notEmpty)
    }
    //非空时等待,本函数只能在成员变量 monitor 的同步块内调用,线程进入等待状态后立即释放锁,其他线程得以竞争同一锁实例
    private func waitNotEmpty() {
        monitor.wait(notEmpty)
    }
    //不满时等待,本函数只能在成员变量 monitor 的同步块内调用,线程进入等待状态后立即释放锁,其他线程得以竞争同一锁实例
    private func waitNotFull() {
        monitor.wait(notFull)
    }
    //清空队列
    public func clear(): Unit {
        synchronized(monitor) {
            head_.reset(tail_)
            size_.store(0)
            notifyNotFull()//清空后队列不满,唤醒所有等待队列不满的线程
        }
    }
    //队列满时等待不满,本函数只能在成员变量 monitor 的同步块内调用
    private func waitIfOverSize(): Unit {
        if (size >= maxSize) {
            waitNotFull()
        }
    }
    //队列空时等待非空,本函数只能在成员变量 monitor 的同步块内调用
    private func waitIfEmpty() {
        if (isEmpty()) {
            waitNotEmpty()
        }
```

```
        }
    //将数据推入队列头
        public func push(value: T): SyncDeque<T> {
            synchronized(monitor) {//试图持有锁,如果有其他线程已持有锁,则会等待
            //需要额外说明的是,绝对不会发生线程既等待非空又等待不满这种状况,而且整个队列只有一个锁,所以不会发生死锁
                waitIfOverSize()//如果队列已满则等待
                head_.insertNext(value)
                size_.fetchAdd(1)
                notifyNotEmpty()//插入数据后唤醒等待队列非空的线程
            }
            this
        }
        //删除指定节点的数据,如果参数是头或尾节点,返回 None
        private func doRemove(node: Node<T>): ? T {
            let v = match (node) {
                case n: HeadNode<T> => None<T>
                case n: TailNode<T> => None<T>
                case n: ValueNode<T> =>
                    size_.fetchSub(1)
                    n.remove()
                case _ => throw Exception('unreachable')
            }
            notifyNotFull()//已删除了一个节点,肯定是不满的队列唤醒等待队列不满的线程
            v
        }
        public func pop(): Option<T> {
            synchronized(monitor) {
                waitIfEmpty()//如果队列为空没有数据可以弹出,则等待
                doRemove(head_.next)/从队列头删除并返回删除的数据
            }
        }
    //从队尾添加删除的逻辑是一样的,就不在本章重复了,详细代码请参考程序源代码
    }
```

8.4.2 读秒定时器

std.sync 包有一个 Timer 类型，它可以定义定时执行的任务。具体 API 见表 8-2。

表 8-2 Timer 的初始化

函　　数	说　　明
public static func after(delay: Duration, task: () -> Option<Duration>): Timer	返回的定时器延迟 delay 时长之后执行 task，下次执行时间从 task 返回后开始计时，延时由 task 的返回值决定，直到 task 返回 None 时定时任务结束
public static func once(delay: Duration, task: () -> Unit): Timer	返回一个只执行一次的定时器，定时器在延迟 delay 的时长之后执行 task
public static func repeat(delay: Duration, interval: Duration, task: () -> Unit, style!: CatchupStyle = Burst): Timer	返回的定时器在延迟 delay 时长之后执行第一次，之后每次在 task 返回后的 interval 时长重复执行。style 会影响定时器的执行风格，详细说明下面会详细解释

（续）

函　　数	说　　明
public static func repeatDuring (period: Duration, delay: Duration, interval: Duration, task: () ->Unit, style!: CatchupStyle = Burst): Timer	本函数返回的定时器与上一个几乎一致，不同的是本定时器有执行时间，在定时器创建的 period+delay 的时间之后定时器失效
public static func repeatTimes (count: Int64, delay: Duration, interval: Duration, task: ( ) -> Unit, style!: CatchupStyle = Burst): Timer	本函数返回的定时器与前两个函数几乎一致，区别在于本定时器执行 count 次数之后失败
public func cancel():Unit	取消当前定时器

CatchupStyle 的说明见表 8-3。

表 8-3　枚举 CatchupStyle 的说明

枚举值	说　　明
Burst	每次任务的执行开始时间间隔固定，如果任务时间超过间隔时长，定时器会连续依次执行每个错过的任务
Delay	上次任务结束到下次任务开始的时间间隔固定
Skip	每次任务的执行开始时间间隔固定，如果任务时间超过间隔时长，定时器会忽略错过的任务

提示

Timer 隐含 spawn 操作，每个 Timer 实例都会创建一个线程执行与它绑定的任务，而且每个定时器只能绑定一个任务。本例的定时器比较简单，只能用来读秒，有兴趣的读者可以考虑如何以它为基础实现一个支持 cron 表达式的定时器。

程序清单 8-9：008/ticktock.cj

```
import std.sync.Timer
import std.time.DateTime
import std.math.MathExtension
public class TickTock {
  private let timer: Timer
  public init(task: (DateTime)->Unit){
    let now = DateTime.now()
    let twoSecondsLater = DateTime.of(
      year: now.year,
      month: now.month,
      dayOfMonth: now.dayOfMonth,
      hour: now.hour,
      minute: now.minute,
      second: now.second
    ) + Duration.second * 2
    timer = Timer.repeat(
      twoSecondsLater - DateTime.now(),//定时器延迟两秒后执行第一次
      Duration.second,//之后每秒执行一次
      {=>task(DateTime.now())}
    )
  }
  public func shutdown(){
```

```
    timer.cancel()
  }
}
```

8.5 本章知识点总结和思维导图

本章介绍了多线程编程，我们了解了如何得到线程执行结果以及并发安全相关的 API。本章标题是“并行与并发”却没有提它们的定义，是因为笔者认为分辨这两个概念的意义不大。在实际的编程中，我们往往把一个任务拆分成多个子任务，把它们分配到多个线程执行，这个过程叫并行；而多个线程同时执行多个任务，比如同时处理多个 HTTP 访问，这些任务可能在执行相同的功能，也可能在执行不同的功能，这种情况叫并发。不过并行的任务执行时可能也会竞争相同的资源，比如并发地访问同一个实例的成员，可能并发地操作同一个集合。并发的任务也可能会拆分成多个子任务并行执行，汇总子任务结果并响应请求端。所以很多时候这二者并没有明确的区分。

仓颉的线程被称为用户态轻量级线程，而不是叫协程。因为它是抢占式的，仓颉线程调度会按照线程任务的执行时间，在合适的时候发生调度，确保每个线程都有相对公平的执行机会，多个线程也会发生资源竞争，采用内存共享的形式实现线程间通信。因此仓颉线程除了拥有协程的诸多特性，也有很多线程的特性。

仓颉选择了有栈的轻量级线程而不是无栈协程，肯定经过审慎的考量。既要确保线程任务有相对公平的执行机会，又要平衡竞争资源的性能消耗，还要确保性能。一门应用开发语言既要确保高效的性能，同时也要有高效的开发体验和平缓的学习门槛，要同时做到这些并不容易。目前的轻量级线程方案肯定是各种取舍权衡，甚至妥协之后的最佳选项。

本章最后还实现了一个线程安全的队列和一个简单的读秒计时器程序。这个计时器程序单独运行可能没什么用，却是实现 CRON 表达式定时器的基础。图 8-7~图 8-11 所示为本章知识要点。

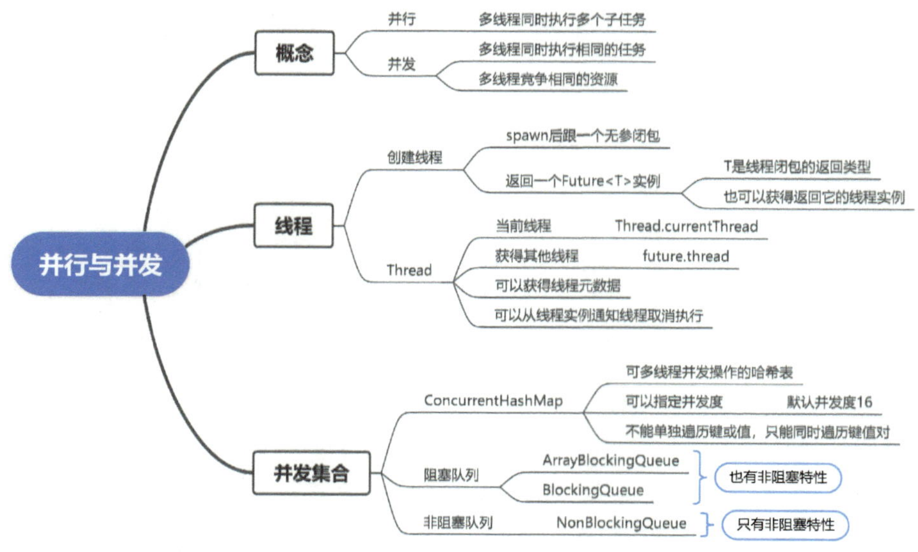

图 8-7　并行与并发

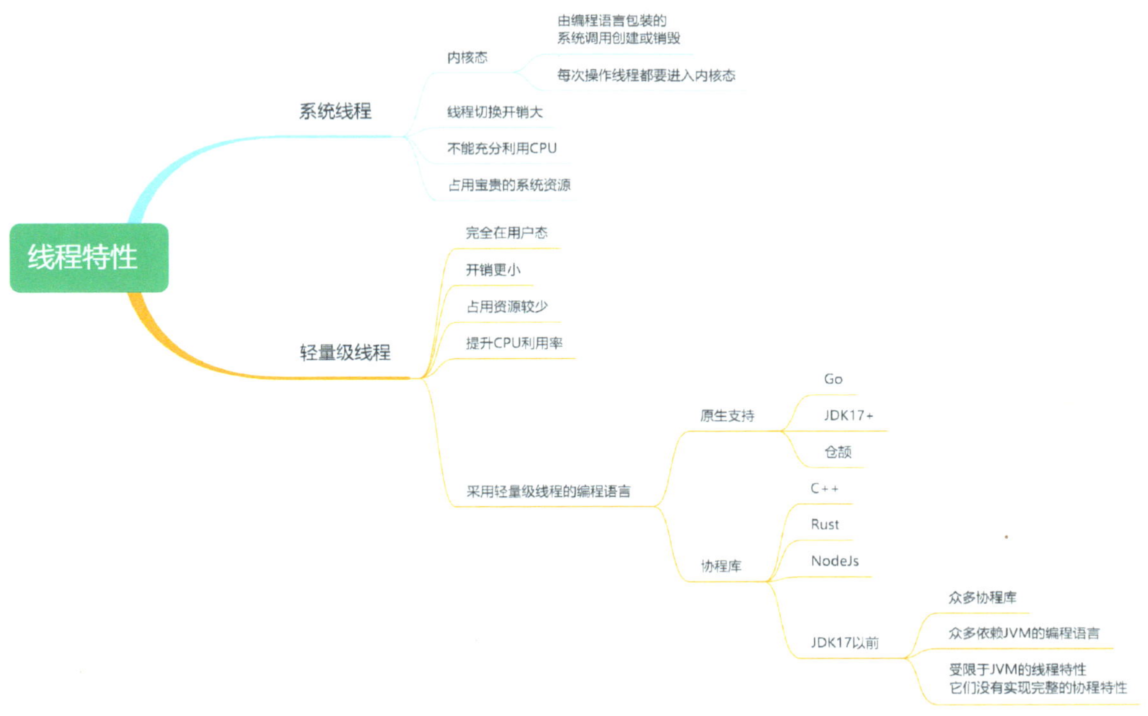

● 图 8-8　线程特性

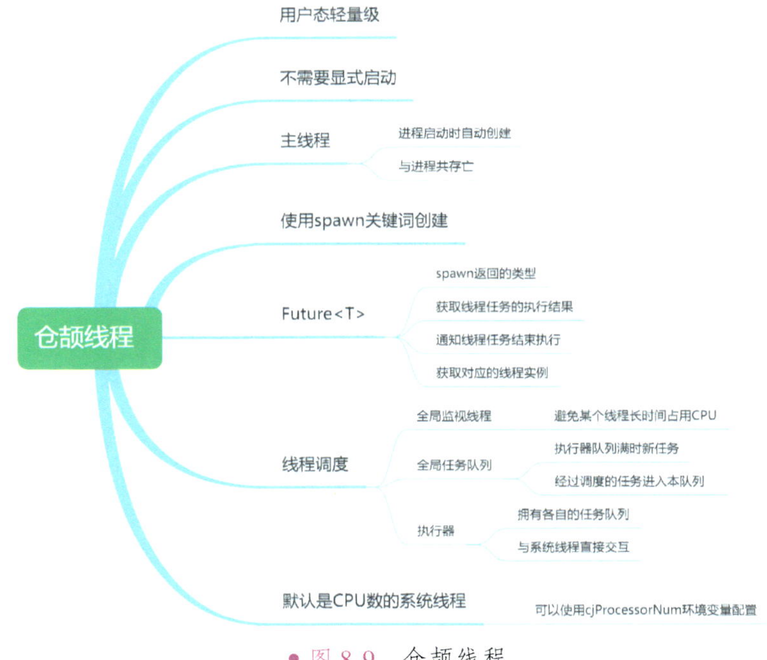

● 图 8-9　仓颉线程

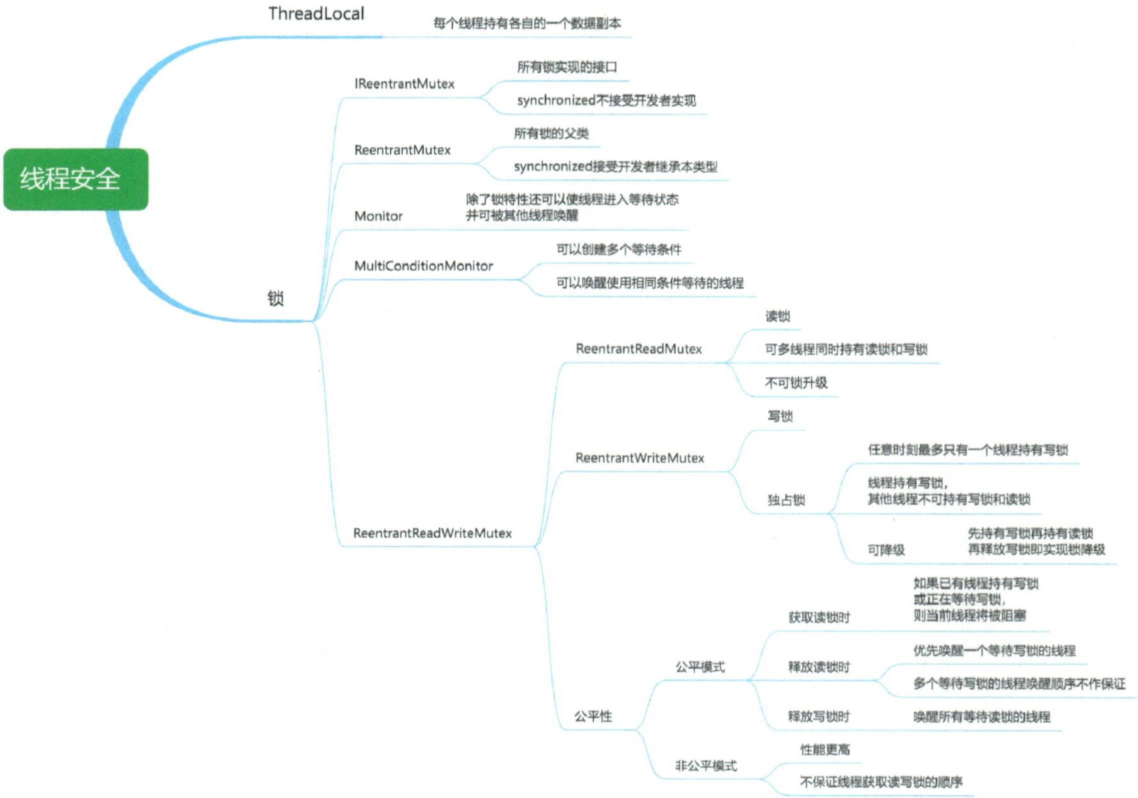

线程安全
ThreadLocal
每个线程持有各自的一个数据副本
锁
IReentrantMutex
所有锁实现的接口
synchronized不接受开发者实现
ReentrantMutex
所有锁的父类
synchronized接受开发者继承本类型
Monitor
除了锁特性还可以使线程进入等待状态
并可被其他线程唤醒
MultiConditionMonitor
可以创建多个等待条件
可以唤醒使用相同条件等待的线程
ReentrantReadWriteMutex
ReentrantReadMutex
读锁
可多线程同时持有读锁和写锁
不可锁升级
ReentrantWriteMutex
写锁
独占锁
任意时刻最多只有一个线程持有写锁
线程持有写锁，
其他线程不可持有写锁和读锁
可降级
先持有写锁再持有读锁
再释放写锁即实现锁降级
公平性
公平模式
获取读锁时
如果已有线程持有写锁
或正在等待写锁，
则当前线程将被阻塞
释放读锁时
优先唤醒一个等待写锁的线程
多个等待写锁的线程唤醒顺序不作保证
释放写锁时
唤醒所有等待读锁的线程
非公平模式
性能更高
不保证线程获取读写锁的顺序

● 图 8-10　线程安全

其他并发控制类型
Timer
定时器
按指定的时间间隔
和执行次数或时长
执行定时任务
Semaphore
信号量
初始化一定数量的信号
获取指定数量的信号
得以继续执行否则阻塞
完成任务必返还信号
SyncCounter
倒计数
计数到零时唤醒等待的线程
Barrier
协调多个线程在屏障点等待
达到初始化时指定的线程数唤醒全部等待的线程

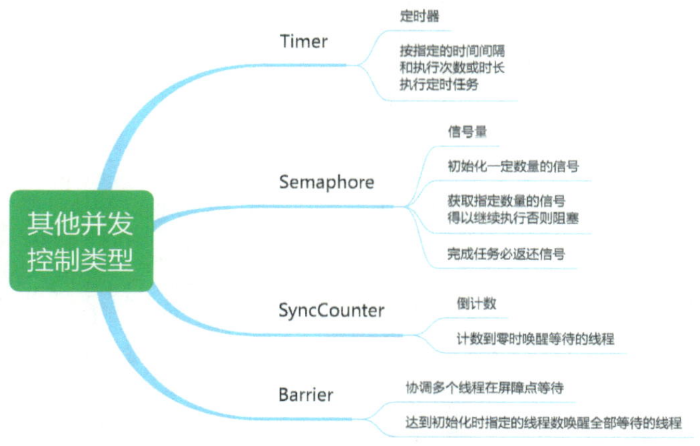

● 图 8-11　其他并发控制类型

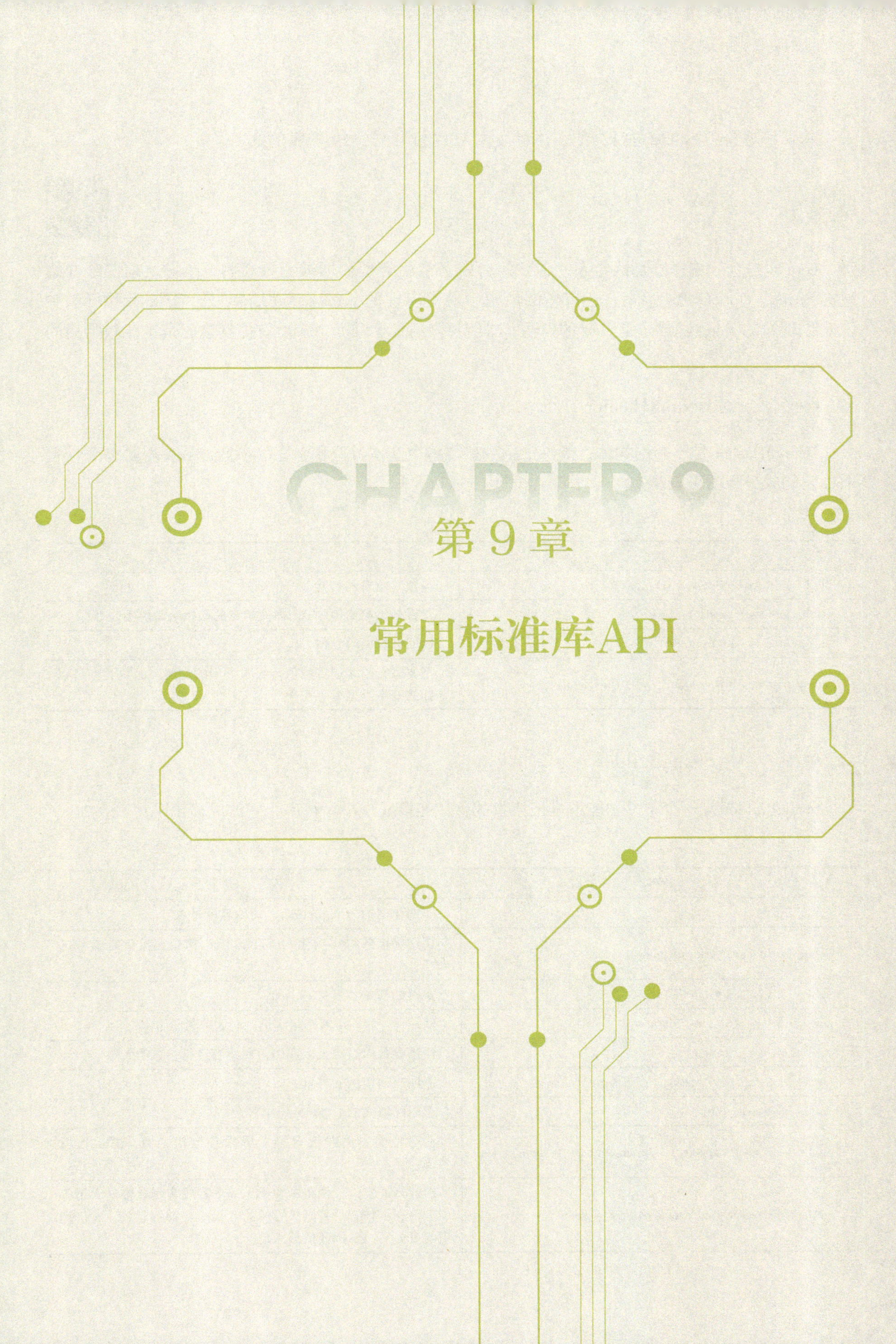

CHAPTER 9

第 9 章

常用标准库API

本章将对仓颉标准库进行介绍，并对某些 API 提供比文档更丰富的细节。

9.1 core

core 包是仓颉编译器默认导入的包，包含许多常用类型和顶级函数声明，比如之前已经介绍过的 String、Option<T>、Any，还有样例代码中最常出现的 println 函数，以及“第 8 章并行与并发”出现过的 sleep 函数也是 core 的声明。本节将介绍几个前面章节没有提到过但是也比较常用的类型。

9.1.1 DefaultHasher

DefaultHasher 是一个结构体，提供一系列接收单个基本类型和字符串参数，最终得到一个哈希值，它的成员声明见表 9-1。

表 9-1 DefaultHasher

API	说 明
public init(res!: Int64 = 0)	参数是哈希的初始值
public mut func reset(): Unit	重置初始哈希值为 0，即使指定的初始哈希值不是 0
public func finish(): Int64	返回计算的哈希值
public mut func write(value: ..): Unit	把要进行哈希运算的值传入本类型的实例，参数类型可以是任意基本类型或字符串

9.1.2 StringBuilder

StringBuilder 是一个类，功能就是把接收的参数连接成一个字符串，它的成员声明见表 9-2。

表 9-2 StringBuilder

API	说 明
public init()	实例化空的 StringBuilder，初始容量是 32
public init(value: Array<Rune>)	使用字符数组实例化 StringBuilder，初始容量就是参数的大小
public init(capacity: Int64)	实例的初始容量是 capacity
public init(r: Rune, n: Int64)	使用 n 个字符 r 填充新实例，初始容量是 n
public init(str: String)	使用参数内容填充新实例，初始容量是参数的大小
public prop capacity: Int64	返回当前实例的容量
public prop size: Int64	返回已填充的 UTF8 字符字节数
public func reset(capacity!: Option<Int64> = None): Unit	清空当前实例并把容量重置为参数指定值，默认重置为 32
public func reserve(additional: Int64): Unit	扩容当前实例，如果参数小于等于零或者剩余容量大于等于参数，不扩容；否则扩容后的容量是当前容量的 1.5 倍和当前 size + additional 的最大值

（续）

API	说　明
public func append(v: ..): Unit public func append<T>(v: T): Unit where T <: ToString public func appendFromUtf8(v: Array<Byte>): Unit	在实例末尾追加 v.toString()，参数是任意基本类型、字符串、StringBuilder、实现了 ToString 接口的类型、UTF-8 字节数组
public func toString(): String	本类型实现了 ToString 接口，本函数返回使用当前实例构造的字符串

9.1.3 Box<T>

Box<T>可以把任意类型包装为一个引用类型，而不必在赋值、传参、函数返回时发生值深度复制。它的声明如下。

```
public class Box<T> {
    public var value: T
    public init(v: T)
}
```

本类型泛型实参可以是任意类型。笔者用得比较多的一种情况是标准库没有为结构体提供原子类型操作，如果需要对结构体进行 AtomicReference<T>或 AtomicOptionReference<T>这类操作就捉襟见肘了。这时只能使用 Box<T>对结构体实例做一次包装，这样就可以把结构体实例保存到以上原子类型实例了。比如下面的做法。

```
public struct A{}
let atomic = AtomicOptionReference<Box<A>>()
atomic.store(Box<A>(A()))
atomic.swap(Box<A>(A()))
```

9.1.4 Duration

对时间长度做比较或加减乘除是比较常见的操作，Duration 类型用来描述一段时间的长度，它的声明如下。

```
public struct Duration <: ToString & Hashable & Comparable<Duration> {
    public static const Min: Duration
    public static const Max: Duration
    public static const Zero: Duration
}
```

具体应用示例，见程序 9-1。

程序清单 9-1：009/duration.cj

```
main(){
    println(Duration.Max)//106751991167300d15h30m7s999ms999us999ns
    println(Duration.Min)//-106751991167300d15h30m8s
    println(Duration.Zero)//0s
}
```

上面代码的注释是那行代码在控制台的输出，其中 d、h、m、s、ms、us、ns 分别表示的时间单位是天、小时、分钟、秒、毫秒、微秒、纳秒。从以上代码可以看到 Duration 的最大时间单位是天。

为了方便操作 Duration，重载了加、减、乘、除操作符，声明如下。

```
//两个 Duration 相加
public operator func +(r: Duration): Duration
//两个 Duration 相减
public operator func -(r: Duration): Duration
//返回的 Duration 实例是当前 Duration 时长的 r 倍
public operator func * (r: Int64): Duration
//返回的 Duration 实例是当前 Duration 时长的 r 倍
public operator func * (r: Float64): Duration
//当前实例是返回 Duration 时长的 r 倍
public operator func /(r: Float64): Duration
//返回当前实例与参数的倍数
public operator func /(r: Duration): Float64
```

为了方便初始化一个 Duration 实例，Duration 还提供了 1 单位的常量声明，声明如下。

```
public static const day: Duration//1 天
public static const hour: Duration//1 小时
public static const minute: Duration//1 分钟
public static const second: Duration//1 秒
public static const millisecond: Duration//1 毫秒
public static const microsecond: Duration//1 微秒
public static const nanosecond: Duration//1 纳秒
```

根据以上声明，如果我们要表示 2 天 3 小时 25 分钟 10 秒，就可以有如下表达式。

```
let duration = Duration.day * 2 + Duration.hour * 3 + Duration.minute * 25 + Duration.second
* 10
```

既然是表示时间长度的类型，除了可以做四则运算以外，当然也有正负值，也可以比较两个时间长度的大小。

我们还可以把当前实例转化成指定时间单位的整型值，更小时间单位的部分会被忽略。

```
public func toDays(): Int64
public func toHours(): Int64
public func toMinutes(): Int64
public func toSeconds(): Int64
public func toMilliseconds(): Int64
public func toMicroseconds(): Int64
public func toNanoseconds(): Int64
```

提示

Duration.Max 和 Duration.Min 的毫秒值分别超过了 Int64 的最大/最小值，开发时应注意不要溢出，否则会抛出 ArithmeticException。

9.1.5 顶级声明函数

core 包有很多顶级声明函数，本小节只介绍最常用的几个。其中 println 和 print 函数在前面的章节已经多次出现过了，就不再过多介绍了。这两个函数的差别就是 println 在控制台输出参数的字符串表示以后会紧跟着换行，而 print 则不会。

```
public func max<T>(a: T, b: T, others: Array<T>): T where T <: Comparable<T>
public func min<T>(a: T, b: T, others: Array<T>): T where T <: Comparable<T>
```

从参数 a、b、others 中找到最大或最小值。

```
public func refEq(a: Object, b: Object): Bool
```

判断 a、b 两个参数是否绑定同一个实例。

9.2 time

时间相关的类型除了 Duration 在 std.core 包以外，其他的都在 std.time 包，而最重要的类型就是结构体 DateTime。

9.2.1 DateTime 类型及初始化

本小节提到的所有属性和函数都是 DateTime 的成员，为了节省篇幅下面不再赘述。

以下静态属性将获得 1970 年 1 月 1 日零点整的实例。函数 now(TimeZone)得到指定时区的当前时间，默认是系统时区，受操作系统时间影响，如果当前操作系统时间不准确得到的 DateTime 也不准确。函数 nowUTC()返回 UTC 时区的当前时间，同样受操作系统时间影响。

```
public static prop UnixEpoch: DateTime
public static func now(timeZone!: TimeZone = TimeZone.Local): DateTime
public static func nowUTC(): DateTime
```

其中 TimeZone 也是 std.time 下的声明，它有两个静态属性作为预定义值，分别是当前操作系统时区（Local）和 UTC 时区（UTC）。另外，还有以下三种初始化方式。

```
public init(id: String, offset: Duration)
public static func load(id: String): TimeZone
```

对于 Linux、macOS、HarmonyOS 三个操作系统，如果存在环境变量 CJ_TZPATH，则可以使用 load 函数从这个环境变量指向的路径中查找时区 ID 文件，我们可以用英文冒号分割多个时区路径。对于 Windows，设置这个环境变量之前需要下载时区文件（下载链接：https://www.iana.org/time-zones）并编译，然后才可以使用这个函数。

public static func loadFromPaths(id: String, tzpaths: Array<String>): TimeZone 也可以不指定环境变量，把时区路径作为参数传入进来。对于 Linux，第二个参数一般情况应是'/usr/share/zoneinfo'。

public static func loadFromTZData(id: String, data: Array<UInt8>): TimeZone 也可以把符合 IANA 格式的时区文件数据读到字节数组作为参数传到这个函数。Linux 的 zoneinfo 目录下的时区文件就

是这个格式。

三个函数必须按照正确的格式指定时区 ID，否则会抛异常。关于时区 ID，如果读者使用 Linux，可以参考路径/usr/share/zoneinfo 下面的子目录和文件，这个目录下面的文件或者子目录名和子目录下的文件名用/连起来构成时区 ID，比如这个目录下面的 Turkey 就是土耳其时区 ID，而这个目录下的子目录 Asia 和子目录下的 Shanghai 构成中国东八区，即 Asia/Shanghai。

```
public static func of(
    year!:Int64,
    month!:Int64,
    dayOfMonth!:Int64,
    hour!:Int64 = 0,
    minute!:Int64 = 0,
    second!:Int64 = 0,
    nanosecond!:Int64 = 0,
    timeZone!: TimeZone = TimeZone.Local
): DateTime
public static func of(
    year!:Int64,
    month!: Month,
    dayOfMonth!:Int64,
    hour!:Int64 = 0,
    minute!:Int64 = 0,
    second!:Int64 = 0,
    nanosecond!:Int64 = 0,
    timeZone!: TimeZone = TimeZone.Local
): DateTime
public static func ofUTC(
    year!:Int64,
    month!:Int64,
    dayOfMonth!:Int64,
    hour!:Int64 = 0,
    minute!:Int64 = 0,
    second!:Int64 = 0,
    nanosecond!:Int64 = 0
): DateTime
public static func ofUTC(
    year!:Int64,
    month!: Month,
    dayOfMonth!:Int64,
    hour!:Int64 = 0,
    minute!:Int64 = 0,
    second!:Int64 = 0,
    nanosecond!:Int64 = 0
): DateTime
```

上面四个函数按指定的年、月、日、时、分秒、毫秒、时区，初始化一个 DateTime 实例，其中 ofUTC 函数指定的是 UTC 时区。

上面有两个重载函数的月份参数类型是 std.time.Month，它是一个枚举，按每个月份的英文全拼声明枚举构造器。

```
public static func ofEpoch(second!: Int64, nanosecond!: Int64): DateTime
```

本函数指定 UNIX 时间戳的秒数和纳秒数创建 UTC 时区的 DateTime 实例。

9.2.2 DateTime 的格式化

当前支持的时间格式标记符见表 9-3。

表 9-3　时间格式标记符

标　记	说　明
a	AM/PM
y	公元年
Y	基于周的年，在年初、年尾时跟公元年会有差异
M	1 位或 2 位数字表示的月份
MM	2 位数字表示的月份
MMM	Jan Feb Mar Apr May Jun Jul Aug Sep Oct Nov Dec
MMMM	January February March April May June July August September October November December
d	用 1 位或 2 位数字表示当前实例月份的日期
dd	用 2 位数字表示当前实例月份的日期，不足 2 位的前面补 0
D	用 1 位、2 位或 3 位数字表示当前实例的年份已过天数
DD	用 3 位数字表示当前实例的年份已过天数，不足 3 位的前面补 0
w	用 1 位数字表示星期已过天数，星期日是 0
ww	用 2 位数字表示星期已过天数，第 1 位永远是 0
www	Sun Mon Tue Wed Thu Fri Sat
wwww	Sunday Monday Tuesday Wednesday Thursday Friday Saturday
W	用 1 位或 2 位数字表示当年已过周数
WW	用 2 位数字表示当年已过周数，不足 2 位的前面补 0
h	12 小时制的小时，h 是 1 位或 2 位小时；hh 是 2 位小时，不足 2 位前面补 0
H	24 小时制的小时，H 是 1 位或 2 位小时；HH 是 2 位小时，不足 2 位前面补 0
m	分钟，m 是 1 位或 2 位分钟；mm 是 2 位分钟，不足 2 位前面补 0
s	秒，s 是 1 位或 2 位秒；ss 是 2 位秒，不足 2 位前面补 0
S	用 3 位毫秒数表示不足 1 秒的时间，不足 3 位的前面补 0
SS	用 6 位微秒数表示不足 1 秒的时间，不足 6 位的前面补 0
SSS	用 9 位纳秒数表示不足 1 秒的时间，不足 9 位的前面补 0
z	时区名
zzzz	用国家的英文缩写表示的时区
Z	距零时区偏移，东八区 Z 格式化为 GMT+08，ZZ 是 GMT+08:00，ZZZ 是 GMT+08:00:00
O	时区偏移量，东八区 O 格式化为+08，OO 或 OOOO 是+08:00，OOO 是+08:00:00
G	公元，公元前是 Before Christ，公元后是 Anno Domini，G 是 A 或 B，GG 是 AD 或 BC，GGG 是全拼。笔者没有试验出公元前

结合以上表格，2024-10-01 00:00:00.000000000 Tue 的格式串就是 yyyy-MM-dd HH:mm:ss.SSS www。另外 DateTime 实现了 ToString 接口，调用空参的 toString( ) 函数会按照格式 RFC3339 格式化，格式化的字符串会在秒后面，以.号分隔去掉结尾 0 的纳秒数，详见程序清单 9-2。

程序清单 9-2：009/time_format.cj

```
import std.time.*
main(){
    let date = DateTime.of(year: 2024, month: 10,
                   dayOfMonth:1)
    //2024-10-01 00:00:00.000000000 Tue
    println(date.toString('yyyy-MM-dd HH:mm:ss.SSS www'))
    println(date)//按 RFC3339 格式化为 2024-10-01T00:00:00+08:00
    println(date + Duration.millisecond)//格式化为 2024-10-01T00:00:00.001+08:00
}
```

按照前面指定的格式串，我们还可以把时间字符串解析成 DateTime 实例，具体如下。

```
public static func parse(str: String): DateTime
public static func parse(str: String, format: String): DateTime
```

第一个 parse 函数按照 RFC3339 解析时间字符串，第二个函数按照指定的格式串解析。所有的时间格式化和解析过程都是把格式串初始化为类 std.time.DateTimeFormat 的实例，它是并发安全的，多线程可以放心地共享一个格式实例。这个类还以静态属性的形式预定义了两个格式，其中一个是 RFC3339（'yyyy-MM-ddTHH:mm:ssOOOO'），另一个是 RFC1123（'www, dd MMM yyyy HH:mm:ss z'）。

9.2.3 DateTime 的计算

以下是 DateTime 的声明。

```
public struct DateTime <: ToString & Hashable & Comparable<DateTime>
```

从声明可知，除了转换为字符串，还可以计算哈希值并与同类型实例做各种比较。此外它还重载了以下三个操作符，两个 DateTime 相减得到用 Duration 表示的两个时间之间的时间差，跟 Duration 相加减得到一个新的 DateTime。

```
public operator func +(r: Duration): DateTime
public operator func -(r: DateTime): Duration
public operator func -(r: Duration): DateTime
```

另外，还有许多函数名以 add 开头的参数是 Int64 的函数，表示在相应时间单位上的增加时长，比如 public func addDays（n: Int64）: DateTime 就是在当前实例上增加 n 天，详见程序清单 9-3。

程序清单 9-3：009/time_compute.cj

```
import std.time.*
main(){
    let date = DateTime.now()
    println(date)
    println(date + Duration.day * 7)//增加七天那么长的时间,并不是在日期时间单位上增加七天
```

```
    println(date.addWeeks(1))//日期增加一星期
    //下面几行能更直观地表现这个差异
    println(date.addMonths(1))
    println(DateTime.of(year:2024,month:11,dayOfMonth:1).addMonths(1))
    println(DateTime.of(year:2024,month:2,dayOfMonth:1).addMonths(1))
            println(DateTime.of(year:2024,month:3,dayOfMonth:30)
                    .addMonths(-1))//2024-02-29T00:00:00+08:00
    println(DateTime.of(year:2024,month:3,dayOfMonth:31)
                    .addMonths(-1))//2024-02-29T00:00:00+08:00
    println(DateTime.of(year:2024,month:4,dayOfMonth:30)
                    .addMonths(-1))//2024-03-30T00:00:00+08:00
    println(DateTime.of(year:2024,month:4,dayOfMonth:30)
                    .addMonths(1))//2024-05-30T00:00:00+08:00
}
```

运行上面的代码，可以看到不论大月还是小月，在月份上增加 1 都是只改变了月份；而且对于相邻的大小月，大月最后一天加或减一个月，得到的是小月最后一天。

9.2.4 DateTime 获取各时间单位

DateTime 声明了以各时间单位和时区命名的实例成员属性，得到当前实例以 Int64 表示的相应时间单位的值。比如 public prop hour：Int64，就是得到当前实例的小时数，public prop zone：TimeZone 就是得到当前实例的时区，public prop zoneId：String 就是得到当前实例的时区 ID。具体应用见程序清单 9-4。

程序清单 9-4：009/time_props.cj

```
import std.time.*
main(){
    let now = DateTime.now()
    println('${now.year}-${now.month.toString()[0..3]}-${now.dayOfMonth} ${now.hour}:
${now.minute}:${now.second}.${now.nanosecond} ${now.dayOfWeek.toString()[0..3]}')
    //上一行输出日期字符串:2024-Oct-2 8:17:37.532616770 Wed
}
```

9.2.5 单调时间

单调时间类型的声明如下。

```
public struct MonoTime <: Hashable & Comparable<MonoTime>
```

它只能用来计算哈希值、比较大小，以及与 Duration 和同类型实例相加减。

9.3 math

math 包及其子包 math.numeric 包含了一些基本数学计算函数、舍入规则、小数类型和大整数类型等。

Decimal 是一个结构体表示的小数类型，可以指定小数位数和舍入精度，类型声明如下。

```
public struct Decimal <: Comparable<Decimal> & Hashable & ToString {
    public prop precision: Int64//返回小数精度,整数部分的位数
    public prop scale: Int32//返回标度,小数部分的位数
    public init(val: ...)//参数类型可以是全部浮点型、整型和 std.math.numeric.BigInt,或者是表示数值字符串
    public init(val: /* std.math.numberic. */BigInt, scale: Int32)//按照指定的大整数和标度实例化
}
```

本类型支持各种四则运算，并且重载了相应的操作符，具体如下。

```
public operator func +(d: Decimal): Decimal
public operator func -(d: Decimal): Decimal
public operator func *(d: Decimal): Decimal
public operator func **(d: Int64): Decimal
public operator func /(d: Decimal): Decimal
```

除法的商如果是无限小数，会采用 IEEE 754-2019 decimal128 执行舍入。

程序清单 9-5：009/decimal.cj

```
import std.math.numeric.Decimal
main(){
  println(Decimal(1)/Decimal(3))//0.3333333333333333333333333333333333
  println(Decimal(2)/Decimal(3))//0.6666666666666666666666666666666667
}
```

不过，大多数时候我们希望计算除法时，能够返回一个指定标度和舍入模式的值。

```
public func divWithPrecision(d: Decimal, precision: Int64, roundingMode!: RoundingMode = HALF_EVEN): Decimal
计算除法并指定精度和舍入模式。
public func divAndRem(d: Decimal): (BigInt, Decimal)
计算除法返回商和余数。
public func powWithPrecision(n: Int64, precision: Int64, roundingMode!: RoundingMode = RoundingMode.HALF_EVEN): Decimal
计算乘方,指定精度和舍入模式,参数 n 是指数。
public func sqrtWithPrecision(precision: Int64, roundingMode!: RoundingMode = RoundingMode.HALF_EVEN): Decimal
计算开平方。
public func reScale(newScale: Int32, roundingMode!: RoundingMode = HALF_EVEN): Decimal
为当前小数重新指定标度。
```

前面的函数参数 RoundingMode 是一个枚举（也就是舍入模式），它的构造器见表 9-4。

表 9-4　RoundingMode

舍入模式	说　明	1.4	1.5	1.6	2.5	2.500001	-1.4
CEILING	向正无穷舍入	2	2	2	3	3	-1
FLOOR	向负无穷舍入	1	1	1	2	2	-2
UP	向远离零的方向舍入	2	2	2	3	3	-2

（续）

舍入模式	说　明	1.4	1.5	1.6	2.5	2.500001	-1.4
DOWN	向靠近零的方向舍入	1	1	1	2	2	-1
HALF_UP	四舍五入	1	2	2	3	3	-1
HALF_EVEN	四舍六入五凑偶	1	2	2	2	3	-1

提示

在表 9-4 中，前面五个舍入模式读者应该很熟悉了，最后一个可能比较陌生。这个模式在科学、工程、金融领域使用得比较多，它又叫做“银行家舍入”。为了方便读者理解，这里有一首打油诗：四舍六入五考虑，五后非零就进一，五后是零看奇偶，五前是偶应舍去，五前是奇要进一。

9.4 regex

正则表达式是一种文本匹配、切割、替换的规则。仓颉的正则表达式实现不是线程同步的，而是无状态的，因此可以多线程共享一个实例。

9.4.1 常见的正则表达式用法

程序清单 9-6 的代码配合注释，列举了仓颉正则表达式的常用特性。

程序清单 9-6：009/regex.cj

```
import std.regex.*
main() {
    println(Regex('^[a-z]+$').matcher('abcdefg').getString())
    //创建一个匹配只有小写字母、长度至少是 1 的正则表达式
    var reg = Regex('^[a-z]+$')
    //创建一个匹配字母忽略大小写、长度至少是 1 的正则表达式
    reg = Regex('^[a-z]+$', RegexOption().ignoreCase())
    reg = Regex('[a-z]+', RegexOption().ignoreCase())
    //如果字符串匹配正则表达式,会在控制台打印 true
    println(reg.matcher('abcdefg1234').find().isSome())//只要有匹配的子串,就会打印 true
    println(reg.matches('abcdefg1234').isSome())//必须整个字符串匹配,才会打印 true
    reg = Regex(',')
    let arr: Array<String> = reg.matcher('1,2,3,4').split()//切割字符串,用正则表达式作为切割
标记
    println(arr)//[1, 2, 3, 4]
    println(reg.matcher('1,2,3,4').replaceAll(' |'))//1 |2 |3 |4
    let matcher = reg.matcher('1,2,3,4')
    var replaced = reg.matcher('1,2,3,4').replace(' |')//从当前偏移位置起替换第一个匹配到的子串,
并把偏移位向后移到下一个匹配子串
    println(replaced)//1 |2,3,4
    replaced = reg.matcher(replaced).replace(' |')
```

```
        println(replaced)//1 |2 |3,4
        replaced = reg.matcher(replaced).replace(' |')
        println(replaced)//1 |2 |3 |4
        reg = Regex(#'a(\d+([A-Z]+))b'#)
        for(md in reg.matcher('a1234ABCDbxzcva329ZXCWb').findAll() ?? []){//findAll()返回全部匹配的子串元数据
          println('${md.matchStr()}-${md.matchStr(0)}-${md.matchStr(1)}-${md.matchStr(2)}')
          //a1234ABCDb-a1234ABCDb-1234ABCD-ABCD
              //a329ZXCWb-a329ZXCWb-329ZXCW-ZXCW
        }//matchStr()就是matchStr(0),matchStr(group: Int64)返回的是匹配的子串内符合正则表达式的括号包含的子模式
        //group 实参是 0 时是匹配的整个子串,1 是第一对圆括号包含的子模式匹配的子串,2 是第二对圆括号包含的子模式匹配的子串,依此类推
        let m = Regex('a+').matcher('abaabaaa')
        println(m.find(3)?.matchStr())//返回 Some(a),find 的参数是原串的字节偏移量
        println(Regex('a+').matcher('aba+abacada').setRegion(1, 5).split())//[, b, +, b, c, d, ]
        let rule = ##"^(\w+)\s(\d+)*$"##
        let pattern: String = """
    Joe 164
    Sam 208
    Allison 211
    Gwen 171
    John
    """
        let r1 = Regex(rule, RegexOption().multiLine())//多行模式下会逐行匹配 pattern,单行模式什么也匹配不到
        let matcharr = r1.matcher(pattern).findAll() ?? []
        for (md in matcharr) {
            println("${md.matchStr()} ${md.groupNumber()}")
        }
    }
```

9.4.2 常用正则表达式规则

常用正则表达式的规则见表 9-5。

表 9-5　常用正则表达式规则

规　　则	说　　明
^	从字符串开头开始匹配
$	匹配字符串尾。^$匹配空字符串，^a $匹配只有 a 一个字符的字符串
.	匹配任意一个字符
[ ]	匹配方括号内的任意一个或一组字符。[abc] 匹配 abc 任意一个字符，对于连续的字符，可以使用-连接要匹配的字符头尾；[a-z] 匹配任意一个小写字母；[0-9] 匹配 0-9 任意一个数字
[^]	与 [ ] 相反，匹配除方括号内字符的任意字符，例如 [^A-H] 匹配除 A-H 的任意一个字符
+	+前面的正则单元连续出现至少一次，例如^fo+d $会匹配 fod、food、fooood
*	*前面的正则单元连续出现零次或多次，例如^fo*d $会匹配 fd、fod、food、fooood

（续）

规　则	说　明
?	? 前面的正则单元出现零次或一次，例如^fo? d $ 会匹配 fod、fd
( )	圆括号内的正则规则被视为一个单元，也是正则捕获组，正则表达式可以从匹配到的子串中提取出匹配这个组的子串。例如，^f(oo)? d $ 会匹配 food、fd
{m}	m 是一个整数，花括号前面的正则规则需要连续重复 m 次。例如，^fo{2}d $ 会匹配 food
{m,}	花括号前面的正则规则需要连续重复至少 m 次。例如，^fo{2,}d $ 会匹配 food 也会匹配 foooood
{m,n}	花括号前面的正则规则需要连续重复至少 m 次，最多 n 次
|	字符串要么匹配 | 左边的正则规则，要么匹配右边的。| 的优先级低于其他规则，例如^fo|od $ 可以匹配 foabcd 和 xyzod，所以如果希望整个字符串要么匹配 | 左边要么匹配右边，应该使用( )包含，^(fo|od) $ 可以匹配 fo 和 od
\d	匹配所有数字
\D	匹配除数字以外的所有字符
\s	匹配所有空白符，包含空格、\t、\r、\n、退格符、换页符等各种空白字符
\S	匹配所有空白符以外的字符
\w	匹配所有单词字符，即字母数字下划线，等价于 [a-zA-Z0-9_]
\W	匹配除单词字符以外的所有字符，等价于 [^a-zA-Z0-9]

以上只是一些常用的正则表达式特性，还有更多规则请读者查阅 std.regex 包的相关文档。

9.4.3 常用正则 API

正则表达式 Regex 声明如下所示。

```
public class Regex{
  public init(s: String)
  public init(s: String, option: RegexOption)
}
```

前面的例子提到的 RegexOption，它的声明见表 9-6。

表 9-6　RegexOption

正 则 选 项	说　明
public init( )	初始化 NORMAL 模式，Regex（string）相当于 Regex（string，RegexOption( )）
public funcignoreCase( )：RegexOption	开启此模式的正则表达式忽略大小写
public funcmultiLine( )：RegexOption	开启多行模式

类 std.regex.Regex 除了构造函数以外，最常用的函数如下。

```
public func matcher(input: String): Matcher
public func matches(input: String): Option<MatchData>
```

前者会返回一个正则表达式匹配实例可以对匹配结果做更丰富的操作，并且只要不是被^ $ 包含的正则表达式都可以匹配文本内的所有子串，而在多行模式下被^ $ 包含的正则表达式会逐行匹配字符串；而后者要求必须整个字符串完全匹配正则表达式才会返回 Some<MatchData>，不论正则表达式是否被^ $ 包含。类 Matcher 的常用 API 见表 9-7，类 MatchData 的常用 API 见表 9-8。

表 9-7 类 Matcher 的常用 API

API	说　明
public func allCount( ): Int64	返回正则表达式从字符串匹配到的子串总数
public func find( ): Option<MatchData>	首次调用返回第一个匹配的子串，并把偏移量移到匹配到的子串末尾后面一个位置，下次调用返回第二个匹配的子串，依此类推。
public func find (index: Int64): Option < MatchData>	从待匹配字符串的 index 位置处开始查找第一个匹配的子串。所以上面的程序清单返回 Some (a)
public func findAll( ): Option<Array<MatchData>>	返回匹配的全部子串，每个子串一个 MatchData 实例
public func fullMatch( ): Option<MatchData>	匹配整个字符串才返回 Some
public funcmatchStart( ): Option<MatchData>	如果正则表达式匹配字符串头，则返回 Some
public funcregion( ): Position	返回 Matcher 实例当前的匹配位置。返回的实例有 prop start: Int64 和 prop end: Int64 两个属性
public funcresetRegion( ): Matcher	重置开始、结束的位置
public funcresetString(input: String): Matcher	重置待匹配字符串，同时重置、开始结束的位置
public funcsetRegion(beginIndex: Int64, endIndex: Int64): Matcher	重置输入字符串的可搜索范围
public funcsplit( ): Array<String>	把符合正则表达式的子串作为输入字符串的分隔符，把整个输入字符串分割成一个字符串数组。调用此函数时忽略 region
public funcsplit(limit: Int64): Array<String>	把字符串分割成最多 limit 数量的子串
public funcreplace(replacement: String): String	从字符串的当前偏移位起，用 replacement 替换第一个匹配的子串，并把偏移位移到替换后的 replacement 后面
public funcreplace (replacement: String, index: Int64): String	从字符串的 index 位置起，把第一个匹配的子串替换成 replacement，并把偏移位移到替换后的 replacement 后面
public funcreplaceAll(replacement: String): String	从字符串的当前偏移位起，用 replacement 替换所有匹配的子串
public funcreplaceAll(replacement: String, limit: Int64): String	从字符串的当前偏移位起，用 replacement 替换匹配的子串，最多替换 limit 次数

表 9-8 类 MatchData 的常用 API

API	说　明
public funcgroupNumber( ): Int64	如果正则表达式包含捕获组，此函数返回捕获的子串数
public func matchPosition( ): Position	匹配到的子串在原串的位置
public func matchPosition(group: Int64): Position	匹配的子串内参数指定的捕获组在原串的位置，捕获组从 1 开始数；如果参数传 0 等价于重载的无参调用
public funcmatchStr( ): String	返回匹配的整个子串
public funcmatchStr(group: Int64): String	返回匹配的子串内指定捕获组对应的子串

9.5 encoding

encoding 标准库模块提供的 API 为一些常用数据格式之间的转换。encoding 不在 std 模块内，它是一个单独的模块，要使用这个模块的 API，需要按以下方式导入。

```
import encoding.json.*
import encoding.base64.*
import encoding.hex.*
import encoding.url.*
```

9.5.1 json

仓颉不支持泛型的逆变协变，不能利用反射实现泛型类型的实例与 JSON 数据对象之间的转换。因此，在只依赖标准库的情况下，只能硬编程实现二者之间的转换。读者不用再做类似的尝试了，笔者已经为此做过几十次尝试，全部以失败告终。不过，尽管不能在 JSON 对象和仓颉实例之间实现直接转换，却可以借助一些迂回的方式实现。我们可以使用后面章节介绍的仓颉宏，利用宏为仓颉类型插入一些额外的代码实现一个转换接口，并且确保所有参与转换的数据类型都要实现这个转换接口。这个过程比较烦琐，篇幅原因就不在本书做详细介绍了。图 9-1 为 JSON 数据类型的继承关系，它们的声明都在包 encoding.json，JsonValue 可以用它的 asXxx( ) 函数转换成它实际的类型，省去了模式匹配或执行 as 转换运算的烦琐；JsonBool、JsonInt、JsonFloat、JsonString 都有一个 getValue( ) 函数得到具体的仓颉类型值；而 JsonArray 和 JsonObject 还有各自的增加、遍历函数。

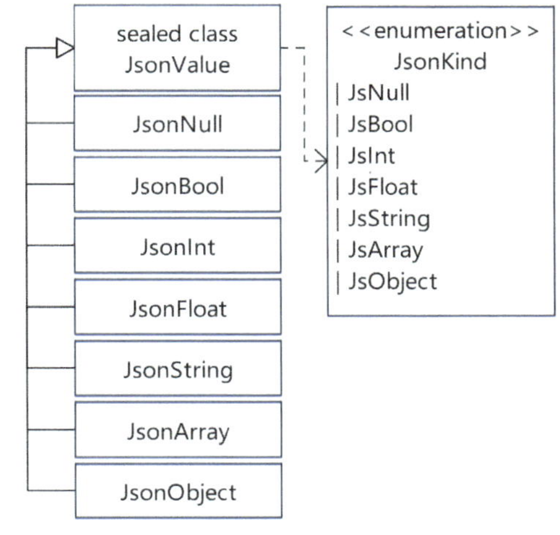

图 9-1 JSON 类型的继承关系

9.5.2 BASE64

BASE64 是一种常用的把二进制数据转换成文本的数据类型，对于只能传输或存储 ASCII 码的场景，这是一种很有用的编码方式，比如电子邮件传输、HTML 内嵌图片等。编码过程是把所有字节分为六比特一组，每一组对应一个 ASCII 字符（分别是大小写字母、数字、+和/），最后凑不齐四个字节的在末尾用=补齐，从而实现用四个字符表示三个字节完成编码。

仓颉包 encoding.base64 提供了用于 BASE64 编解码的顶级声明函数，见表 9-9。

表 9-9　BASE64

API	说　明
public func fromBase64String(data: String): Option<Array<Byte>>	解码 BASE64 字符串为字节数组
public func toBase64String(data: Array<Byte>): String	编码字节数组为 BASE64 字符串

9.5.3 HEX

仓颉包 encoding.hex 做了跟 BASE64 包差不多的事，差异就在于这个包的 API 把字节数组转换为十六进制字符串，见表 9-10。

表 9-10 HEX

API	说 明
public func fromHexString(data: String): Option<Array<Byte>>	解码 HEX 字符串为字节数组
public func toHexString(data: Array<Byte>): String	编码字节数组为 HEX 字符串

9.5.4 URL

仓颉包 encoding.url 提供了解析和编解码 URL 的能力。关于 URL 的组成如图 9-2 所示。

● 图 9-2 URL 组成

URL 的应用示例，见程序清单 9-7。

程序清单 9-7：009/url.cj

```
import encoding.url.*
main(){
  println(URL.parse('file:///'))
  let url = URL.parse('http://localhost:8080/song/%E6%AD%8C%E5%94%B1%E7%A5%96%E5%9B%BD?singer=%E4%B8%9C%E6%96%B9%E7%BA%A2%E5%90%88%E5%94%B1%E5%9B%A2#playing')
  println(url.scheme)//http
  println('${url.host} ${url.hostName} ${url.port}')// localhost:8080 localhost 8080
  println(url.path)// /song/歌唱祖国
  println(url.rawPath)// /song/%E6%AD%8C%E5%94%B1%E7%A5%96%E5%9B%BD
  println(url.query)// ?singer=东方红歌唱团
  println(url.rawQuery)// ?singer=%E4%B8%9C%E6%96%B9%E7%BA%A2%E5%90%88%E5%94%B1%E5%9B%A2
  println(url.fragment)// #playing
}
```

以上代码用到的 API 解释见表 9-11。

表 9-11 URL 的 API

API	说 明
public static func parse (rawUrl: String): URL	把字符串解析为 URL 实例
public propscheme: String	URL 协议
public prophost: String	主机名和端口
public prophostName: String	主机名
public propport: String	端口号
public proprawPath: String	解码前的路径
public proppath: String	解码后的路径

（续）

API	说　明
public proprawPath: String	解码前的查询参数
public propquery: String	解码后的查询参数
public proprawFragment: String	解码前的锚点
public propfragment: String	解码后的锚点
public propqueryForm: Form	查询参数解析为 Form 实例，可以对查询参数做增删改查

9.6 convert

仓颉包 std.convert 只有一个接口，声明如下。

```
public interface Parsable<T> {
    static func parse(value: String): T
    static func tryParse(value: String): Option<T>
}
```

实现或扩展这个接口的类型把函数参数转换成泛型类型 T 的实例，如果不能完成转换 parse 函数会抛出异常，tryParse 会返回 None<T>。标准库为各种标准类型提供了这个接口的扩展。

9.7 压缩

仓颉的压缩 API 由模块 compress 提供。这个模块实现了 deflate-raw 和 gzip 两种压缩格式，同时提供快速、默认、高压缩率三个压缩级别，分别由以下两个枚举决定压缩格式和压缩级别，见表 9-12。

表 9-12　压缩格式与压缩级别

压缩格式 WrapType	
DeflateFormat	defalte-raw
GzipFormat	gzip
压缩级别 CompressLevel	
BestCompression	压缩率最高，压缩速度最慢
BestSpeed	压缩速度最快，压缩率最低
DefaultCompression	默认压缩级别，平衡压缩率和压缩速度

9.7.1 压缩流

仓颉采用流的方式实现压缩，分别有压缩输入流（CompressInputStream）和压缩输出流（CompressOutputStream）。前者从数据源输入流读到数据，完成压缩再写到参数字节数组里；后者把参数字节数组的数据压缩后，再写到目标输出流。它们的声明分别如下。

```
public class CompressInputStream <: InputStream {
    public init(inputStream: InputStream,//待压缩数据的来源
                //压缩格式
                wrap!: WrapType = DeflateFormat,
                //压缩级别
                compressLevel!: CompressLevel = DefaultCompression,
                bufLen!:Int64 = 512)//流缓冲区大小
}
public class CompressOutputStream <: OutputStream {
    public init(outputStream: OutputStream,//压缩后数据的去处
                //压缩格式
                wrap!: WrapType = DeflateFormat,
                //压缩级别
                compressLevel!: CompressLevel = DefaultCompression,
                //流缓冲区大小
                bufLen!:Int64 = 512)
}
```

关于压缩流的工作过程，如图 9-3 所示。

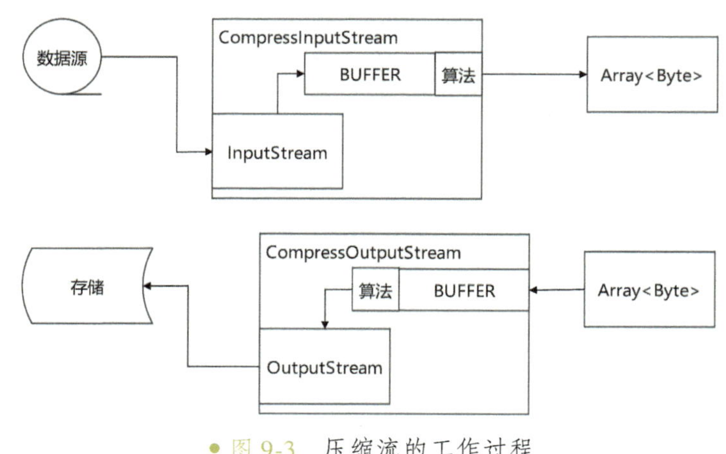

图 9-3 压缩流的工作过程

9.7.2 解压缩

解压缩也有一对解压缩输入流（DecompressInputStream）和解压缩输出流（DecompressOutputStream）。前者从数据源输入流读到压缩数据，再把解压缩后的数据写到参数字节数组；后者把参数字节数组的压缩数据解压缩后写到目标输出流。这两个类的构造函数声明和执行过程与压缩流一样，不再赘述。

9.8 安全

模块 crypto 提供常用签名与加密算法，以及一个用于加密安全的伪随机类型 SecureRandom。

9.8.1 摘要

模块 crypto 提供了 MD5、SHA1、SHA224、SHA256、SHA384、SHA512、SM3 等摘要算法，它们都实现了接口 std.crypto.digest.Digest，而且都支持 HMAC 算法。

9.8.2 Digest 实现

现在支持以下几种实现。

```
public class MD5 <: Digest
public class SHA1 <: Digest
public class SHA224 <: Digest
public class SHA256 <: Digest
public class SHA384 <: Digest
public class SHA512 <: Digest
public class SM3 <: Digest
```

这几种签名算法的签名和验签的 API 都是一样的，只是类名不同。程序清单 9-8 以 MD5 为例，介绍它们的使用方式。

程序清单 9-8：009/digest.cj

```
import crypto.digest.MD5
main(){
    let data = 'helloworld'.toArray()
    let md5 = MD5()//其他签名算法也是一样的做法,只是把这一行的类名换一下
    md5.write(data)
    let sign = md5.finish()
    //sign 就是签名的结果,验签过程就是用原始数据重新计算一遍签名,两次签名比较相等性
    println(sign)
}
```

9.8.3 HMAC

HMAC 算法也实现了 std.crypto.digest.Digest，因此跟前面几种摘要算法的使用是一样的，只是初始化略有差异。程序清单 9-9 仍以 MD5 为例，介绍 HMAC 的使用方法。由于摘要 API 完全一样，下面只展示初始化方式，完整代码请参考代码文件。

程序清单 9-9：009/hmac.cj

```
let hmac = HMAC(key, HashType.MD5)
let hmac = HMAC(key){MD5()}
```

提示

以上两种初始化方式都可以。值得注意的是，HMAC 只支持 crypto.digest 包提供的实现。HMAC 是一种需要签名密钥的算法，即上面例子里的 key，密钥可以是任意长度的字节数组，但是建议不小于所选 HashType 算法的摘要长度。

9.8.4 对称加密

仓颉现在只支持 SM4 一种对称加密算法，具体用法如程序清单 9-10 所示。

程序清单 9-10：009/sm4.cj

```
import crypto.crypto.*
let (key, iv) = {=>
  let random = SecureRandom()
  (random.nextBytes(16), random.nextBytes(16))
}()
//key 和 iv 必须是 16 字节
main() {
    var plains = "hello cangjie!"
    var sm4 = SM4(OperationMode.CBC, key, iv: iv)
    var enRe = sm4.encrypt(plains.toArray())
    var dd = sm4.decrypt(enRe)
    println(String.fromUtf8(dd))
}
```

9.8.5 不对称加密与签名

仓颉现在支持椭圆曲线签名算法（ECDSAPrivateKey、ECDSAPublicKey）、SM2 算法（SM2PrivateKey、SM2PublicKey）和 RSA 加密与签名算法（RSAPrivateKey、RSAPublicKey）。目前椭圆曲线算法只支持签名和验签，而 RSA 和 SM2 支持加密、解密和签名、验签，相关实现都在 crypto.keys 包。由于相关 API 相对一致，而且 RSA 的用法是最复杂的，下面着重以 RSA 为例介绍相关 API。

私钥和公钥构造函数如下。

```
//初始化私钥实例,每次实例化都会创建一个全新的私钥,bits 是比特位
public init(bits: Int32)
//BigInt 是 std.math 包的类型,椭圆曲线算法没有这个构造函数
public init(bits: Int32, e: BigInt)
//初始化公钥实例,必须先有私钥,才能由私钥计算得到公钥,而不能从公钥计算得到私钥
public init(pri: RSAPrivateKey)
```

生成密钥后，我们希望能够重复使用，于是有如下函数声明。

```
public override func encodeToDer(): DerBlob
public func encodeToDer(password!: ?String): DerBlob
public override func encodeToPem(): PemEntry
```

其中 DerBlob 和 PemEntry 是包 crypto.x509 内声明的结构体。DerBlob 的 body 属性返回密钥的字节序列，它的构造函数可以用这个字节序列做参数完成初始化。PemEntry 的 encode( ) 函数返回密钥的字符串表示。得到了这两个实例，就可以把密钥保存下来了。

我们可以用下列函数从字节序列或字符串初始化密钥。

```
public static func decodeDer(blob: DerBlob): RSAPrivateKey
public static func decodeDer(blob: DerBlob, password!: ?String): RSAPrivateKey
```

```
public static func decodeFromPem(text: String): RSAPrivateKey
public static func decodeFromPem(text: String, password!: ? String): RSAPrivateKey
```

password 就是对密钥执行 encodeDer 时指定的密码，PemEntry 包含了 DerBlob。

程序清单 9-11 演示了 RSA 的加解密和签名验签的用法。

程序清单 9-11：009/rsa.cj

```
import crypto.keys.*
import crypto.digest.*
import std.io.*
import std.crypto.digest.*
main() {
    let rsaPri = RSAPrivateKey(2048)
    let rsaPub = RSAPublicKey(rsaPri)
    let str: String = "hello world, hello cangjie"
    let bas1 = ByteArrayStream()
    let bas2 = ByteArrayStream()
    let bas3 = ByteArrayStream()
    bas1.write(str.toArray())
    //加解密开始
    let encOpt = OAEPOption(SHA1(), SHA256())
    rsaPub.encrypt(bas1, bas2, padType: OAEP(encOpt))//加密。
    let encOpt2 = OAEPOption(SHA1(), SHA256())
    rsaPri.decrypt(bas2, bas3, padType: OAEP(encOpt2))//解密
    let buf = Array<Byte>(str.size, repeat:0)
    bas3.read(buf)
    if (str.toArray() == buf){
        println("success")
    }else {
        println("fail")
    }
    //加解密结束
    //签名、验签开始
    let sha = SHA512()
    let md = digest(sha, str)
    let sig = rsaPri.sign(sha, md, padType: PKCS1)//签名
    if (rsaPub.verify(sha, md, sig, padType: PKCS1)){//验签
        println("verify successful")
    }
    //签名、验签结束
}
```

> **提示**
>
> 目前 RSA 加解密依赖的摘要算法可以是 crypto.digest 包内的实现。

警告 目前 RSA 签名与验签有以下三点需要注意。

1）依赖的摘要算法不支持 SM3，其他实现都支持。

2）padType 参数只支持 PKCS1。

3）以上两点是基于笔者写作时的版本测试所得，由于仓颉仍然在快速演化，以后的版本可能会有变化。

padType 参数的类型是 crypto.keys.PadOption，它的声明如下。

```
public enum PadOption {
    |OAEP(OAEPOption) |PSS(PSSOption) |PKCS1
}
public struct OAEPOption {
    public init(hash: Digest, mgfHash: Digest, label!: String = "")
}
public struct PSSOption {
    public init(saltLen: Int32)
}
```

按照文档的描述，PKCS1 是普通填充模式，可以用于加密、解密、签名、验签。OAEP 是最优非对称加密填充，只能用于加密、解密。PSS 是概率签名方案，只能用于签名和验签，PSSOption 接收一个 Int32 表示随机盐长度，取值范围大于 0 小于等于 RSA 密钥字节数-摘要字节数-2（比如 RSAPrivketKey（1024），私钥字节长度就是 128；指定摘要是 SHA512，得到的摘要字节数就是 64，128-64-2=62，如果采用 PSS 签名，PSSOption 的最大值应是 62，上面的签名参数可以改为 rsaPri.sign(sha, md, padType: PSS(PSSOption(62))))。

RSA 的加密、解密函数需要指定明文输入流和密文输出流，还要求 PadOption，而签名、验签函数需要指定摘要算法实例、摘要字节数组和 PadOption。除此之外，验签还要求提供签名字节数组。不过 SM2 和 ECDSA 要简单许多。

SM2 仍然是公钥加密、私钥解密，函数声明如下。

```
public func decrypt(input: Array<Byte>): Array<Byte>
public func encrypt(input: Array<Byte>): Array<Byte>
```

加密函数接收明文字节数组，返回密文字节数组；解密函数接收密文字节数组，返回明文字节数组。

SM2 和 ECDSA 同样是私钥签名、公钥验签，函数声明如下。

```
public func sign(data: Array<Byte>): Array<Byte>
public func verify(data: Array<Byte>, sig: Array<Byte>): Bool
```

签名函数接收明文字节数组，返回签名字节数组；验签函数接收明文和签名字节数组，返回验签结果。

9.9 进程的特性

本节将介绍仓颉进程相关的特性，相关 API 分布在 std.process 包（这个包有几个顶级声明函数，用于获取当前工作目录、操作环境变量、获取 CPU 核数等）和 std.console 包（这个包是对控制台输入输出的包装，它的 API 特性跟 std.process 包有重叠又不完全一样）。

本节将着重介绍 std.process 包。后面的章节将介绍由仓颉项目编译的应用程序初始化运行时的各种进程初始化方式，包括借助环境变量相关的 API 完成初始化。posix 特性过于烦琐，而且除非是开发特定场景的应用软件，一般也不会用到，有兴趣的读者可以自行查阅相关文档。

9.9.1 Process

进程是应用软件的基本运行单元，是线程的容器，是操作系统区分、隔离不同应用软件的基本概念。操作系统以进程为单位管理、调度系统资源，确保应用软件不会访问到错误的系统资源，也不会错误地使用系统资源，以及不会干扰其他应用软件运行。当然。操作系统并不能绝对保证这些，有些进程会突破操作系统的限制，而我们通常把它们称为计算机病毒。

前面的章节已经介绍过线程和协程，图 9-4 为进程、线程、协程三者之间的关系。

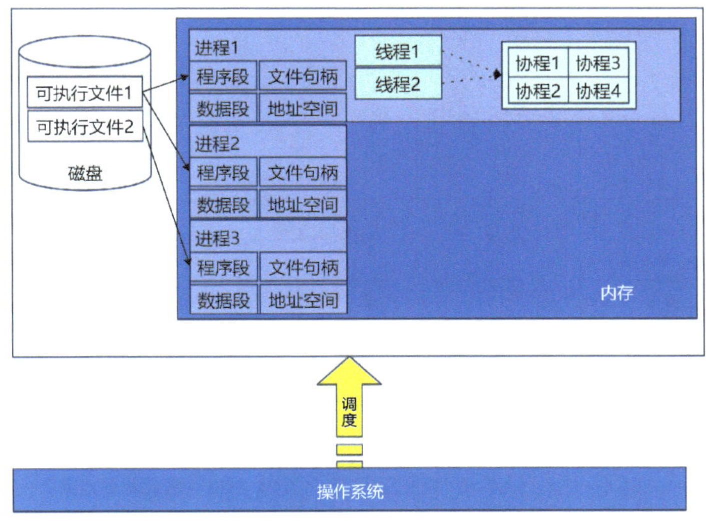

图 9-4　进程、线程、协程

std.process.Process 是一个类，这个类的几个 API 在 Windows 的非特权 API 下暂时不能支持，它们都将在表 9-13 中用橙色背景标识。另外，由于这些限制，本小节的代码都在 Linux 下运行。Process 类的 API 介绍见表 9-13。另外有几个 API 与它的子类有关，将在后面的小节介绍。

表 9-13　Process

API	说　明
public prop arguments: Array<String>	获取进程参数
public prop commandLine: Array<String>	获取进程命令行，返回的是启动进程的可执行文件路径和命令行参数。启动时使用相对路径，就输出相对路径，否则是绝对路径
public prop environment: Map<String, String>	获取进程环境变量
public prop workingDirectory: Path	获取进程工作路径，即启动进程的路径
public prop command: String	获取进程命令，返回的是启动进程的可执行文件路径，启动时使用相对路径就输出相对路径，否则是绝对路径

（续）

API	说　明
public prop name：String	获取进程名
public prop pid：Int64	获取进程 ID
public static func of(pid：Int64)：Process	用进程 ID 绑定一个进程实例

提示

使用 Process.of(pid)绑定的进程实例只能做上表指出的这些操作，而对当前进程和当前进程的子进程有更丰富的 API，后面的小节会详细介绍。

9.9.2 CurrentProcess

CurrentProcess 类是 Process 的子类，表示当前进程。let current = Process.current 中的 current 就是当前进程的实例。CurrentProcess 的 API 见表 9-14。

表 9-14　CurrentProcess 的 API

API	说　明
public prop stdErr：OutputStream	得到标准错误输出
public prop stdIn：InputStream	得到标准输入
public prop stdOut：OutputStream	得到标准输出
public func atExit(callback：() -> Unit)：Unit	注册一个回调函数，进程退出时执行，可在任意时刻注册
public func exit(code：Int64)：Nothing	程序运行时，如果需要在某些时机结束进程可以调用此函数。参数是进程退出状态码

在程序清单 9-12 中，我们用几行代码展示上述 API 的执行结果。

程序清单 9-12：009/process.cj

```
import std.process.*
//执行 cjc process.cj -o process && ./process a b c
main(){
  let p = Process.current
  println(p.command)//输出./process
  println(p.commandLine)//输出 ./process a b c
  p.atExit{println('AT EXIT!!! ')}//进程退出时会输出 AT EXIT!!!
}
```

9.9.3 SubProcess

SubProcess 类表示从当前进程启动的子进程，下面是启动子进程的 API，它们都是 Process 的静态函数。

- public static func run(command：String,

  arguments：Array<String>,

```
workingDirectory!: ?Path = None,
environment!: ?Map<String, String> = None,
stdIn!: ProcessRedirect = Inherit,
stdOut!: ProcessRedirect = Inherit,
stdErr!: ProcessRedirect = Inherit,
timeout!: ?Duration = None):Int64
```

启动一个子进程，并返回子进程的结束状态码。

- command 是可执行文件路径。
- arguments 是启动子进程的命令行参数。
- workingDirectory 是子进程工具路径，默认是当前进程工作路径，指定的路径必须存在，不能是空路径，也不能包含空字符。
- environment 是启动子进程的环境变量，这些环境变量仅对这个子进程有效，默认继承当前进程的环境变量。
- stdIn、stdOut、stdErr 是标准输入、标准输出、标准错误输出的重定向模式。
- timeout 是等待返回的超时时间，默认是不超时，如果子进程超时会抛出异常。

ProcessRedirect 的说明见表 9-15。

表 9-15　ProcessRedirect

枚举值	说明
Inherit	子进程的标准流将继承当前进程的标准流。此模式的标准流属性不可读取或写入
Pipe	子进程的标准流将被重定向到管道，当前进程可以使用以此模式启动的子进程的标准流属性读取或写入
FromFile (File)	重定向标准流到指定的文件，文件必须存在、被当前进程打开且未关闭。如果子进程的标准输入被重定向到文件，子进程将从指定文件读取数据；如果子进程的标准输出或标准错误被重定向到文件，标准输出或标准错误的内容将写到文件。这种模式的标准流属性不可读取或写入
Discard	子进程标准流将被丢弃，子进程的标准流属性不可读取或写入

- ```
  public static func runOutput(command: String,
                               arguments: Array<String>,
                               workingDirectory!: ?Path = None,
                               environment!: ?Map<String, String> = None,
                               stdIn!: ProcessRedirect = Inherit,
                               stdOut!: ProcessRedirect = Inherit,
                               stdErr!: ProcessRedirect = Inherit):
                                   (Int64, Array<Byte>, Array<Byte>)
  ```

启动一个子进程，返回进程退出码或被杀死的信号编号、标准输出和标准错误。这个函数不适合标准输出或标准错误有大量数据的子进程。

- ```
  public static func start(command: String,
                           arguments: Array<String>,
  ```

```
workingDirectory!: ?Path = None,
environment!: ?Map<String, String> = None,
stdIn!: ProcessRedirect = Inherit,
stdOut!: ProcessRedirect = Inherit,
stdErr!: ProcessRedirect = Inherit):
    SubProcess
```

启动一个子进程，并返回与这个子进程绑定的 SubProcess 实例。在程序清单 9-13 中，我们将使用代码启动自身当前程序做子进程。代码子进程的标准输入和输出都是 Pipe，不过只有子进程退出以后父进程才能收到，可能是笔者输入的内容不够多，如果输入足够多，大概会有不一样的表现。

程序清单 9-13：009/subprocess.cj

```
import std.process.*
import std.io.{StringReader, StringWriter, InputStream}
main(args: Array<String>){
    let current = Process.current
    println('${current.pid} ${current.commandLine}')
    if(!args.isEmpty() && args[0] == 'sub'){
        println('main pid: ${current.pid}')
        let command = current.command
        let sub = Process.start(command, stdIn: Pipe, stdOut: Pipe)
        spawn{
            for(line in StringReader(sub.stdOut).lines()){
                println('${line}; main pid: ${current.pid}')
                if(line == 'exit'){
                    return
                }
            }
        }
        let subIn = sub.stdIn
        for(line in StringReader(current.stdIn).lines()){
            subIn.write('${line}\r\n'.toArray())
            subIn.flush()
        }
    }else{//sub process
        println('sub pid: ${current.pid}')
        for(line in StringReader(current.stdIn).lines()){
            println('${line} sub: ${current.pid}'.toAsciiUpper())
            if(line == 'exit'){
                return
            }
        }
    }
}
```

> **提示**
>
> SubProcess 的 stdIn 类型是 OutputStream，stdOut 类型 InputStream。刚好跟 CurrentProcess 的同名属性相反。父进程用子进程的 stdIn 向子进程写入数据，子进程就可以从它的标准输入读到父进程向它输入的数据，子进程的标准输出可以被父进程从它的 stdOut 读到。

- public func wait(timeout!: ? Duration = None): Int64

父进程调用本函数等待，直到子进程结束或超时，默认不超时。进程结束时函数返回子进程的退出状态码或被杀死的信号编号。如果子进程超时，会抛出异常。

- public func waitOutput(): (Int64, Array<Byte>, Array<Byte>)

父进程调用本函数等待，直到子进程结束。进程结束时函数返回子进程的退出状态码或被杀死的信号编号，返回的另外两个元素是标准输出和标准错误。

9.10 本章知识点总结和思维导图

本章介绍了标准库常用的 API，除了 std 模块，还介绍了一部分不属于 std 模块的 API，笔者认为这些 API 也很有用。不过随着语言的演化，将来某个时候这些不属于 std 模块的 API 可能会迁移到 std 模块，正在阅读本书的你可能会发现当前使用的版本跟本书介绍的知识有所出入。另外，有些无法直接使用的 API 没有介绍，比如 log 模块。开发者可以基于这个模块开发日志工具库，但是标准库提供的实现使用不够方便，初始化以后只能一个输出流一直用，如果想按日志文件大小或时间切割日志文件，显然标准库实现是做不到的，需要开发日志库，而介绍工具库开发不是本书的目的，这类 API 也就不在本书介绍了。图 9-5～图 9-13 为本章知识要点。

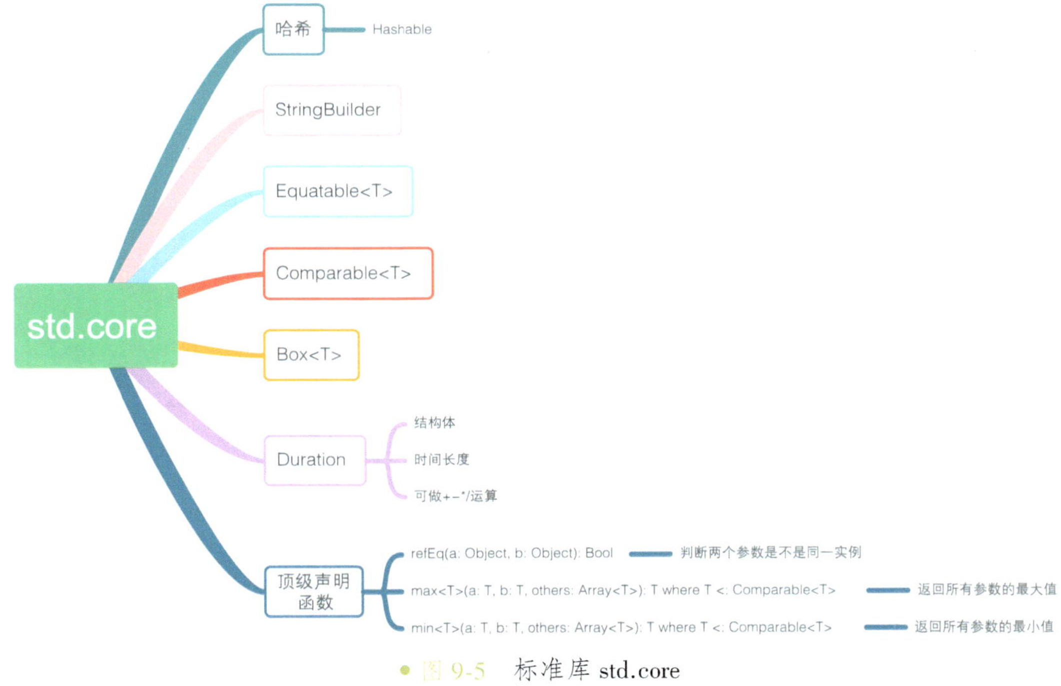

图 9-5 标准库 std.core

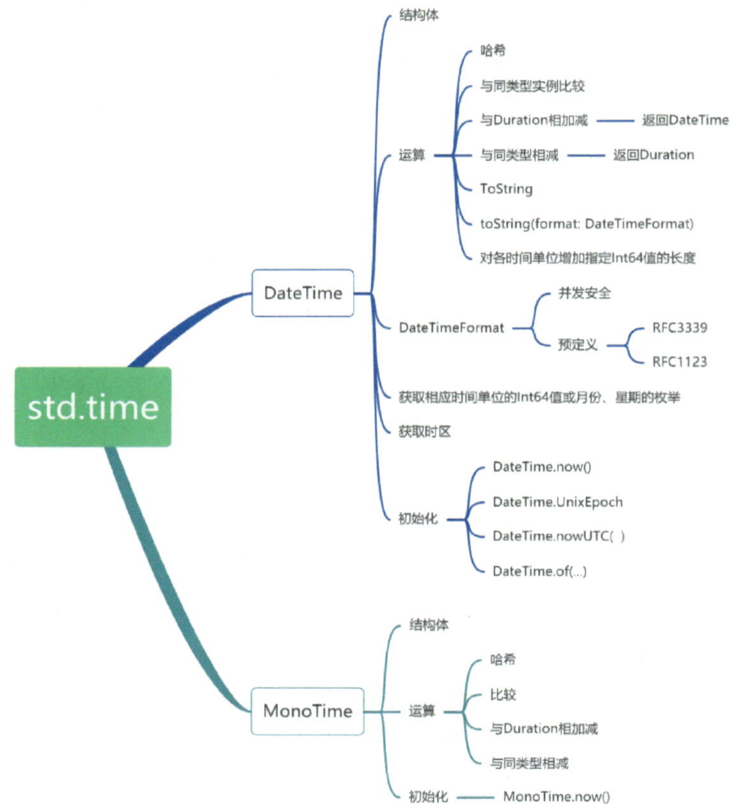

● 图 9-6 标准库 std.time

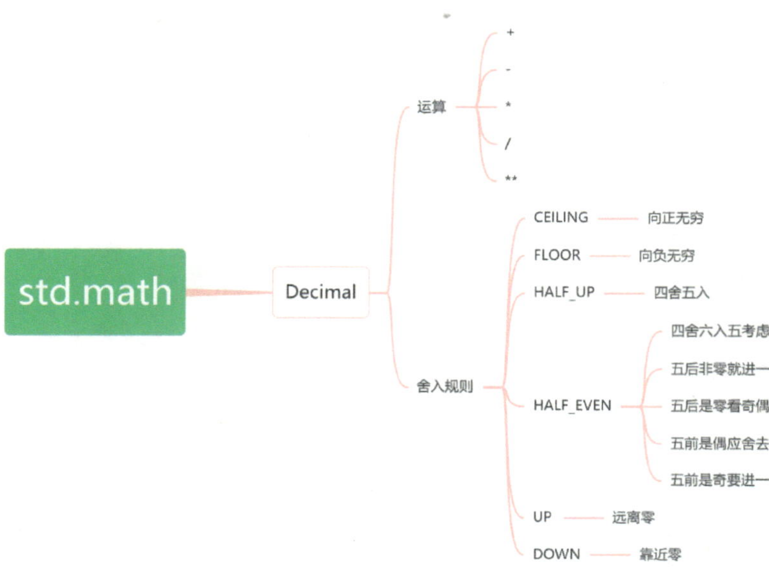

● 图 9-7 标准库 std.math

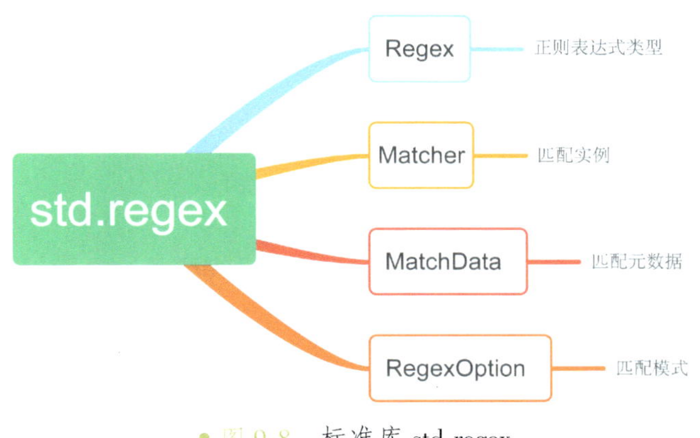

图 9-8　标准库 std.regex

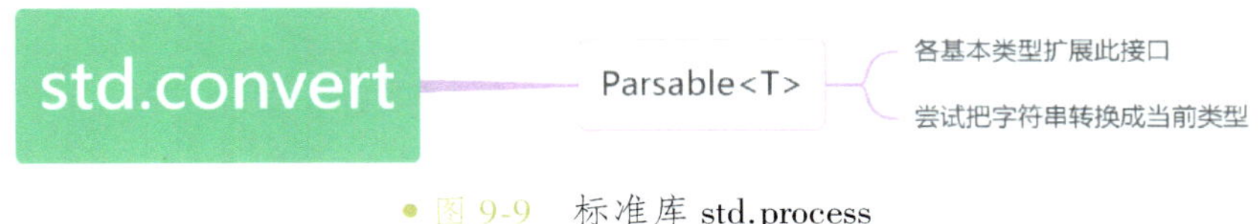

图 9-9　标准库 std.process

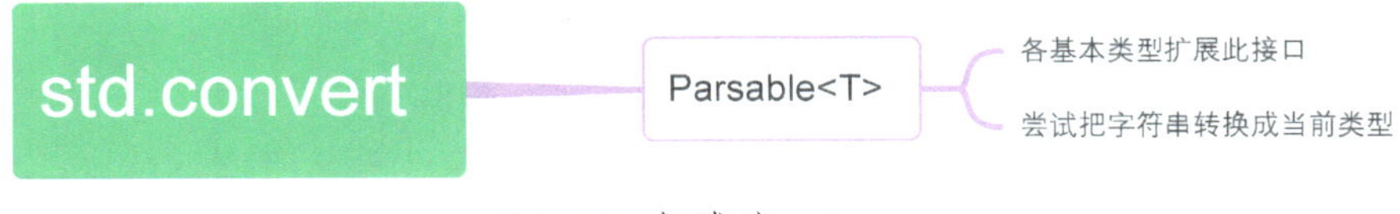

图 9-10　标准库 std.convert

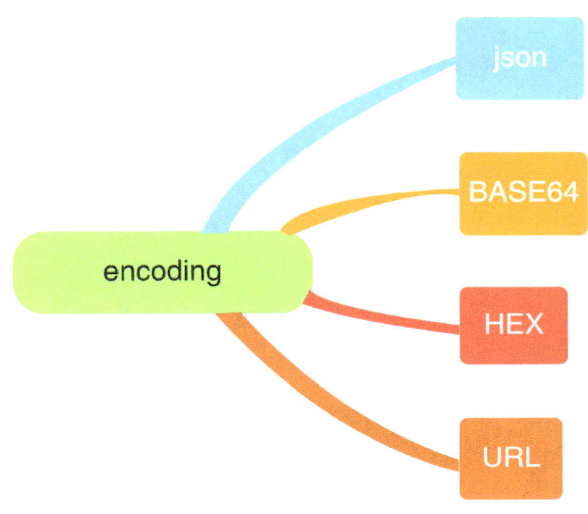

图 9-11　标准库 encoding

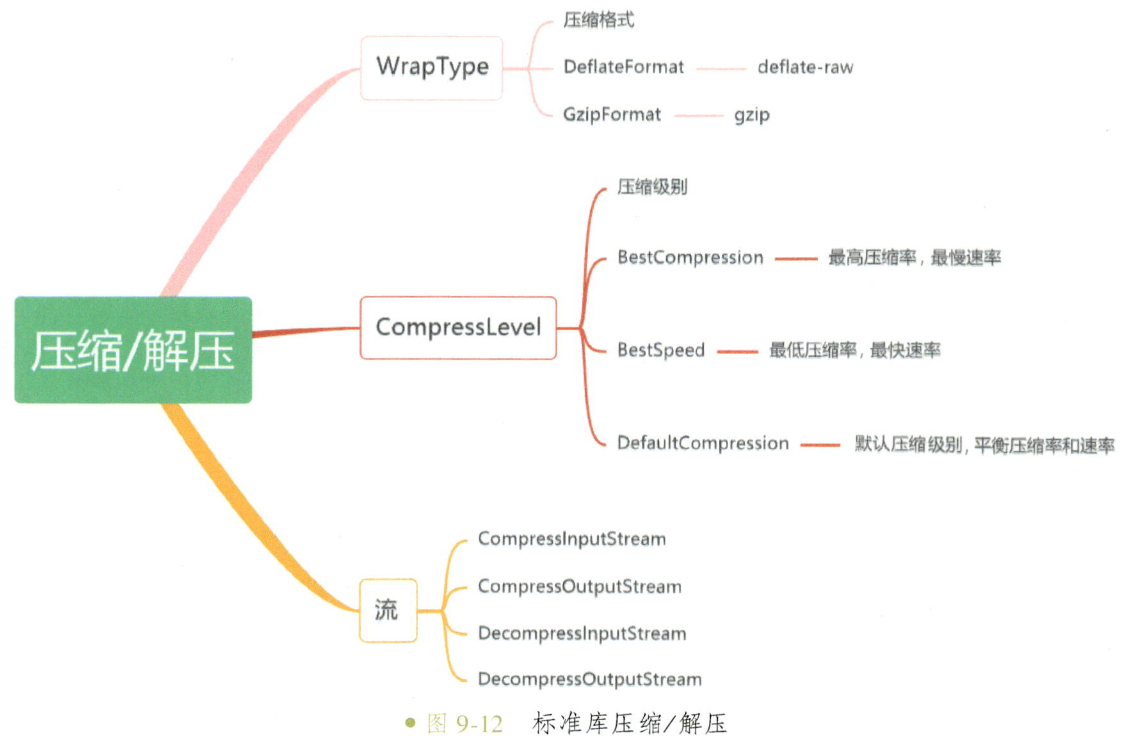

● 图 9-12　标准库压缩/解压

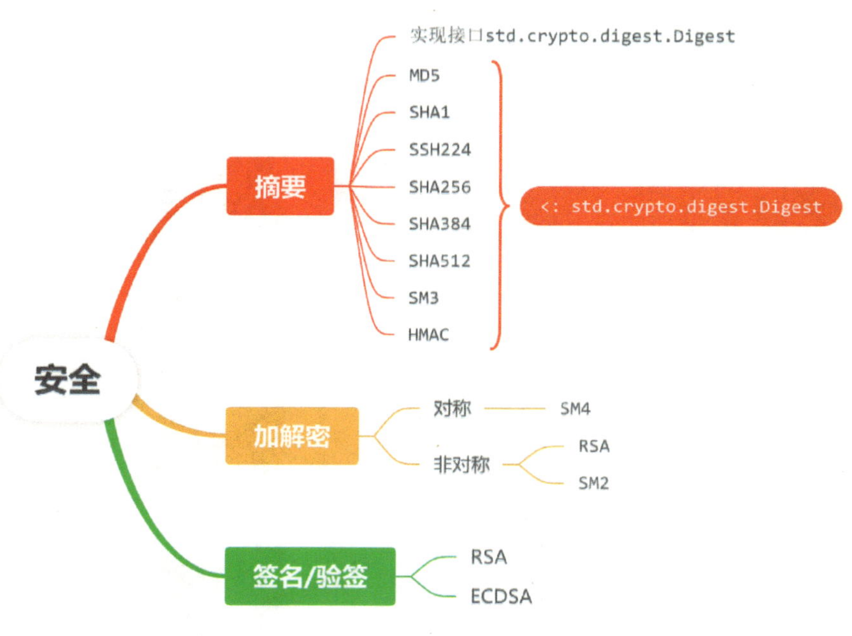

● 图 9-13　标准库安全

CHAPTER 10

第10章

HTTP与数据库

本章要介绍的特性是使用仓颉进行服务器应用开发的重要部分。

本章的前半部分介绍了仓颉的 http API，它属于 net.http 包，注意前面没有 std。上一章已经介绍过一些不属于 std 模块的 API，笔者认为 HTTP 是当今应用最广泛的应用层协议之一，它也是很多编程语言的标准库提供的唯一一个应用层协议实现，以它的重要性值得着重介绍一下。

本章的后半部分介绍了数据库相关的 API，数据库驱动需要实现相关接口，应用代码通过这些 API 访问数据库，与数据库驱动的具体实现相隔离。

10.1 HTTP 服务端

HTTP 相关的 API 分为两部分，分别是客户端和服务器。客户端的 API 相对简单，我们先介绍相对复杂一些的服务器 API。

10.1.1 ServerBuilder/Server

ServerBuilder/Server 提供 http 服务的是 net.http.Server 实例，不过它没有公共构造函数，初始化只能依赖 ServerBuilder。本小节只介绍基本初始化 API，更高级的应用请读者查阅相关文档。ServerBuilder的声明如下。

```
public class ServerBuilder {
    public init()
}
```

它只有一个无参构造器用来实例化，所有初始化 Server 的参数都依赖它的实例成员。以下三个函数用于初始化服务器监听，addr 指定监听的 IP 或主机名、域名，port 指定监听的端口号，或者用 listener 函数指定一个 ServerSocket，调用 listener 以后前两个函数指定的地址和端口号将被忽略。

```
public func addr(addr: String): ServerBuilder
public func port(port: UInt16): ServerBuilder
public func listener(listener: ServerSocket): ServerBuilder
```

下面的函数用于指定请求分发器，每个 http 请求的 URL 路径对应一个请求处理器，如果不调用此函数，ServerBuilder 会使用默认实现。

```
public func distributor(distributor: HttpRequestDistributor): ServerBuilder
```

下面三个函数分别用来指定读请求头超时、读请求超时，以及发送响应超时。这三个时间默认都不做限制。

```
public func readHeaderTimeout(timeout: Duration): ServerBuilder
public func readTimeout(timeout: Duration): ServerBuilder
public func writeTimeout(timeout: Duration): ServerBuilder
```

下面的函数注册服务器启动时的回调函数，在 ServerSocket 实例 bind 之后，accept 之前调用。多次调用会覆盖之前调用注册的回调函数。

```
public func afterBind(f: ()->Unit): ServerBuilder
```

下面的函数指定一个 Server 关闭时的回调函数，多次调用会覆盖之前调用注册的回调函数。

```
public func onShutdown(f: ()->Unit): ServerBuilder
```

在指定了全部初始化参数以后，调用下面的函数就完成了 HTTP 服务器的初始化。

```
public func build(): Server
```

现在可以使用上面介绍的 API 初始化一个 Server 实例了，如程序清单 10-1 所示。

程序清单 10-1：010/server.cj

```
import net.http.*
main() {
    println('http server starting')
    let server /*: Server*/ = ServerBuilder().addr('0.0.0.0').port(8888).build()
    server.distributor.register("/hello",{ctx =>
            ctx.responseBuilder.body("Hello world!")
    })
    println('http server started')
    server.serve()//启动服务
}
```

上面的例子用到了一个 Server 的成员属性 distributor，它返回从 ServerBuilder 注册的 HTTP 请求分发器，声明如下。

```
public prop distributor: HttpRequestDistributor
```

在 Linux 中执行命令 cjc server.cj -o server && ./server，编译并运行以后，打开一个新的命令行窗口执行 netstat -nltap | grep 8888 会看到以下内容，证明已成功运行起来。

```
tcp0        0 0.0.0.0:8888      0.0.0.0:*      LISTEN      5175/./server
```

执行命令 curl -XGET http://localhost:8888/hello，控制台会输出 Hello word!

HTTP 服务已经启动了。不过这个服务相当简陋，为了能够做更多事情，下面要详细介绍 Server 处理请求的关键 API。

10.1.2 HttpRequestDistributor

HttpRequestDistributor 是一个接口，接口声明如下。

```
public interface HttpRequestDistributor {
    func distribute(path: String): HttpRequestHandler
    func register(path: String, handler: (HttpContext) -> Unit): Unit
    func register(path: String, handler: HttpRequestHandler): Unit
}
```

函数 distribute 会被 Server 内部调用，用来查找并返回请求处理器，不需要开发者调用它。两个 register 函数用来注册请求处理器，第一个函数会把闭包包装成 HttpRequestHandler 实例，前面例子中的 server.distributor.register(...)调用的就是这个函数。

net.http 包提供了一个并发不安全的默认实现，这个实现必须在调用 Server 的 serve()函数前完成所有 http 请求处理器的注册。如果开发者希望执行 serve()后还能继续注册 HTTP 请求处理器或者还有覆盖或删除 HTTP 请求处理器的需求，只能提供自己的实现了。另外，当前的请求分发器不支持按 HTTP 请求方法分发请求，也不支持路径参数，这方面的逻辑也需要开发者自己处理。

10.1.3 HttpRequestHandler 与它的实现

HttpRequestHandler 也是一个接口，前面的例子和 API 已经出现过，它的实现是具体的 HTTP 请求逻辑。某些特殊情况，比如未找到路径、重定向、上传文件等都有默认实现。下面是接口声明。

```
public interface HttpRequestHandler {
    func handle(ctx: HttpContext): Unit
}
```

前面刚提到 net.http 提供了几个默认实现用来处理某些特殊情况，下面将逐一介绍。

- FuncHandler

```
public class FuncHandler <: HttpRequestHandler{
    public init(fn: (HttpContext) -> Unit)
}
```

HttpRequestDistributor 有一个函数形参的重载，这个函数会作为 FuncHandler 的构造函数实参实例化 FuncHandler。

- FileHandler

```
public class FileHandler <: HttpRequestHandler {
    public init(path: String,
                handlerType!: FileHandlerType = DownLoad,
                bufferSize!:Int64 = 64 * 1024)
}
```

FileHandler 可以用来完成文件上传、下载，FileHandlerType 是一个枚举，声明如下。

```
public enum FileHandlerType{
    | Download | Upload
}
```

上传文件时，path 必须是已经存在的目录路径；下载文件时，path 是要下载的文件路径。

bufSize 是从网络读取或写入文件的缓冲区大小，如果传入的实参小于 4096，FileHandler 会自动改成 4096。

> **提示**
>
> 从上面的解释可以看出 FileHandler 不够灵活，只能下载当前文件系统中已经存在的文件，不能直接向网络流写入文件数据；而且上传的文件必须保存到指定的目录，不能直接从网络流读取数据在内存中操作上传的文件数据。除了以上限制，还有以下几点需要注意。

1）下载只能使用 GET 请求，上传只能使用 POST 请求，否则会响应 400。

2）一次请求只能上传、下载一个文件。

3）上传文件的 Content-Type 必须是 multipart/form-data; boundary=----××××，其中××××是任

意字母、数字、-、_组成的字符串。

4）上传的文件名在请求头 Content-Disposition：form-data；name="xxx"；filename="xxx"。name 是表单参数名，filename 是上传的文件名。filename 必须存在。

5）如果请求报文不符合 HTTP 标准，会响应 400；如果处理请求过程中发生异常，会响应 500。

以上每一条不全是 HTTP 标准的要求，只是当前的 FileHandler 的限制。标准库还提供了另外几个 HttpRequestHandler 的默认实现，具体介绍如下。

1. NotFoundHandler

NotFoundHandler 只做一件事，就是找不到请求路径对应的请求处理器时会执行它的实例，向请求端响应 404 状态码。

2. OptionsHandler

OptionsHandler 只做一件事，就是当请求方法是 OPTIONS 时，会返回且只返回一个固定的响应头"Allow：OPTIONS，GET，HEAD，POST，PUT，DELETE"。现在 RESTful 风格的 HTTP 接口使用 OPTIONS 获取当前路径支持的请求方法，显然这个类是不能满足这个需求的。

3. RedirectHandler

```
public class RedirectHandler <: HttpRequestHandler {
    public init(url: String, code: UInt16)
}
```

这个实现执行 http 重定向，构造函数的第一个参数是重定向的 http url，第二个参数是响应状态码；按照 HTTP 标准所有的 3xx 状态码都有重定向语义。

读者应该发现了，读取 HTTP 请求头、请求体、请求参数、cookie、发送响应等各种与客户端的交互都依赖类 HttpContext，接下来将着重介绍这个类及相关 API。

10.1.4 读取请求参数

首先我们需要得到表单实例 let form = httpContext.request.form。form 的类型是 encoding.url.Form。我们可以从这个实例中获取来自请求体的表单数据，请求参数格式必须是 a=1&b=2 的形式。当表单数据通过请求体传输时，请求头 Content-Type 必须是 application/www-x-form-urlencode。Form 的常用 API 见表 10-1。

表 10-1 Form 的常用 API

API	说明
public init()	创建一个空的表单实例
public init (query: String)	用查询字符串实例化
public func get (key: String): Option<String>	key 是请求参数名，获取它在查询字符串中对应的第一个值
public func getAll (key: String): ArrayList<String>	如果查询字符串中有同名参数，调用这个函数会返回这个参数名对应的全部值
public func isEmpty(): Bool	判断是否空表单

（续）

API	说　明
public func toEncodeString( ): String	除字母、数字、.、_、-、~等字符，其他都会被转成 UTF-8 序列，每个字节被转化为%后跟 UTF-8 字节的十六进制，空格编码为+
public func set(key: String, value: String): Unit public func add(key: String, value: String): Unit	指定参数名和参数值，之前指定的同名参数将被覆盖 添加参数名和值，如果有同名参数，将追加
public func remove （key: String): Unit	删除指定参数

10.1.5 读取请求头

现在 RESTful 风格的 HTTP 接口定义越来越多了，有些请求会利用请求头传递参数，有些时候为了便于判断请求体的数据格式也需要获取请求头。获取请求头实例 let headers = httpContext.request.headers，类型是 net.http.HttpHeaders。HttpHeaders 的常用 API 见表 10-2。

表 10-2 HttpHeaders 常用 API

API	说　明
public init( )	创建一个空的请求头实例
public func add(name: String, value: String): Unit	添加请求头，如果已存在同名请求头就追加
public func del(name: String): Unit	删除请求头
public func set(name: String, value: String): Unit	设置请求头，覆盖之前设置的值
public func is Empty( ): Bool	判断是否空的请求头实例
public func get(name: String): Collection<String>	获取指定请求头名称对应的全部值
public func getFirst(name: String): ? String	获取指定请求头名称对应的第一个值
public func iterator( ): Iterator<(String, Collection<String>)>	HttpHeaders 实现了 Iterable。从迭代器得到的元组分别是请求头名称和对应的值集合

10.1.6 HttpRequest 的其他特性

在前面的内容中，不论是请求参数还是请求头，首先都访问了 HttpContext 的属性 request，它的类型就是本小节要介绍的 net.http.HttpRequest。

```
public propbody: InputStream
```

获取请求体的输入流。

```
public prop bodySize: Option<Int64>
```

请求体大小。由于请求体的数据格式有很多种，所以 body 返回的是 InputStream，具体的数据解析过程需要开发者完成。如果未设置请求体，bodySize 返回 Some(0)，如果请求端指定了请求体但是长度不确定，bodySize 返回 None；其他情况返回 Some(Int64)。对于长度不确定的情况，笔者尝试了很多方式，没有达成这个条件。后面介绍 HTTP 客户端时，将编程证明这个特性。

```
public prop close: Bool
```

判断是否有请求头 Connection，且值是 close。如果返回 true，则服务器发送完响应会主动关闭连接，否则服务器会一直尝试从这个连接读取数据，直到客户端关闭了连接，然后服务器会记一行 WARN 日志；客户端接收完响应以后，如果服务器没有关闭连接，客户端应主动关闭连接。上面的例子就可以验证这个问题，使用 curl 发起请求，如果带上-H'Connection: close'，服务器在完成响应以后就不会在控制台输出 WARN 日志，否则会输出一行 socket 已关闭的 WARN 异常日志。

```
public prop method: String
```

获取请求方法。

```
public prop version: Protocol
```

获取 http 版本。

```
public prop url: URL
```

获取请求的 URL。

10.1.7 构造响应报文

在本章的第一个例子中，我们展示了一个最简单的构造响应报文的做法，其中 HttpContext 的 responseBuilder 返回的是 HttpResponseBuilder 实例。在实际的项目里，我们需要为响应报文指定响应的数据格式、序列化数据、响应体大小、指定响应头等。本小节将介绍 HttpResponseBuilder 的各种常用 API。

```
public func addHeaders(headers: HttpHeaders): HttpResponseBuilder
public func header(name: String, value: String): HttpResponseBuilder
```

添加响应头，相当于 HttpHeaders 的 add 函数。

```
public func setHeaders(headers: HttpHeaders): HttpResponseBuilder
```

使用参数覆盖已经设置过的响应头。

```
public funcbody(body: Array<UInt8>): HttpResponseBuilder
public funcbody(body: InputStream): HttpResponseBuilder
public funcbody(body: String): HttpResponseBuilder
```

分别使用字节数组、输入流和字符串指定响应体。最后一次调用 body 函数指定的数据覆盖之前的调用。

```
public func status(status: UInt16): HttpResponseBuilder
```

指定响应状态码。

10.2 ClientBuilder/Client

net.http.Client 只能通过 net.http.ClientBuilder 的 builder 函数创建实例。本小节着重介绍 Client 类型。

```
public func close(): Unit
```

Client 不是 std.core.Resource 的实现，不过它有一个 close 函数，不再使用时要主动关闭客户端。

```
public func send(req: HttpRequest): HttpResponse
```

发送请求报文并返回响应报文。

提示

发起 HTTP 请求时，要求请求头要么指定 Content-Length 是一个大于 0 的数，要么指定请求头 Transfer-Encoding: chunched，这两个请求头必须有且只有一个；如果 Content-Length 指定的值小于 0，会出异常；如果 Content-Length 指定了 0，即使请求体里有数据，net.http.Server 也不会读。

为了方便发起 HTTP 请求，Client 还声明了几个以请求方法命名的重载函数，其中 get、delete、options、head 只支持接收 URL 字符串做参数，不支持带请求体，post、put 支持从字节数组、输入流、字符串获取请求体数据。

现在我们可以编程验证本章前面提出的问题了，代码见程序清单 10-2。

程序清单 10-2：010/http_bodySize.cj

```
//代码有点多,只截取一部分服务端
func server(){
    println('http server starting')
    let server /*: Server*/ = ServerBuilder().addr('0.0.0.0').port(8888).build()
    server.distributor.register(
        "/test", {ctx =>
            let reader = StringReader(ctx.request.body)
            ctx.responseBuilder.body("OK! ${ctx.request.bodySize} ${reader.readToEnd()}")
        }
    )
    println('http server started')
    server.serve()
}
//客户端的一部分
client = ClientBuilder().build()
try{
    let stream = TestInputStream()//自定义输入流
    let req = HttpRequestBuilder()
            .header('Content-Length', '${stream.size}')//必须指定这个头
            .url('http://localhost:8888/test')
            .post().body(stream).build()
    let resp = client.send(req)
    readResp(resp)
}finally{
    client.close()
}
```

10.3 数据库

数据库相关的 API 都在 std.datasource.sql 包，本节着重介绍本包的 API，本包的类和枚举都是为这些接口服务的。数据库驱动做的事情就是为这些接口提供具体实现。图 10-1 为数据库 API 的继承与依赖关系，下面就围绕着这个类图介绍数据库相关的 API。

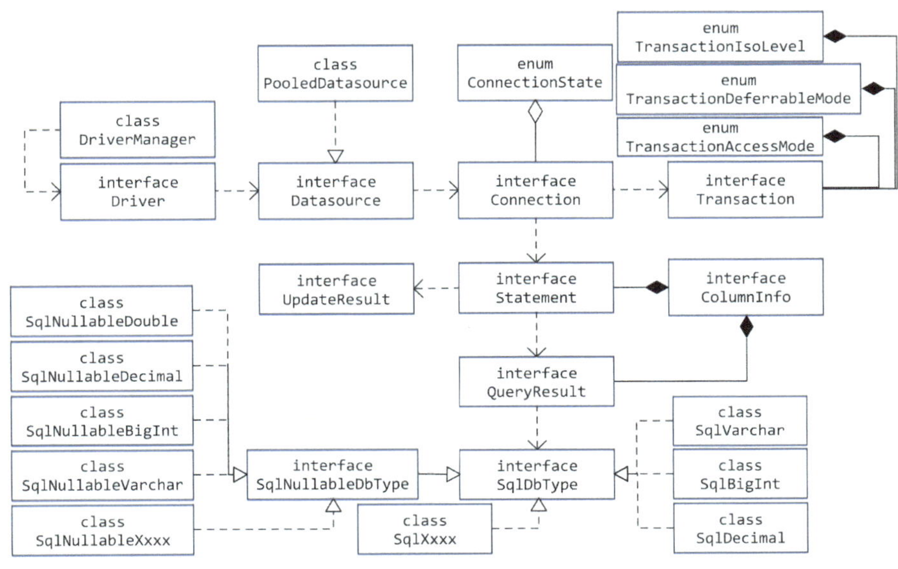

图 10-1 数据库 API 类型关系

10.3.1 DriverManager、Driver、Datasource

如果开发具体应用并且应用只使用一个数据库，就用不到 DriverManager，这个类是用来管理多个数据库驱动的。如果是开发 ORM 框架，会遇到在同一个应用项目访问多个数据库的情况，在框架内部可以使用 DriverManager 管理这些数据库驱动，它管理的对象就是 Driver 实例。

Driver 是数据库访问的起点，它的声明如下。

```
public interface Driver {
    prop name: String
    prop preferredPooling: Bool
    prop version: String
    func open(connectionString: String, opts: Array<(String, String)>): Datasource
}
```

name 属性可以返回数据库驱动的名字。preferredPooling 用于确认连接池亲和性，对于没必要使用连接池的数据库，这个属性就可以返回 false，比如 sqlite。version 用于返回驱动版本。

open 函数返回的 Datasource 实例用来获得数据库连接，通常这个函数返回的 Datasource 每次都应该创建一个新连接，否则数据库驱动就跟连接池绑定了。它的参数是数据库连接 URL 和连接初始化参数。

Datasource 接口专门用来获取数据库连接，它的声明如下。

```
public interface Datasource <: Resource {
    func connect(): Connection
    func setOption(key: String, value: String): Unit
}
```

除了在 Driver 的 open 函数可以指定初始化参数以外，还可以调用 Datasource 的 setOption 指定参数。connect 函数每次调用都会返回一个连接。

标准库还提供了一个连接池实现 PooledDatasource，它接收一个 Datasource 实例作为初始化参数。当然，这个池不是强制要求使用的，开发者还可以使用第三方连接池。

10.3.2 Connection、Statement、Transaction

Connection 的实例内部维持着一个 TcpSocket，用来维护连接状态、创建事务、创建 SQL 执行实例，声明如下。

```
public interface Connection <: Resource {
    prop state: ConnectionState
    func createTransaction(): Transaction
    func getMetaData(): Map<String, String>
    func prepareStatement(sql: String): Statement
}
```

state 属性返回一个枚举值表示当前连接的状态，可选的值有 Broken（连接已中断）、Closed（连接已关闭）、Connecting（正在尝试建立连接）、Connected（已连接）。

createTransaction()函数返回一个事务实例。我们可以通过 Transaction 实例设置事务访问模式、事务延迟模式、访问级别，执行提交、回滚等操作。

prepareStatement（sql）返回一个 sql 执行器，它的两个最常用的函数分别是 query 和 update，声明如下。

```
func query(params: Array<SqlDbType>): QueryResult
func update(params: Array<SqlDbType>): UpdateResult
```

这两个函数的返回类型声明如下。

```
public interface UpdateResult {
    prop lastInsertId: Int64
    prop rowCount: Int64
}
```

```
public interface QueryResult <: Resource
{
    prop columnInfos: Array<ColumnInfo>
    func next(values: Array<SqlDbType>):
Bool
}
```

这两个函数的参数就是执行 sql 需要绑定的参数，数组内的参数值应与 sql 参数顺序一致且类型相同。

如果执行的是 insert，而且主键是整型，访问 UpdateResult 的 lastInsertId 会得到刚插入记录的 ID。rowCount 返回的是执行 insert、update、delete 受影响的记录数。

只有执行 select 时才调用 query 函数，返回的实例 columnInfos 是 select 子句内每列的元数据信息。调用 next 函数，用下一行的数据填充 values 参数，如果没有数据可读，会返回 false。

10.3.3 ColumnInfo、SqlDbType

ColumnInfo 是列元数据，声明如下。

```
public interface ColumnInfo {
    prop displaySize: Int64
    prop length: Int64
    prop name: String
    prop nullable: Bool
    prop scale: Int64
    prop typeName: String
}
```

分别表示可显示的最大长度、列的当前长度、列名、是否可空、小数部分的长度、类型名。对于列长度，数值型返回精度，字符串型返回字符数，日期时间类型返回字符串表示的最大字符数，二进制数据和 RowID 类型是字节数，不适用的类型返回 0。

SqlDbType 声明如下。

```
public interface SqlDbType {
    prop name: String
}
```

name 属性是字符串表示的对应 SqlDbType 实现的类型名。下面以 SqlBigInt 为例进行详细说明。

```
public class SqlBigInt <: SqlDbType {
    public init(v: Int64)
    public mut prop value: Int64
}
```

每个 SqlDbType 的具体实现都对应一个仓颉数据类型——可能存在有好几个实现对应一个仓颉类型的情况，比如 SqlDate、SqlTime、SqlTimeTz、SqlTimestamp 都对应 DateTime 类型，而且必须有一个可写属性 value 返回对应的仓颉类型值。

10.4 一个用户登录服务器

本节的例子只是一个简单的模拟，为展示如何开发一个 HTTP 服务，不涉及数据库访问。在本书后面章节的综合项目中，将要添加更多复杂特性。

10.4.1 注册用户登录实现

注册用户登录实现的具体代码，如程序清单 10-3 所示。

程序清单 10-3：010/user_sys.cj

```
//登录逻辑,这里只是一部分代码
public func loginEntry(){
        ('/user/session', {ctx: HttpContext =>
            let form = ctx.request.form
            if(let Some(name) <- form.get('name')){
```

```
                let token = login(name)
                ctx.responseBuilder.body(token)
            }else{
                ctx.responseBuilder.body('缺少参数')
            }
            ()
        })
    }
main(){
    println('http server starting')
    let controller = UserSessionController()
    var (path, handler) = controller.loginEntry()
    let server /*: Server*/ = ServerBuilder().addr('0.0.0.0').port(8888).build()
    server.distributor.register(path, handler)
    (path, handler) = controller.logoutEntry()
    server.distributor.register(path, handler)
    println('http server started')
    server.serve()//启动服务
}
```

10.4.2 发送 HTTP 请求

现在可以使用 net.http.Client 发送 http 请求访问上面的 http 服务，程序清单 10-4 是一部分代码。

程序清单 10-4：010/user_client.cj

```
var param = 'name=bob'
var client = ClientBuilder().build()
var rsp = client.send(
        HttpRequestBuilder()
        .url("http://localhost:8888/user/session")
        .header('Content-Type', 'application/x-www-form-urlencoded')
        .header('Content-Length', param.size.toString())
        .post()
        .body(param)
        .build())
var reader = StringReader(rsp.body)
let token = reader.readToEnd()
param =' ${param}&token= ${token}'
println('logged token ${token}')
```

警告 很多 HTTP 客户端（包括浏览器）、各种命令行工具和测试工具都有默认的 Content-Type 请求头，即 application/x-www-form-urlencode，它对应的请求体格式就是表单请求参数，但是 net.http.Client 没有默认的 Content-Type 请求头。上面的代码如果删除 Content-Type 那一行，服务端是收不到请求参数的，这时候如果服务端尝试获取 Content-Type 请求头，会得到 None。

10.5 本章知识点总结和思维导图

本章介绍了 HTTP 和数据库 API，这也是 web 应用开发最常用的两个特性。遗憾的是，标准库只提供了基本 API，虽然能够满足开发应用程序的基本需求，但是要想快捷方便地完成开发还有很遥远的距离。不过这就不是标准库的任务了，要达到这个目的我们需要开发框架。图 10-2 和图 10-3 为本章知识要点。

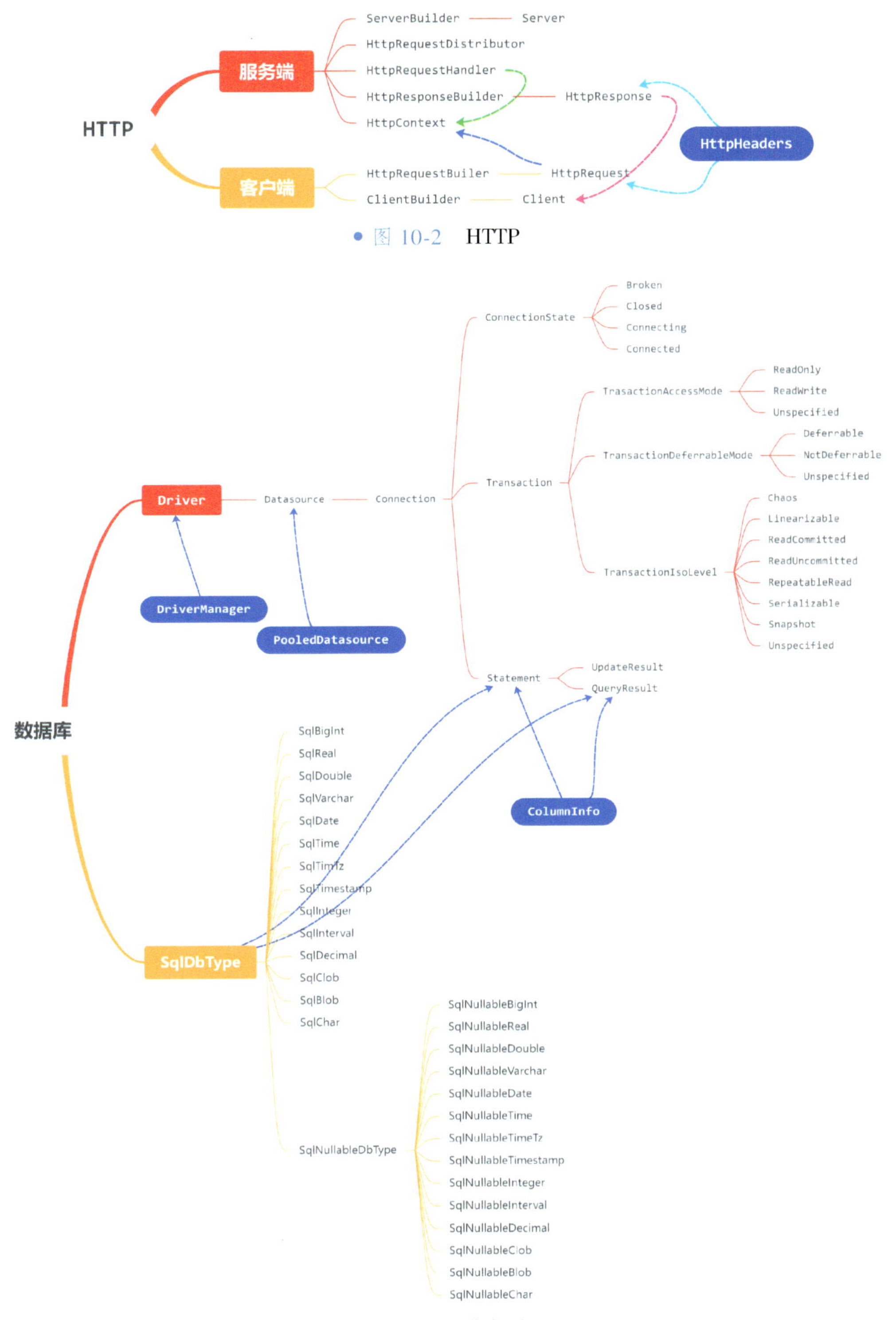

图 10-2 HTTP

图 10-3 数据库

CHAPTER 11

第11章

元编程与跨语言互操作

本章将要介绍的内容是笔者认为仓颉编程语言最有趣也最有难度的部分，即元编程。元编程在所有的编程语言中都是最有魅力的部分，它可以为程序本身标注特性，用程序生成新的程序，增强程序的能力。

11.1 常量

前面已经介绍过仓颉的各种“量”，包括不可变量、可变量、字面量等。这一节将介绍仓颉的最后一种“量”——常量。把它放到如此靠后的位置介绍，是因为笔者认为在应用开发中，前面的三种“量”足够覆盖几乎全部应用开发场景，而笔者只有在使用本章相关知识开发工具库的时候才用到过常量。而且笔者也曾试图在更多开发场景中尽量使用常量，结果是降低了开发效率。之所以造成这个结果，是因为常量对求值的苛刻要求，为了满足这些要求不得不修改类型声明，整个过程花费了大量时间。有过一次这样的体验之后，笔者意识到，其实那些本来打算使用常量的场景改成使用不可变量也能工作得很好，为什么还要在这上面花费大量时间呢？而且并不能明显地提升运行期性能，从投入收益比来看完全不划算。所以笔者认为尽量不要使用常量，除非不得不使用，而本章就有一个不得不使用常量的场景。当然这仅仅是笔者本人的浅见，11.1.6 小节将详细介绍可以使用常量的场景。

11.1.1 常量的特性

常量严格地在编译期求值，减少了运行期计算。而“变量”是尽量做到在编译期求值，如果不能在编译期求值，就把求值时机推迟到运行期。下面使用简单的代码解释这个问题。

```
let PI = 3.14
let area = PI * 6 ** 2
let area2 = 3.14 * 6 ** 2
```

PI 绑定一个字面值 3.14，它可以做到编译期求值；而 area 有变量参与了计算，求值计算将推迟到运行期，6 ** 2 由于是字面值，可以在编译期求值；area2 绑定的值是由三个字面值计算得到的，可以在编译期求值。

11.1.2 常量声明的限制

以下代码完成了一个常量声明。

```
const PI = 3.14
```

使用 const 开头后跟常量名称，这只是一个最简单的常量声明。声明常量时还可以使用复杂的求值表达式，对于这个表达式有严格的限制规则，必须全部满足这些规则才能够为常量赋值。图 11-1 为常量声明和常量表达式的规则。

11.1.3 常量表达式

按照图 11-1 列出的常量声明规则，下面的三个声明都是正确的。全部由常量参与计算的表达式仍然是常量表达式，而常量表达式的计算结果既可以为常量声明赋值，也可以为非常量声明赋值。

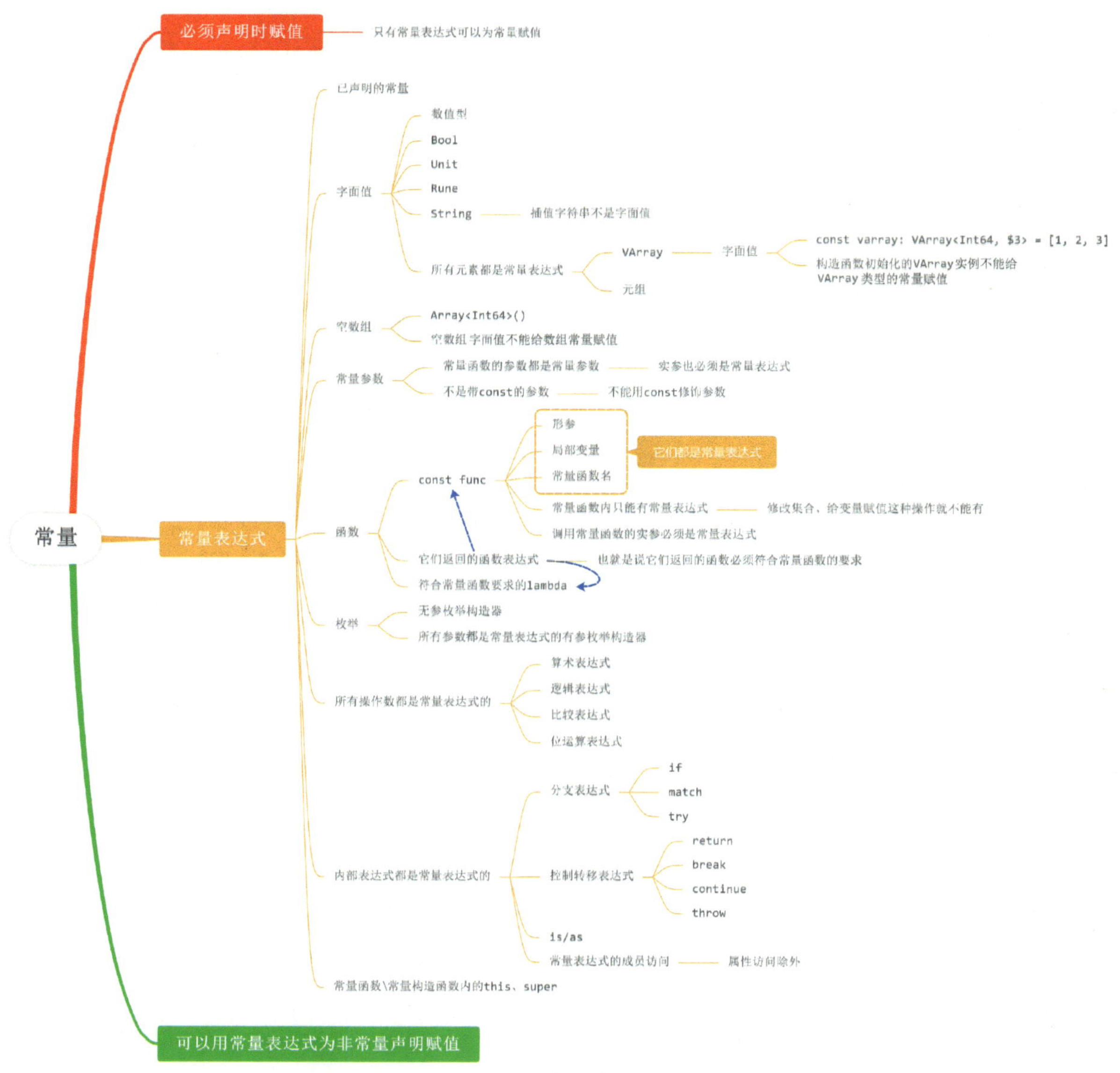

● 图 11-1　常量声明规则

```
const PI = 3.14
const area = PI * 6 ** 2
letarea2 = PI * 6 ** 2
```

11.1.4　常量函数

使用关键词 const func 声明的函数就是常量函数，值得注意的是，常量函数体内只能有常量表达式。比如下面的代码就是错误的。

```
import std.collection.*
let array = [1, 2, 3]
let list = ArrayList<Int64>()
```

```
main(){
  test(100)
}
const func test(a: Int64){
  array[0]++
  array[1] = a
  list.append(a)
}
```

11.1.5 常量构造函数

读者可能注意到了，数组的无参构造函数就是一个常量构造函数，我们可以用它为常量声明赋值；而数组成员并不是常量，因此修改数组成员的表达式不是常量表达式，当然长度是零的数组无法修改数组元素，也就不会违反常量表达式规则。常量构造函数仅限制构造函数体内只能有常量表达式，并不限制类型的成员是不是。

```
public struct Array<T>{
    public const init()
}
```

按照规则，有常量构造函数的类型，它的成员函数可以是常量函数，也可以不是常量函数。那么常量构造函数的成员变量形参可以不是常量，但是不能在常量构造函数内修改它的成员。下面的声明是允许的。

```
class A {
  let a = 0
  const init(){}
}
class B {
  const B(let a: A){}
}
main(){
  println(B(A()).a.a)
}
```

不过，对于带常量构造函数的类型成员声明也是有限制的，具体限制如下。

1）实例成员变量只能是 let，const、var 都不行。

2）静态成员变量可以是 const 或 let，但不能是 var。

3）实例常量成员函数只能在声明了常量构造函数的类型里声明，对于静态常量函数无此限制。

11.1.6 可以使用常量的场景

尽管笔者认为尽量不要使用常量，因为大多数时候没有使用的必要。不过，对于以下场景可以考虑使用，尤其是工具库的 API。

1）成员不可能发生变化，比如数组和字符串的无参构造函数。

2）不变模式声明的类型、不希望成员发生改变的类型，比如 Duration 类型有很多成员是自己的静态成员常量（Max、Min、Zero、day、hour 等）。而且它确实无法修改，每次对它的实例做加减乘除都返回了新实例。String 虽然也是不变模式，但是初始化它的参数是集合和数组，而参数类型无法按照常量构造函数限制声明，所以字符串的有参构造函数不能是常量声明。这不是一般性原则，标准库的 TimeZone 和 DateTime 尽管各种初始化参数都符合常量规则，但是它们没有常量构造函数。

说明：关于不变模式需要做一点说明，以免引起读者误解。不变模式是一种设计模式，跟仓颉的“不可变”不是一个概念。任何成员在实例化后都不会有任何变化的类型，都符合不变模式，比如 String、Duration、DateTime、TimeZone、Decimal 等，它们的共同特点是所谓的修改其实都是创建了新实例，原实例没有任何变化。

3）以上两条都是开发规范方面的约束，也只是笔者自己的理解。如果读者有不同看法，欢迎一起探讨。最后这一条却是仓颉语法要求，就是本章后面要介绍的注解类型，必须声明为常量构造函数，且必须按照常量表达式的规则完成初始化。

11.2 反射

反射是程序可以在运行时访问、检测、修改程序本身状态或行为的一种机制，可以用访问对象的方式获取类型信息和类型成员，可以像遍历集合一样遍历类型成员。这样的机制能够提高程序的灵活性和扩展性，但是性能低于直接调用。

11.2.1 获取类型信息

图 11-2 为反射类型信息的继承关系。

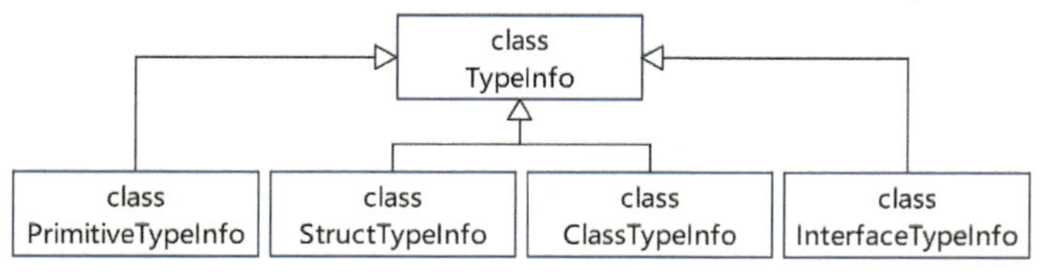

● 图 11-2 反射类型信息的继承关系

在图 11-2 中，有以下 4 种方式得到顶级类型信息。

```
public static func get(qualifiedName: String): TypeInfo
public static func of(a: Any): TypeInfo
public static func of(a: Object): ClassTypeInfo
public static func of<T>(): TypeInfo
```

函数 get 接收类型的全限定名，比如 TypeInfo.get('std.time.DateTime')就返回了 DateTime 的类型信息。基本类型的全限定名是它本身的名字，TypeInfo.get('Bool')返回的是 Bool 类型信息。另外，由于 std.core 包的类型太常用，可以只传入类型名代替全限定名，TypeInfo.get('String')返回的是 String 的类型信息。

两个带参数的 of 函数接收类型实例或值返回参数的类型信息，TypeInfo.of(1i64)返回的是 Int64 的类型信息。

最后一个泛型函数 of 返回泛型实参的类型信息，TypeInfo.of<Duration>()返回的是 Duration 的类型信息。

11.2.2 获取类型基本信息

获取类型基本信息的介绍如下。

1. 获取注解

```
public prop annotations: Collection<Annotation>
public prop findAnnotation<T>(): Option<T> where T <: Annotation
```

获取修饰当前类型的注解实例。annotations 不保证获取顺序固定，findAnnotation 的泛型参数就是注解类型。

2. 获取修饰符信息

```
public prop modifiers: Collection<ModifierInfo>
```

不保证返回顺序固定。ModifierInfo 是一个枚举集合，可选的构造器是 Open、Override、Redef、Abstract、Sealed、Mut、Static。

比如 TypeInfo 的修饰符是 sealed abstract，用反射获取它们，如程序清单 11-1 所示。最后输出 open abstract sealed。

程序清单 11-1：011/typeinfo.cj

```
import std.reflect.*
main(){
  let ti = TypeInfo.of<TypeInfo>()
  for(mi in ti.modifiers){
    print('${mi} ')

  }
}
```

3. 获取类型名

```
public prop name: String
```

不包含模块名和包名。

4. 获取全限定类型名

```
public prop qualifiedName: String
```

包含模块名和包名。调用 TypeInfo 的 toString() 函数得到的也是全限定名。下面的代码输出的就是 std.reflect.TypeInfo std.reflect.TypeInfo TypeInfo。

```
let ti = TypeInfo.of<TypeInfo>()
println('${ti} ${ti.qualifiedName} ${ti.name}')
```

5. 判断子类型

```
public funcisSubtypeOf(superType: TypeInfo): Bool
```

判断当前类型是不是实参的子类型。

 提示

前面章节提到过，任意类型都是它自身的子类型，所以以下的代码结果是 true。

```
TypeInfo.of<Bool>().isSubtypeOf(TypeInfo.of<Bool>())
```

11.2.3 获取类型成员信息

获取类型成员信息的介绍如下。

1. TypeInfo 获取成员的 API

在 TypeInfo 中，可以通过以下代码获取成员的 API。

```
sealed abstract class TypeInfo <: Equatable<TypeInfo> &
                                  Hashable & ToString {
    //得到实例成员属性集合
    public prop instanceProperties: Collection<InstancePropertyInfo>
    //得到实例成员函数集合
    public prop instanceFunctions: Collection<InstanceFunctionInfo>
    //得到静态成员属性集合
    public prop staticProperties: Collection<StaticPropertyInfo>
    //得到静态成员函数集合
    public prop staticFunctions: Collection<StaticFunctionInfo>
}
```

现在，我们可以试着用反射遍历 TypeInfo 的实例成员属性，如程序清单 11-2 所示。

程序清单 11-2：011/typeinfo_instance_properties.cj

```
import std.reflect.*
main(){
  let ti = TypeInfo.of<TypeInfo>()
  for(pi in ti.instanceProperties){
    print(' ${i} ')
  }
}
```

2. ClassTypeInfo 的成员

ClassTypeInfo 的成员如下。

```
public class ClassTypeInfo <: TypeInfo {
//获取公共构造函数集合
public prop constructors: Collection<ConstructorInfo>
//获取指定参数类型的公共构造函数
public func getConstructor(parameterTypes: Array<TypeInfo>): ConstructorInfo
//用指定参数列表找到与参数类型相匹配的构造函数,并用本函数实参作为构造函数实参进行实例化
public func construct(args: Array<Any>): Any
//如果这个类被 sealed 修饰,就返回它所有的子类型;否则返回空集合
public prop sealedSubclasses: Collection<ClassTypeInfo>
//返回它的父类,如果当前 TypeInfo 表示 Object,这个属性返回的是 None,其他类会返回直接父类
```

```
    public prop superClass: Option<ClassTypeInfo>
    //返回类的公共实例成员变量集合
    public prop instanceVariables: Collection<InstanceVariableInfo>
    //返回类的公共静态成员变量集合
    public prop staticVariables: Collection<StaticVariableInfo>
    //返回指定名称的公共实例成员变量,如果不存在会抛异常
    public func getInstanceVariable(name: String): InstanceVariableInfo
    //返回指定名称的公共静态成员变量,如果不存在会抛异常
    public func getStaticVariable(name: String): StaticVariableInfo
    //如果是抽象类,会返回 true
    public func isAbstract(): Bool
    //如果可继承,会返回 true
    public func isOpen(): Bool
    //如果是封闭类,会返回 true
    public func isSealed(): Bool
}
```

由于类型实在繁多，它们的 API 大同小异，下面以类图的形式介绍剩余类型的 API，如图 11-3 所示。

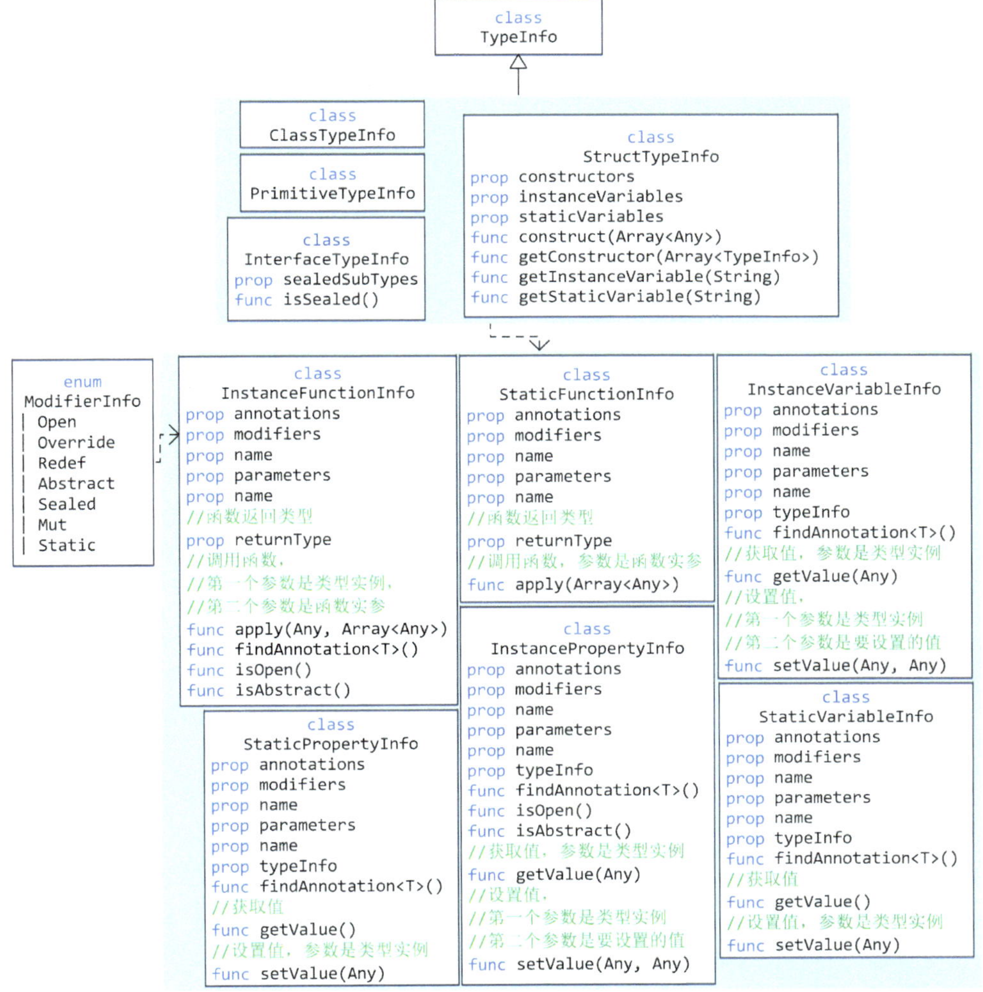

● 图 11-3　反射 API

11.2.4 当前仓颉反射的限制

本小节将对当前仓颉反射的限制进行介绍，具体如下。

1）现在不支持通过反射访问 Nothing、元组、枚举，没有对应它们的 TypeInfo 子类型。以它们做参数或返回类型的函数，不能通过反射访问，否则会抛出 InfoNotFoundException。如果试图遍历所有成员，遇到这类成员也会抛出异常。

2）只能通过全限定名获取结构体、类、接口和基本类型的类型信息。

3）只能通过反射访问类和结构体的公共成员。

4）不支持泛型成员函数和带泛型的结构体。如果试图获取它们的反射信息，会抛出 InfoNotFoundException。

5）不支持函数类型的参数或返回值的成员函数、属性、成员变量。如果试图获取它们，会抛出 InfoNotFoundException。如果试图遍历所有成员，遇到这类成员也会抛出这个异常。

6）通过 TypeInfo.get（qualifiedName）的方式只能获取首次执行本函数前进程已加载过的类型，qualifiedName 所表示的类型如果尚未加载，则无法获取。由于 std.core 包的类型是默认导入，这个包随时可以通过任意方式获取 TypeInfo。

7）不支持扩展。

> **提示**
>
> 写作本书时的仓颉版本是 0.57.3，以上限制均在此版本下测试得知，未来的版本也许会有变化。

11.2.5 运行时加载

由仓颉项目编译的动态链接库可以使用运行时加载。核心类是 std.reflect.ModuleInfo，相关 API 如下。

```
public class ModuleInfo <: Equatable<ModuleInfo> &
                           Hashable & ToString {
    //从所有已加载的仓颉动态链接库查找指定模块名的模块信息
    public static func find(moduleName: String): Option<ModuleInfo>
    //从指定路径加载动态链接库，参数是动态链接库文件路径
    public static func load(path: String): ModuleInfo
    //更多 API 未列出
}
```

可以从 ModuleInfo 实例获取包信息（PackageInfo），PackageInfo 又包含所有顶级声明，包括顶级函数和顶级变量（GlobalFunctionInfo、GlobalVariableInfo）。当然也有包下面声明的 ClassTypeInfo、StructTypeInfo、InterfaceTypeInfo。

> **提示**
>
> 1）必须是仓颉项目编译的动态链接库才能动态加载，由其他语言的项目编译得到的动态链接库不支持这样做，C/C++编译的动态链接库应使用跨语言互操作。2）动态链接库被动态加载时，里面的每一个包都会被自动初始化。

11.3 注解

我们可以把注解理解为为程序添加的元数据，跟 Java 的注解很像，不过仓颉注解有更丰富的特性，如图 11-4 所示。

● 图 11-4　注解的特性

11.3.1　@Annotation

@Annotation 标准库内置注解的唯一作用就是用来声明注解。@Annotation 接收一个命名的 target 参数，用来说明声明的注解可以用来标注什么。

11.3.2　AnnotationKind

AnnotationKind 是一个枚举，@Annotation 的 target 参数类型，它有以下可选项。

1）Init：指示声明的注解用来标注构造函数。

2）MemberFunction：指示注解用来标注成员函数。

3）MemberProperty：指示注解用来标注成员属性。

4）MemberVariable：指示注解用来标注成员变量。

5）Parameter：指示注解用来标注函数形参。

6）Type：指示注解用来标注类型，包括类、结构体、接口。

注解只能标注以上这些，不能标注顶级声明函数和顶级声明变量，也不能标注枚举构造器。@Annotation 的 target 可以接收多个 AnnotationKind 值，表示注解可以用来标注不同的声明。在程序清单 11-3 的示例中，可以用注解配合运行时加载生成 markdown 文档。为了便于编译使用仓颉项目组织代码，具体的项目初始化和编译过程请参考下一章相关知识，编译以后把 011/docgen/doc/target/release/doc/libdoc.so 加入环境变量 LD_LIBRARY_PATH，就可以运行 docgen 的编译结果，也就是程序清单 11-4（代码有些多，下面只截取核心部分）。这个例子会自动加载指定动态链接库，把所有找到的被@Document 标注的类型输出到当前目录内以类型 module_name/package_name 为子目录、以类型名为文件名的 markdown 文件。现在这个工具并不完善，受限于 API，只能输出类、结构体和接口的声明，也分不出是不是具名参数和参数默认值。

程序清单 11-3：011/docgen/doc/src/doc.cj

```
package doc
@Annotation[target:[
    Init, MemberFunction,
    MemberProperty, MemberVariable,
    Parameter, Type]]
@Document[note:'注解自身,这是一个用于标注 API 文档的注解']
public class Document <: ToString{
    @Document[note:'note 是被注解的语法元素相关说明']
    public const Document(public let note!: String = ''){}
    public func toString(){
        note
    }
}
```

程序清单 11-4：011/docgen/src/main.cj

```
let docPath = getDocPath(args)//获取保存文档的目录,默认是当前目录
let libPath = getLibPath(args)//获取动态链接库文件路径,忽略扩展名
let module = ModuleInfo.load(libPath)//加载动态链接库
let objectType = TypeInfo.of<Object>()
let anyType = TypeInfo.of<Any>()
for(p in module.packages){//遍历动态链接库内的包
        let qualifiedPackage = p.qualifiedName.replace('.', '/')
        let subPath = docPath.join(qualifiedPackage)
        if(! exists(subPath)){
            Directory.create(subPath, recursive:true)
        }
        for(t in p.typeInfos where t.findAnnotation<Document>().isSome()){
            let typeName = t.name
            //一个类型一个 markdown 文件
            try(docFile = File(subPath.join('${typeName}.md'), Write)){
                println('docFile: ${docFile.info.path}')
                let docWriter = StringWriter(docFile)
                docWriter.writeln('# package ${qualifiedPackage}')
                match(t){
                  case x: ClassTypeInfo =>
                    //输出类的声明
                    docWriter.write('## public ${if(x.isSealed()){'abstract sealed'}else if
(x.isAbstract()){'abstract'}else if(x.isOpen()){'open'}else{''}} class ${typeName}')
       //省略部分代码
       if(let Some(d) <- t.findAnnotation<Document>()){
           docWriter.writeln(d)//找到标注类的@Document
       }
```

```
    docWriter.writeln()
    for(v in x.staticVariables){//输出静态成员变量
        docWriter.writeln('### public static ${if(v.isMutable()){'var'}else{'let'}} ${v.
name}: ${v.typeInfo.name}')
        if(let Some(d) <- v.findAnnotation<Document>()){
            docWriter.writeln(d)//标注静态成员变量的@Document
        }
    }
    //省略部分代码
```

11.4 宏

仓颉的宏是语法宏，可以在编译时生成任意符合仓颉语法的新代码，并把生成的代码插入被宏标注的位置，甚至替换被它标注的代码，这个过程叫宏展开。为了能够说明宏的展开原理，先简单回顾一下编译原理相关的知识，如图 11-5 所示。

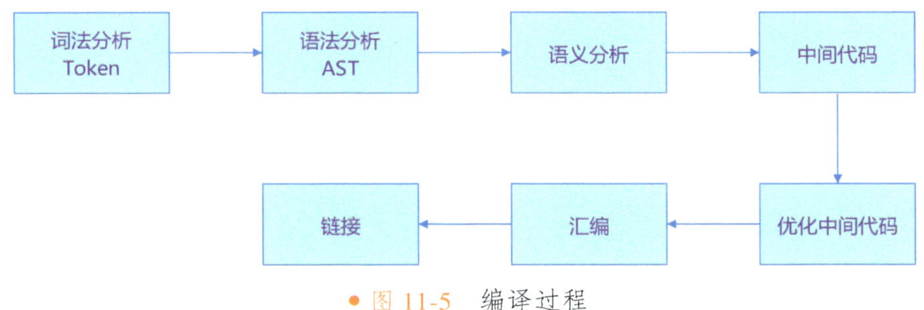

● 图 11-5　编译过程

整个编译过程简略解释如下。

1）词法分析： 把代码的各种元素解析成许多 Token，关键词、标识符、操作符，以及各种语言标识符号，都在这个过程中被转换成 Token。代码中的每个语法单元对应一个 Token，每个 Token 都有一个类型。仓颉把它们叫作 TokenKind，仓颉语言的每一种语法元素都能找到一个对应的 TokenKind，即使不符合语义要求的也会对应一个 ILLEGAL，下面是 TokenKind 的一部分。

```
public enum TokenKind <: ToString {
    DOT |              /*  "."        */
    IDENTIFIER |       /*  "标识符"    */
    COMMA |            /*  ","        */
    LPAREN |           /*  "("        */
    LSQUARE |          /*  "["        */
    LCURL |            /*  "{"        */
    MUL |              /*  "*"        */
    AND |              /*  "&&"       */
    ASSIGN |           /*  "="        */
    EQUAL |            /*  "=="       */
    INT64 |            /*  "Int64"    */
    CLASS |            /*  "class"    */
```

```
    FUNC |                          /*  "func"              */
    ARROW |                         /*  "->"                */
    NL |                            /*  下一行               */
    //... MORE
    ILLEGAL
}
```

图 11-6 为源代码和 Token 关系的简要说明。

● 图 11-6　源代码与 Token 的关系

仓颉标准库词法分析阶段涉及的类型如图 11-7 所示。

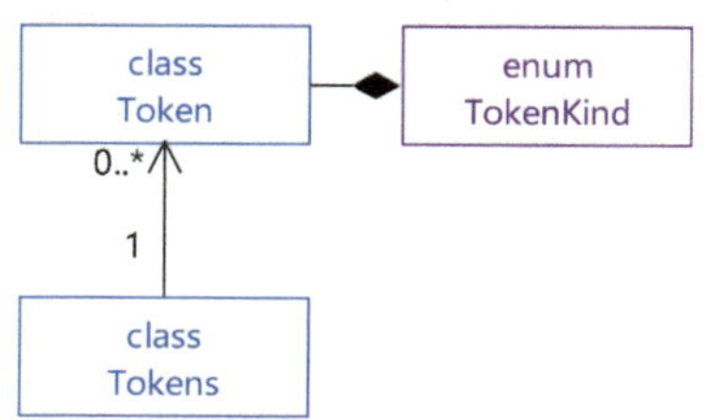

● 图 11-7　词法分析涉及的仓颉类型

2）语法分析：这个阶段把词法分析阶段转换来的 Tokens 转换成抽象语法树（AST）。直到这个阶段，还没涉及语法检查工作（这是下一阶段的任务），不过仓颉宏就工作在第一阶段，宏注解的代码转化成的 Tokens 就是它的输入；宏对被注解代码的修改就是它的输出，只是在这个转换过程中为了方便操作，可以把 Tokens 转换成抽象语法树作为宏展开的中间结果。图 11-8 为上面的声明转换成的抽象语法树。

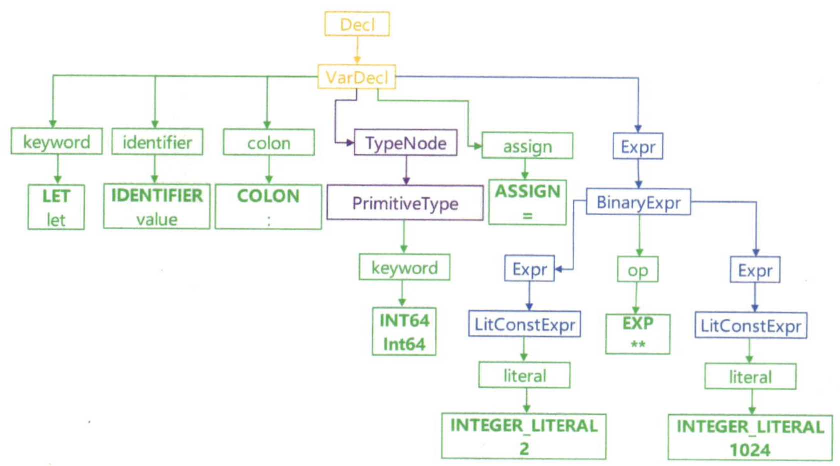

● 图 11-8　抽象语法树

图 11-8 出现的各种类型如图 11-9 所示。

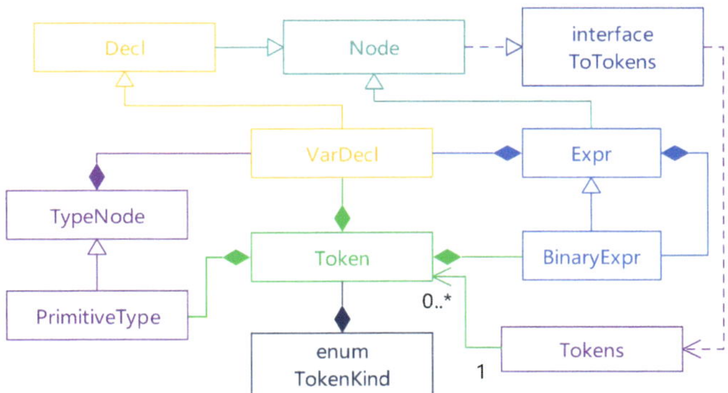

● 图 11-9 抽象语法树的类图

为了让读者对以上内容有直观认识，请对照前面的图阅读程序清单 11-5。

程序清单 11-5：011/ast.cj

```
import std.ast.* //宏相关 api 都来自这个包
main(){
    //quote()是一个表达式,把括号里的内容转换成 Tokens
    let tokens: Tokens = quote(let value: Int64 = 2 ** 10)
    for(t in tokens){
      println(t.kind)
    }
    let decl = parseDecl(tokens)
    match(decl){
      case d: VarDecl =>
        let dt: TypeNode = d.declType
        let pt = (dt as PrimitiveType).getOrThrow()
        let (keyword, identifier, colon, ptkeyword, assign): (Token, Token, Token, Token, Token) = (d.keyword, d.identifier, d.colon, pt.keyword, d.assign)
        println('${keyword.kind} ${identifier.kind} ${colon.kind} ${ptkeyword.kind} ${assign.kind}')
        //输出:LET IDENTIFIER COLON INT64 =
        println('${keyword.value} ${identifier.value}      ${colon.value}     ${ptkeyword.value} ${assign.value}')
        //输出:let value       :    Int64 =
        print('${keyword.kind}[${keyword.value}] ${identifier.kind}[${identifier.value}] ${colon.kind}[${colon.value}] ${pt.keyword.value} ${d.assign.value}')
        let expr = d.expr
        let binary = (expr as BinaryExpr).getOrThrow()
        let left = binary.leftExpr
        let right = binary.rightExpr
        let op = binary.op
        let leftConst = (left as LitConstExpr).getOrThrow()
        let rightConst = (right as LitConstExpr).getOrThrow()
        println('${leftConst.literal.kind} ${op.kind} ${rightConst.literal.kind}')
```

```
        //输出:INTEGER_LITERAL EXP INTEGER_LITERAL
        println('${leftConst.literal.value}           ${op.value}
    ${rightConst.literal.value}')
        //输出:2              **   10
      case _ => println('no')
    }
  }
```

3）语义分析：这个阶段的任务就是遍历抽象语法树，检查代码是否符合语义要求。编译器报告的语法错误都来自这个阶段的分析结果。如果遇到语法错误，编译器输出相关错误信息并停止编译。

4）中间代码：语义分析通过以后，编译就来到这个阶段，抽象语法树被转换成中间代码，这时候还不是机器码，它比源代码低级一些，比汇编高级一些，已经很接近机器码，但这是硬件无关的。这一步的输出是为了方便编译器优化。

5）优化中间代码：编译器会在这一步做各种编译优化——剪掉从不执行的分支、精简冗余代码等，这一步的目的是为了生成尽量小的目标文件，并尽量提升运行性能、降低内存占用。

6）汇编：中间代码将在这一步转换成汇编，这一步的输出跟硬件直接相关，不同的 CPU 指令集会有不同的汇编，编译器会按照不同的编译选项输出不同的汇编。这一步还涉及编译目标的硬件特性、寻址模式、函数调用约定、寄存器分配、内存管理等。

7）链接：将依赖的链接库与汇编结果组合起来，在这一步处理依赖的外部库、各目标代码文件之间的引用关系，这些信息按照目标平台特定的格式组织起来，按照编译选项形成可执行文件、动态链接库或静态链接库。

> **提示**
>
> 宏的实参可以不符合仓颉的语法规则，只要符合仓颉词法规则——也就是仓颉标识符规则和 TokenKind——且返回的 Tokens 能够转换成仓颉抽象语法树即可，宏实参的规则是宏本身决定的，它可以不生成仓颉的抽象语法树，不过不影响宏的运行。如果有必要，宏开发者完全可以定义符合自己需要的抽象语法树，只是这个抽象语法树不再是仓颉的抽象语法树。

11.4.1 声明一个宏

首先我们在一个空的目录里执行命令 cjpm init，就创建一个仓颉项目。项目名就是目录名，所以目录名一定要符合仓颉标识符规范。关于项目目录结构和相关配置，请阅读下一章，本章的项目只是为了方便介绍相关特性。

假设我们已经创建了名为 test_macro 的项目，在这个项目目录的 src 子目录下创建新的子目录 macros，我们就在这个 macros 目录里声明一个宏，见程序清单 11-6。

程序清单 11-6：011/test_macro/src/macros/exp.cj

```
macro package test_macro.macros
import std.ast.*
//展开以后是 x 的 x 次方,x 可以是任意仓颉语法单元,
//如果 x 不是合法的仓颉表达式,或者这个表达式不能计算乘方,将会出编译错误。不过这个宏会正确地执行
```

```
public macro Exp(input: Tokens): Tokens {
    quote(Float64($(input)) ** Float64($(input)))
}
```

程序清单 11-7 是使用上述宏的代码。

程序清单 11-7：011/test_macro/src/main.cj

```
package test_macro
import test_macro.macros.*
main(): Int64 {
    println(@Exp(3))// @Exp 展开是 Float64(3) ** Float64(3)
    println(@Exp((3 + 2)))//展开是 Float64((3 + 2)) ** Float64((3 + 2))
    let a = 3
    println(@Exp(3 + a))//展开是 Float64(3 + a) ** Float64(3 + a)
    let b = 4
    println(@Exp(a * b))//展开是 Float64(a * b) ** Float64(a * b)
    println(@Exp(if(a == 3){a * b}else{a + b}))
    //展开是 Float64(if(a == 3){a * b}else{a + b}) ** Float64(if(a == 3){a * b}else{a + b})
    return 0
}
```

我们可以把宏看作一类特殊的函数，特殊之处在于它在编译期执行，参数和返回都是程序，宏把调用它的位置替换成了它的执行结果。@Exp 宏只是把接收的 Tokens 用圆括号包含起来，又忠实地用幂操作符连起来。上面的宏出现了两个新的语法特性，一个是 quote( ) 表达式，它把圆括号内包含的内容——注意圆括号内不是字符串——转换成 Tokens 实例。还有一个是 $( )，编译器会计算圆括号内的表达式，并把计算结果转换成 Tokens 实例。如果圆括号内只有一个语法元素，可以省略圆括号，比如上面的 $(input) 可以简化为 $input；这个表达式只能出现在 quote( ) 内部，$( ) 内出现的标识符必须是在 quote( ) 表达式前面声明过的标识符。将上面的宏改成下面的样子也是可以执行的。

```
macro package test_macro.macros
import std.ast.*
//展开结束是 x 的 x 次方,x 可以是任意仓颉语法单元,
//如果 x 不是合法的仓颉表达式,或者这个表达式不能计算乘方,将会出编译错误。不过这个宏会正确地执行
    public macro Exp(input: Tokens): Tokens {
        let i = 3
        quote(Float64($(input) * $(i * 2)) ** Float64($(input) + $(i + 2)))
    }
```

这样修改后执行@Exp(3)，展开结果就变成了 Float64(3 * 6) ** Float64(3 + 5)。

11.4.2 属性宏

前面的例子是非属性宏，只接收源代码作为参数。很多时候我们希望宏能够接收某些标志参数，可以把它理解为宏的命令或者配置。我们把带这种参数的宏叫属性宏，宏会按照接收的属性不同有不同的行为，如程序清单 11-8 所示。

程序清单 11-8：011/test_macro/src/macros/concat.cj

```
macro package test_macro.macros
import std.ast.*
public macro Concat(attr: Tokens, input: Tokens): Tokens {
    var tokens = quote()
    for(i in 0 .. input.size){
        if(i > 0){
            tokens += attr//Tokens 重载了+和[index]取值、[range]取值
        }
        tokens += input[i]
    }
    tokens.toString().toTokens()
    //Tokens 实现了 ToString。
    //std.ast 包的所有类型、基本类型、String 和 Array<T> where T <: ToTokens、ArrayList<T> where T <: ToTokens 都实现或扩展了 std.ast.ToTokens 接口
}
```

执行宏 println(@Concat[|](1234 5 6 7 8))时，注意调用属性宏的方式：属性用方括号包含，源代码还是用圆括号包含。执行这个宏，我们可以得到控制台输出：1234 | 5 | 6 | 7 | 8。甚至我们可以用属性控制宏执行哪个分支，使宏有更丰富的行为。

前面提到宏的参数可以不符合仓颉语法规则，只要符合仓颉词法规则就完全可以自由发挥。程序清单 11-9 中的宏可以把一个类似 Java 的枚举转化为仓颉类。值得注意的是，被它标注的代码并不符合仓颉语法，但是展开后的代码却是正确的仓颉类声明。

程序清单 11-9：011/test_macro/src/macros/Item.cj

```
public macro Item(name: Tokens, input: Tokens): Tokens {
    let nl = Token(NL)
    var i = 0
    var memberTokens = quote()
    while(i < input.size){
        let t = input[i]
        if(let BITOR <- t.kind){
            i++
            let identifier = input[i]
            i++
            let lparen = input[i]
            if(let LPAREN <- lparen.kind){
                let start = i
                i++
                while(i < input.size && input[i].kind.toString() != 'RPAREN'){
                    i++
                }
                if(i < input.size){
                    memberTokens +=quote(
                        public static let $(identifier) = $(name[0]) $(input[start ..= i])
                    ) + nl
                }
            }
```

```
        }else if (t.kind.toString() ! = 'NL'){
            break
        }
        i++
    }
    quote(
        public class $(name){
            $(memberTokens)
            $(input[i .. input.size - 1])
        }
    )
}
```

程序清单 11-10：011/test_macro/src/test_macro/AccountType.cj

```
@Item[AccountType](
    | PHONE(1)
    | EMAIL(2)
    | QQ(3)
    | WEIXIN(4)

    AccountType(public let value: Int64){}
)
```

上面的代码经过宏展开，会形成如下类声明。

```
public class AccountType {
    public static let PHONE = AccountType(1)
    public static let EMAIL = AccountType(2)
    public static let QQ = AccountType(3)
    public static let WEIXIN = AccountType(4)
    AccountType(public let value: Int64) { }
}
```

11.4.3 Tokens 与 AST 互相转换

前面提到过仓颉的很多类型都扩展或实现了 std.ast.ToTokens，它的声明如下。

```
pakcage std.ast
public interface ToTokens {
    func toTokens(): Tokens
}
```

只有实现了这个接口的类型才可以在 $ ( ) 内转换成 Tokens，否则会编译错误；也正是因为实现了这个接口，才得以从 AST 到 Tokens 的转换。

前面还提到函数 parseDecl(Tokens): Decl，这个函数的功能是把符合声明语法的 Tokens 转换成 Decl 实例，包括各种变量、常量声明，函数、属性声明，还有各种顶级声明和成员声明；Decl 是仓颉声明的顶级父类，每种声明都对应一个 Decl 子类。如果函数接收的 Tokens 不符合声明语法（比如把符合表达式语法的 Tokens 传入了这个函数），会在运行宏时抛出异常，导致使用宏的项目编译失败。

函数 parseExpr(Tokens)：Expr 接收一个符合任意表达式语法的 Tokens，并把它转化成一个 Expr 实例，包括逻辑表达式、算术表达式、分支表达式、循环表达式、模式匹配表达式、赋值表达式等。Expr 是仓颉所有表达式语法的 AST 顶级父类，每种表达式对应一个 Expr 子类。如果函数接收的 Tokens 不符合任何表达式语法，会在运行宏时抛出异常。

另外还有以下两个函数。

```
func parseDeclFragment(tokens: Tokens, startFrom!: Int64 = 0): Decl
func parseExprFragment(tokens: Tokens, startFrom!: Int64 = 0): Expr
```

这两个函数从 startFrom 开始对 Tokens 做语法分析，直到得到一个完整的声明或表达式为止并返回。Decl 和 Expr 还可以得到构成它们的 Tokens 进而得到 Tokens 的大小，结合 startFrom，我们就可以用这种方式遍历一段特别长的代码。

包 std.ast 内还有若干 parse 开头的函数，就不一一列举了。总之，借助 ToTokens 接口的实现和一系列 parse 函数，我们可以做到在 Tokens 和 AST 之间的互相转换。

11.4.4 cangjieLex 函数

在我们需要从字符串开始解析源代码时，使用仓颉提供的重载函数 cangjieLex(...)：Tokens，可以接收源代码，并把转换的 Tokens 传给函数 parseProgram(Tokens)：Program，从而实现解析整个源代码文件。Program 实例包含包定义、导入列表等源代码文件中除注解以外的完整内容。

前面提到 Expr 是抽象语法树实现，而带运算符的表达式转化为抽象语法树会按照运算符的优先级和结合顺序进行编排。我们可以用这个函数配合 parseExpr（Tokens）把算术表达式转化为 Expr 并执行算术运算。利用抽象语法树实现算术运算的代码量比转逆波兰表达式要少得多，而且负数都自动处理了。详见程序清单 11-11。

程序清单 11-11：011/calculator.cj

```
private func calculate(expr: Expr): Decimal {
  match(expr){
    case x: LitConstExpr => convert(x)
    case x: ParenExpr => calculate(x.parenthesizedExpr)
    case x: BinaryExpr =>
        match(x.op.kind){
          case ADD => calculate(x.leftExpr) + calculate(x.rightExpr)
          case SUB => calculate(x.leftExpr) - calculate(x.rightExpr)
          case MUL => calculate(x.leftExpr) * calculate(x.rightExpr)
          case DIV => calculate(x.leftExpr) / calculate(x.rightExpr)
          case _ => throws(expr)
        }
    case _ => throws(expr)
  }
}
private func convert(expr: LitConstExpr): Decimal {
  let tokens = expr.toTokens()
  match(tokens.size){
```

```
        case 1 => Decimal(tokens[0].value)
        case 2 where tokens[0].value == '-' => Decimal(tokens[0].value + tokens[1].value)
        case _ => throws(tokens)
      }
    }
    private func throws(expr: Tokens): Nothing{
        throw Exception('ILLEGAL EXPRESSION: ${expr}')
    }
    private func throws(expr: Expr): Nothing{
      throws(expr.toTokens())
    }
    public func calculate(expr: String): Decimal {
        calculate(parseExpr(cangjieLex(expr,true)))//第二个参数决定是否删除生成的 Tokens 包含的 Token(END),Token(END)只会出现在 Tokens 末尾,表示 EOF
    }
    main(args: Array<String>){
        if(args.isEmpty()){
            throw Exception('there must be one and only one command line argument, but ${if(args.isEmpty()){'it is empty.'}else{'the arguments are ${args}'}}')
        }
        println(calculate(args[0]))
    }
```

11.4.5 缓存中间结果

前面的几个例子，都是用代码片段做宏参数。如果仅仅是这样，那么宏的能力也显得太弱了。实际上，宏的参数可以是任意代码片断，而应用最多的是把各种声明作为宏参数。在程序清单 11-12 的代码，用宏修饰一个递归计算斐波纳契数的函数，并实现避免重复计算。为了实现方便，本章剩余的程序清单都在仓颉项目里完成。

程序清单 11-12：011/test_macro/src/macros/Memorise.cj

```
macro package test_macro.macros
import std.ast.*
public macro Memorize(input: Tokens): Tokens {
  ...//省略一些代码
  for(t in bodyTokens){//把函数体里与函数名相同的标识符都替换成 callee
    if(let (IDENTIFIER, x) <- (t.kind, t.value)){
        if(x == decl.identifier.value){
            calleeNodes += callee
            continue
        }
    }
    calleeNodes += t
  }
  calleeNodes += nl
  //生成一个叫 callee 的函数,实现记忆中间结果
  let calleeFn = quote(
    func callee($(params)): $(declType){
```

```
            if(let Some(x) <- mem.get($(paramName))){
              x
            }else{
              let x = {=>$(calleeNodes)}()
              mem[$(paramName)] = x
              x
            }
        }
    )
    //单参数且参数可以做 HashMap 的 key,执行缓存逻辑,否则执行原逻辑
    let result = quote(
        $(decl.modifiers) func $(decl.identifier)($(decl.funcParams)): $(declType){
          let psize = $(psize)
          if($(paramName) is Hashable && $(paramName) is Equatable<$(firstParam.paramType)> &&
psize == 1){
            let mem = HashMap<$(firstParam.paramType), $(declType)>()
            $(calleeFn)
            callee($(paramName))
          }else{
            $(bodyTokens)
          }
        }
    )
      result
    }
```

程序清单 11-13：011/test_macro/src/fib.cj

```
    package test_macro
    import test_macro.macros.*
    @Memorize//当宏接收的参数是一个声明,就不必用括号把它包含起来了
    public func fib(n: Int64): Int64 {
        if(n == 1 ||n == 2) {
            return 1
        }
        return fib(n - 1) + fib(n - 2)
    }
```

递归计算斐波纳契数是一个很耗时的过程，因为整个过程会发生许多重复计算。如果要计算第 6 个数，需要先计算第 4 和第 5 个数，要计算第 4 个数需要先计算第 3 和第 2 个数，而计算第 5 个数的时候前面第 1 到第 4 个数又要重复计算，而且是会重复计算多次。随着要计算的数值越靠后，计算量增加越多。这个宏的用处就是把之前计算过的值保存下来，下次再重复计算相同值的时候，可以立即从 HashMap 中获取，而且宏插入的 HashMap 是原函数的局部变量，多线程调用也不影响。

还有一个问题需要注意，由于宏的影响范围仅仅是作为它实参的声明部分，而且 HashMap 在使用之前需要先导入。导入已经在这个宏的影响范围之外了，所以为了能够正常编译，我们需要在使用这个宏的地方导入 HashMap。

11.4.6 打印程序耗时

有些时候我们需要知道函数执行耗时，在函数开头增加一行代码，函数返回前再增加一行代码，这实在过于麻烦。现在实现一个宏帮助我们减少一些代码量，详见清单 11-14。

程序清单 11-14：011/test_macro/src/macros/Stopwatch.cj

```
macro package test_macro.macros
import std.ast.*
public macro Stopwatch(input: Tokens): Tokens{
    let decl = parseDecl(input)
    match(decl){
        case d: FuncDecl => weave(d)
        case d: ClassDecl => weave(d.body)
        case d: StructDecl => weave(d.body)
        case d: EnumDecl => weave(d.decls)
        case _ => diagReport(ERROR, input, '现在只支持函数、类、结构体、枚举声明','')
    }
    decl.toTokens()
}
func weave(body: Body){
    weave(body.decls)
}
func weave(decls: ArrayList<Decl>){
    for(d in decls){
        match(d){
            case x: FuncDecl => weave(x)
            case _ => ()
        }
    }
}
func weave(decl: FuncDecl): Tokens{
    decl.block.nodes = FuncDecl(quote(
        func f(){
            let start = MonoTime.now()
            try{
                $(decl.block.nodes)
            }finally{
                println(MonoTime.now() - start)
            }
        }
    )).block.nodes
    quote($decl)
}
```

以上代码的关键在于几个重载函数 weave。这回换了一种方式植入代码，@Memorize 是获取函数的每一个语法元素重新把函数拼出来，这样还是有些烦琐。ast 包的各种 Decl、Expr 及它们的子类都提供了很多 mut prop 表示它们的语法元素，因此可以通过直接修改这些属性的方式达到修改抽象语法树的目的。最后再调用抽象语法树的 toTokens()函数，就可以得到修改后的 Tokens 实例了。

程序清单 11-15：011/test_macro/src/fib.cj

```
@Stopwatch
@Memorize
public func fib(n: Int64): Int64//优化过的递归调用
@Stopwatch
public func fib2(n: Int64): Int64//循环
@Stopwatch
public func fib3(n: Int64): Int64//未优化的递归调用
```

在程序清单 11-15 中，test_macro 分别实现了 fib 和 fib2 两个函数，一个是递归实现、一个是循环实现，我们都给它们添加@Stopwatch，有兴趣的读者可以自己修改代码看看不同的实参各自耗时多少。同时读者应该注意到了，宏调用是可以嵌套的，嵌套宏调用的展开顺序是越靠里面的宏越先展开，因此@Memorize 先展开，然后是@Stopwatch，只有这样才能计算整个函数的执行耗时。如果反过来，得到的就是每次递归调用的耗时了。

11.5 预置宏

为了方便开发，仓颉标准库提供了几个预置宏。

11.5.1 @FastNative

@FastNative 宏专门用来标注与 C 语言互操作的 foreign 函数，不能用在别的地方。它可以提升与 C 函数互操作的性能，不过有如下几点限制。

1）C 函数执行时间不宜太久，如果函数内有特别耗时的循环或者有阻塞操作，请慎用此宏。

2）C 函数内不能调用仓颉函数。

11.5.2 整数溢出策略

在编程工作中，类型转换和算术运算都可能遇到整型值溢出。仓颉对溢出的处理方式默认会抛出异常，也就是不允许发生溢出，需要开发者主动处理可能发生溢出的情况。这么做也符合对溢出处理的通常做法。在应用开发过程中，对于溢出不抛异常的语言会对溢出值做截断操作。开发者通常也是采用更大的数据类型尽量避免溢出，或者判断计算结果是否发生溢出并做抛异常或返回错误状态值。也就是说，如果语言对溢出不做处理，开发者也要明确地处理这种情况。因为溢出了，结果肯定就不正确了。仓颉对溢出的默认处理方式符合大多数应用开发情形，不过总有些情况会允许溢出的情形发生，比如计算哈希值。因此，仓颉提供了三种处理溢出的方式，如图 11-10 所示。

三种处理溢出的方式介绍如下。

1）@OverflowThrowing：抛出异常。这是默认的溢出策略，所以这个宏加不加都不影响。比如 0x7fi8 + 1 超过了 Int8 的最大值，会抛出异常。

2）@OverflowWrapping：高位截断。使用这个策略时，会截断内存高位。这个溢出策略跟 Java、C、C++的溢出策略是一样的。比如 127i8 + 1，截断以后新值是-128i8。如果开发者需要自己实现哈希算法，而不是使用 std.core.DefaultHasher，建议使用此策略标注 hashCode()函数。

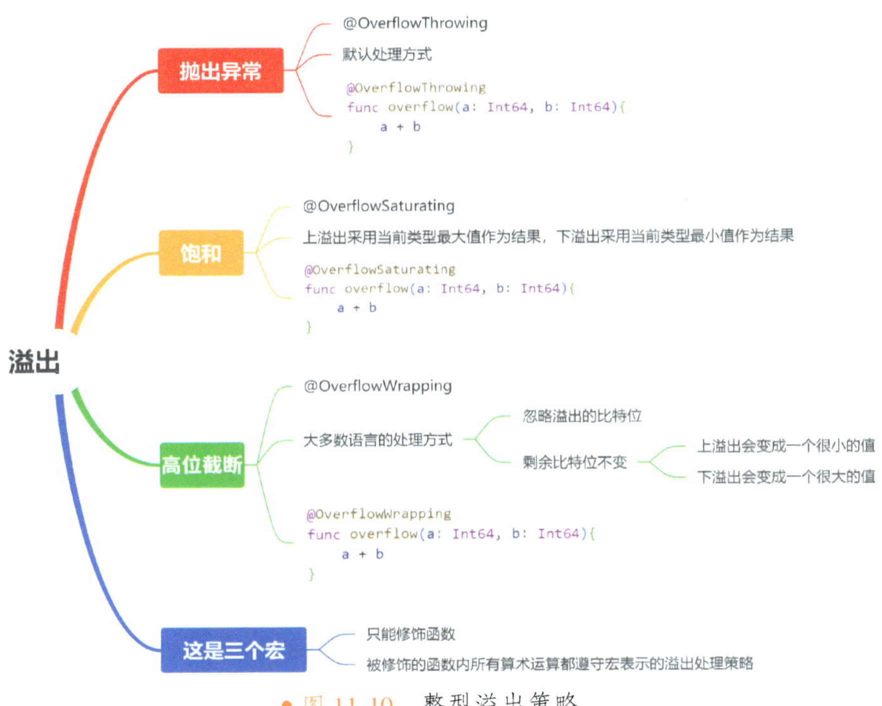

图 11-10　整型溢出策略

3）@OverflowSaturating：饱和。使用这个策略时，一旦发生上溢出，会使用当前类型最大值，下溢出会使用当前类型最小值。按照此策略，0x7fi8 + 1 还是 0x7fi8，-0x80i8 - 1 还是-0x80i8。

> **提示**
>
> 这三个宏都是默认导入的。

11.5.3　@Derive

包 std.derving 提供了几个宏可以自动实现 ToString、Equatable、Comparable、Hashable。下面通过程序清单 11-16 的例子说明它们的用法。

程序清单 11-16：011/derive.cj

```
import std.deriving.*
@Derive[ToString, Hashable, Equatable]
@DeriveOrder[name, id, age] //按照这个顺序实现 Derive 指定的接口
public class User {
    User(let id: Int64, let name: String,
        //下面这个宏用来标注成员变量,意思是把它排除在外,不排除的成员变量都会被 Derive 编排,成员变量默认会处理
        @DeriveExclude private let age_: Int64) {}
    //这个宏用来标注成员属性,表示属性将被@Derive 添加到实现接口的值当中,否则默认只有实例成员变量参与计算
    @DeriveInclude
    public prop age: Int64 {
        get() {
```

```
            age_
        }
    }
}
main() {
    let user = User(1234, 'Bob', 20)
    println(user)//宏已自动实现了 ToString,输出 User(name: Bob, id: 1234)
    println(user.hashCode())
}
```

11.5.4 内置编译标记

内置编译标记的介绍如下。

1）@sourcePackage()：展开结果是调用它的位置所在文件的全限定包名字符串。

2）@sourceFile()：展开结果是调用它的位置所在文件的源代码文件名字符串（不包含路径名）。

3）@sourceLine()：展开结果是调用它的位置所在文件的源代码行数（不是文件总行数），这是一个 Int64。

11.5.5 条件编译

条件编译的目的是让编译器有选择地编译哪些代码，图 11-11 为条件编译的基本特性。

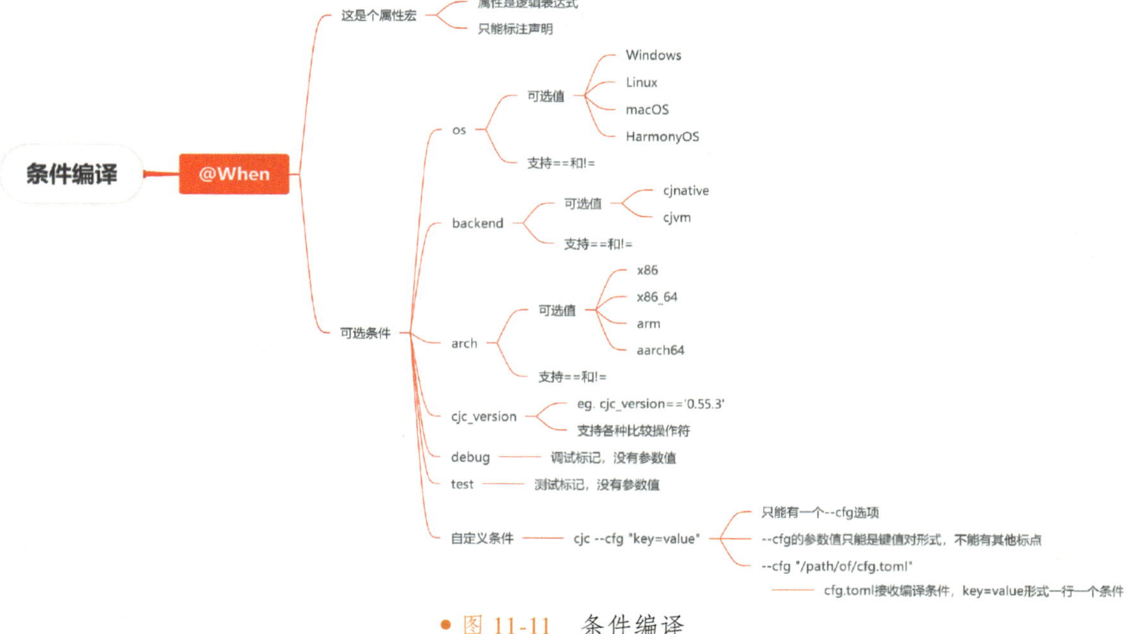

● 图 11-11 条件编译

我们可以用这个特性获取当前运行时的操作系统，如程序清单 11-17 所示。

程序清单 11-17：011/condition_compile.cj

```
main(){
    @When[os == 'Linux']
```

```
    let os = 'Linux'
    @When[os == 'Windows']
    let os = 'Windows'
    @When[os == 'macOS']
    let os = 'macOS'
    @When[os == 'HarmonyOS']
    let os = 'HarmonyOS'
    println(os)
}
```

11.5.6 宏间通信

读者现在一定有一个疑问：@Derive 宏是如何获取到被@DeriveInclude 标注的属性和被@Derive-Exclude 标注的成员变量的？本小节将回答这个问题。

前面提到过宏可以嵌套调用，越靠里面的宏越先展开，因此@DeriveInclude 和@DeriveExclude 最先展开，然后展开@DeriveOrder，最后展开@Derive。由于宏严格按照这个顺序展开，里面的宏就可以为外面的宏发送数据，外面的宏展开的时候可以获取到里面的宏发送给它的数据。

首先有以下两个函数，用来判断当前宏的外面有没有自己期望的宏标注。

1）assertParentContext（String）：Unit 参数是期望的宏名字符串，如果当前宏调用外面没有宏名表示的宏，编译器会输出错误提示并结束编译，如果有当前宏会继续展开。

2）insideParentContext（String）：Bool 参数是期望的宏名字符串，如果当前宏调用外面有宏名表示的宏返回 true，否则返回 false。

> **提示**
>
> 这两个函数只能调用，不能赋值、传参、返回等。

有一系列顶级声明的 setItem(String, ...)：Unit 重载函数，第一个参数是消息名，第二个参数可以是 Bool、Int64、String、Tokens 四种类型之一。内部的宏调用这几个函数就可以向它外部的宏发送消息，而且不论嵌套多少层宏调用，都可以收到。比如某个类的成员函数体内有一个宏调用发送了一条消息，标注这个函数的宏和标注这个类的宏都能收到这条消息。

最后就是 getChildMessages（String）：ArrayList<MacroMessage>。这个函数以内部嵌套的宏名为参数，返回这个宏发送的消息。宏间通信以宏名为标识，经作者测试如果没有同名宏，跨包声明的宏也可以通信，不过作者认为发生通信的宏最好都在同一包内声明，这样不至于导致混乱。

下面我们以一个例子展示它们的通信过程，这个例子自动重命名类的实例成员变量并为它们添加属性。

程序清单 11-18：011/test_macro/src/macros/Data.cj

```
macro package test_macro.macros
import std.ast.*
import std.collection.{ArrayList, HashSet}
//只能标注类,标注其他声明会出错
public macro Data(input: Tokens): Tokens {
    var tokens = input
```

```
    match(parseDecl(input)){
        case x: ClassDecl =>
            let excluded = HashSet<String>()//此处接收消息
            for(m in getChildMessages('DataExclude')){
                excluded.put(m.getString('exclude'))
            }
            ...//忽略了很多代码
    tokens
}
//只接收实例成员变量或成员变量形参
public macro DataExclude(input: Tokens): Tokens{
    match(parseDecl(input)){
        case x: VarDecl =>
            assertParentContext('Data')//判断是否嵌套在 Data 宏调用内
            setItem('exclude', x.identifier.value)//向外部宏发送消息
            ()
        case _ => diagReport(ERROR, input, 'DataExclude accept var decl only.', '')
    }
    input
}
```

11.5.7 宏特性总结

我们已经学习了很多宏的特性和它们的应用场景，本小节对宏做一个简单的总结，如图 11-12 所示。

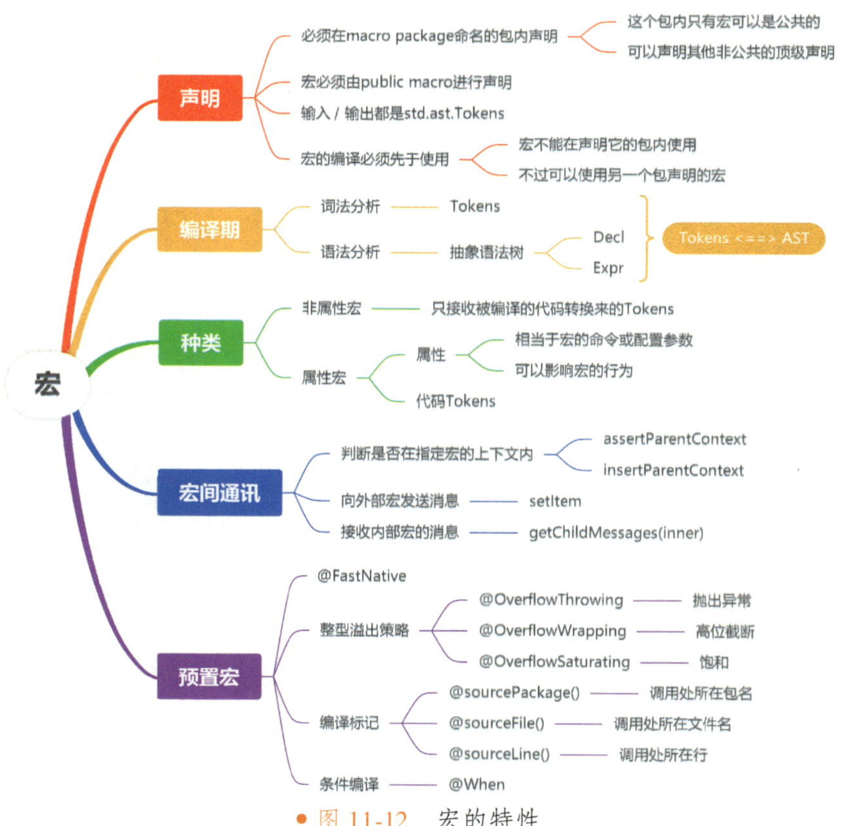

图 11-12 宏的特性

提示

1）宏 API 没有自定义注解的位置。我们可以把注解的声明当作一个普通的类去操作，但是如果用它标注了某个声明，用宏的 API 是找不到的。类 Decl 的 annotations 返回的是几个内置的注解，比如@CallingConv、@Attribute、@When 等。文档说它们是注解，但是笔者试图用反射获取它们的类型信息却没有得到，而注解的本质就是类，要么编译器禁止了这一行为，要么它们不是注解而是宏。2）宏的声明看起来跟函数有些像，不过函数可以嵌套声明，但是宏不可以。

11.6 跨语言互操作

成熟的编程语言有丰富的工具库，这是强大的生态系统。仓颉作为新生语言，自然不可能放弃它们。而不同的编程语言由于编译器的实现有巨大的差异，如果直接调用另一种语言的 API，编译器就需要兼容另一种语言，这是个非常复杂的工作，于是跨语言互操作特性应运而生。编译器不需要做出太大的改变，只需要提供一套跨语言访问的 API 和支持这套 API 的访问机制，也就是本节要介绍的 FFI（**F**oreign **F**unction **I**nterface）。

现在，仓颉已经支持 C 和 Python 的 FFI，仓颉鸿蒙 SDK 还支持与 TypeScript 的互操作。本书只介绍与 C 的互操作。

11.6.1 与 C 互操作

为了实现与 C 的互操作，仓颉对基本数据类型的内存结构实现了 C 兼容，它们有相同的内存布局。对于相同字节数的数值型，两种语言几乎是一一对应的，比如仓颉的 Int8 对应 C 的 int8_t，仓颉的 Float64 对应 C 的 double 等。不过有几个类型需要特别说明，见表 11-1。

表 11-1　基本数据类型对照关系

仓颉类型	C 类型
Unit	void
UInt8	char
Bool	bool
IntNative	ssize_t
UIntNative	size_t
Rune	没有
String	没有
Float16	没有

对于字符串类型，仓颉专门定义了一个 CString 类型，它跟仓颉的 String 没有关系。创建一个 CString 实例需要用到 std.core.LibC，代码如程序清单 11-19 所示。

程序清单 11-19：011/ffi.cj

```
main(){
    let s = unsafe{LibC.mallocCString('hello world')}
    println(s)
    unsafe{LibC.free(s)}//用完了一定要释放它，否则会造成内存泄漏
}
```

CString 实现了 ToString，但是没有实现 Hashable 和 Equatable、Comparable 等。CString 和 String 之间的转化就是 LibC 的 mallocCString 函数和 ToString 接口。直接访问 CString，需要使用 C 语言的字符串函数。

> **提示**
>
> 任何对 C 函数的调用都必须使用 unsafe 块包含。如果开发者认为函数调用时应该使用 unsafe 块包含，可以在声明函数时用 unsafe 修饰这个函数。

为了访问 C 函数，仓颉提供了外部函数声明。比如我们要创建一个 CString 并得到它的长度，首先需要在仓颉源代码文件做如下声明。

```
foreign func strlen(s: CString): UIntNative
```

关键词 foreign 指的是在 C 侧提供了实现的函数，为了能够在仓颉侧使用它，需要在仓颉侧提供相关的声明。这个 foreign 函数就是仓颉侧对 C 侧函数的声明。图 11-13 为 foreign 函数的特性。

图 11-13 foreign 函数

上图提到 foreign 函数的参数和返回类型，仓颉对两种语言的类型映射关系做了相应的约定，如图 11-14 所示。

现在我们可以使用 C 函数操作 CString 了，见程序清单 11-20。

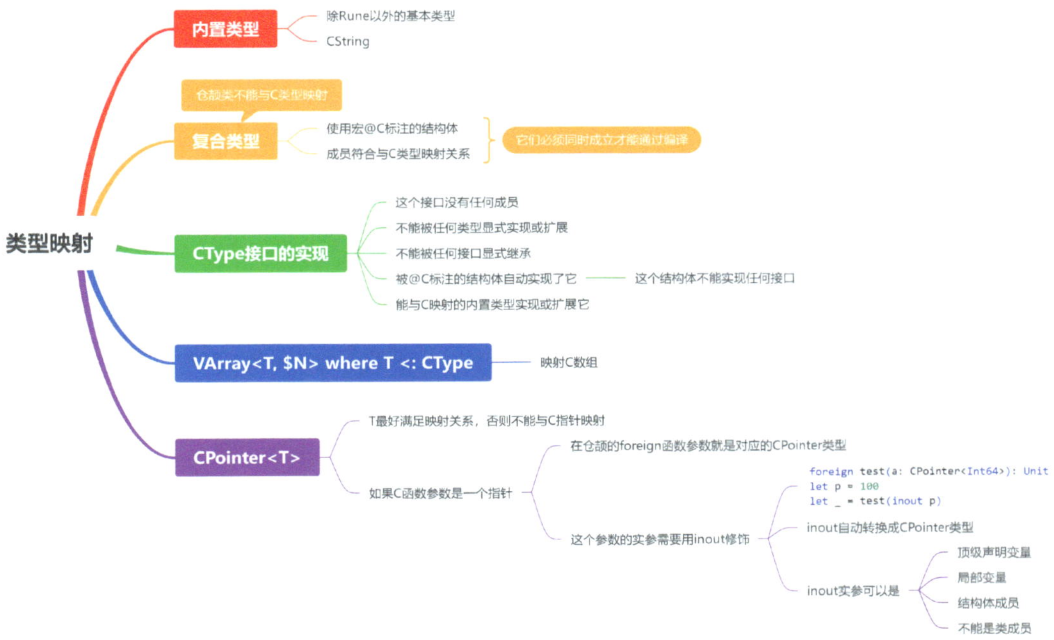

● 图 11-14　仓颉与 C 的类型映射关系约定

程序清单 11-20：011/ffi2.cj

```
foreign func strlen(s: CString): UIntNative
main(){
    unsafe{
        let s = LibC.mallocCString('hello world')
        println(strlen(s))
        LibC.free(s)
    }
}
```

CPointer 可以用来映射 C 指针，具体用法见程序清单 11-21 的代码。

程序清单 11-21：011/cpointer.cj

```
@C//@C 标注的类型不能实现接口
public struct Point3D /*<: ToString*/ {
    public Point3D(
        public var x: Float64,
        public var y: Float64,
        public var z: Float64
    ) {}
    public func toString(): String{
        'x: ${x}, y: ${y}, z: ${z}'
    }
}
main(){
    unsafe{
```

```
        let pps = CPointer<Point3D>()
        unsafe{
            let up: CPointer<Unit> = LibC.malloc(count: 24 * 3)
            //不用怀疑,下面这个构造函数可以编译
            let pp = CPointer<Point3D>(up)
            var p = pp
            for(i in 0 .. 3){
                p.write(Point3D(Float64(i), Float64(i), Float64(i)))
                p +=1//CPointer 重载了 + -,没有重载++ --
                //每次+1 指针前进的字节数就是 CPointer 泛型实参的大小
            }
            p = pp
            for(i in 0 .. 3){
                println((p + i).read().toString())
            }
            LibC.free(up)
        }
    }
}
```

浮点型转整型会损失小数位，程序清单 11-22 的例子是把浮点型转成整型，但是比特位不变。把这个过程反过来就能原样转回去。当然这个转换得到的整型跟原浮点值是没有关系的。

程序清单 11-22：011/float2int.cj

```
main(){
    unsafe{
        let up = LibC.malloc(count: 8)
        let floatp = CPointer<Float64>(up)
        floatp.write(99.999999)
        let intp = CPointer<Int64>(floatp)
        println(intp.read())
        let fp = CPointer<Float64>(intp)
        println(fp.read())
        LibC.free(up)
    }
}
```

11.6.2 C 调用仓颉函数

仓颉提供了一个 CFunc<T>类型，T 是满足仓颉与 C 类型映射关系的函数类型，CFunc 对应仓颉的函数指针。得到一个 CFunc 实例有如下四种方式。

1）声明一个 CFunc 变量接收 C 函数指针。

2）实现一个符合类型映射关系的闭包。CFunc 闭包不能捕获变量。

3）使用@C 宏标注一个符合类型映射关系的仓颉函数，这个函数会被编译为 CFunc 类型。

4）foreign 函数同时也是 CFunc。

11.7 本章知识点总结和思维导图

本章介绍了仓颉的元编程机制——反射和宏，它们分别对应运行期元编程和编译期元编程。笔者本人更喜欢使用宏，它的能力明显更强大，而且不以损失性能为代价。有时宏有些反直觉，跟惯常的编程思维不太一样，因为这个时候是用处理数据的思维处理代码，输入和产出的数据都是代码。一旦熟悉了这种编程方式，就像掌握了一种新的编程思想，它会成为开发工作的一大利器。图 11-15 为本章知识要点。

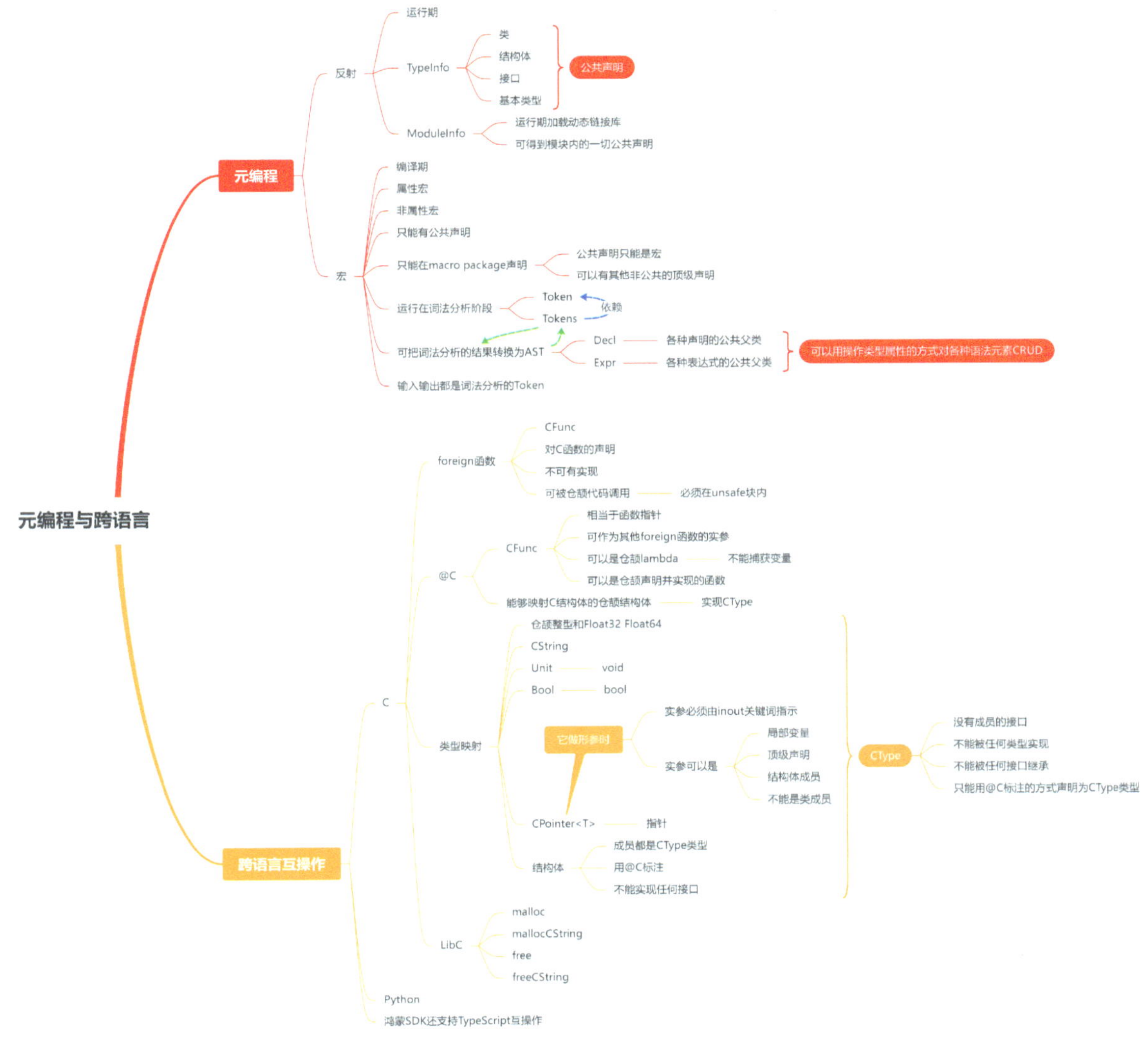

图 11-15　元编程与跨语言互操作

第 1 2 章

一个完整的仓颉项目

本章将以一个完整的项目，介绍仓颉工具链的使用以及项目组织形式。

12.1 项目

前面已经介绍过仓颉的各种语法特性，但是只知道语法特性远不能称为掌握了一门编程语言，因为我们仍然不知道如何组织并管理代码。现代软件工程为了有效地管理代码，引入了项目概念。

12.1.1 初始化一个项目

首先确保已经安装了仓颉 SDK，执行 which cjpm，如果有正确输出，说明可以创建仓颉项目。我们创建一个新目录——这个目录的名字要符合仓颉标识符规范。执行命令 cjpm init，就完成了仓颉项目初始化。使用 VSCODE 打开刚创建的目录，就能看到图 12-1 的目录结构。

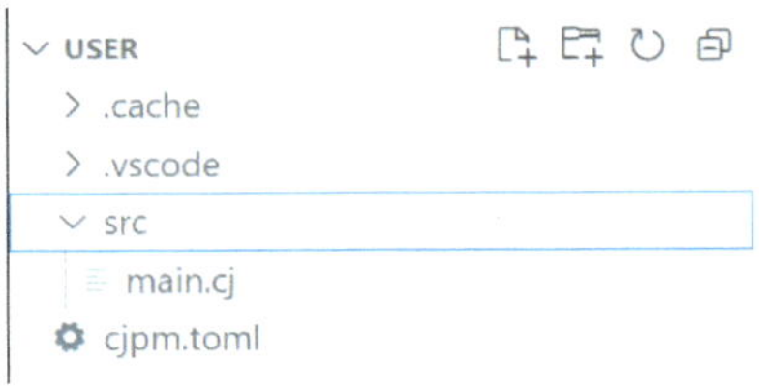

USER
.cache
.vscode
src
main.cj
cjpm.toml

图 12-1 仓颉项目目录结构

图 12-1 显示已经在一个叫 USER 的目录里创建了一个仓颉项目，各目录和文件说明如下。

1）cjpm.toml 是项目配置文件。

2）所有源代码文件都在 src 子目录下面。

3）main.cj 是默认创建的源代码文件，cjpm init 默认创建的是编译目标为可执行文件的项目，所以会创建这个文件。

执行命令 cjpm init -h，可以显示帮助信息。比较常用的是--type 参数，它有如下三个选项。

1）cjpm init --type=executable 是默认选项，创建编译目标为可执行文件的项目。

2）cjpm init --type=static 可以创建编译目标为静态链接库的项目。

3）cjpm init --type=dynamic 可以创建编译目标为动态链接库的项目。

下面我们先编译这个新项目，看会有什么结果。执行 cjpm clean && cjpm update && cjpm build，将得到图 12-2 的结果。

cjpm clean 是为了清除上次编译结果，cjpm update 根据 cjpm.toml 创建一个 cjpm.lock 文件，cjpm build 是构建整个项目（包括当前项目依赖的其他项目）。cjpm build 默认编译结果是生成名为 main 的可执行文件，如果要生成其他名称，应增加-o 参数，比如 cjpm build -o user，这样生成的可执行文件名就是 user 了。

编译后多了一个 target 子目录，我们需要关注./target/release/bin/main 这个文件，这是整个项目编译得到的可执行文件。执行它，将在控制台输出 hello world。

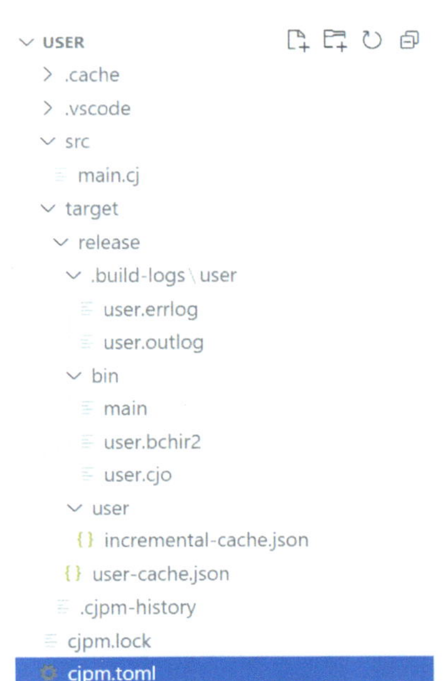

图 12-2 仓颉项目编译结果

如果项目规模很小，一个 src 子目录可以搞定一切；如果是规模特别大的项目，一个 src 子目录恐怕就力不从心了。这时候我们需要把一个大项目拆分成若干子项目，并由一个项目把它们整合起来。比如我们现在创建一个叫 utility 的子项目，本章所有的工具类代码都在这里面，业务相关的代码都在当前的 user 项目里。在 user 目录下面创建一个 utility 的子目录，并在 utility 子目录执行 cjpm init --type=dynamic，便得到目录结果，我们会发现子项目目录结构跟主项目几乎是一样的。唯一的不同是，由于 utility 编译目标是动态链接库，这次没有生成 main.cj，目录结构如图 12-3 所示。

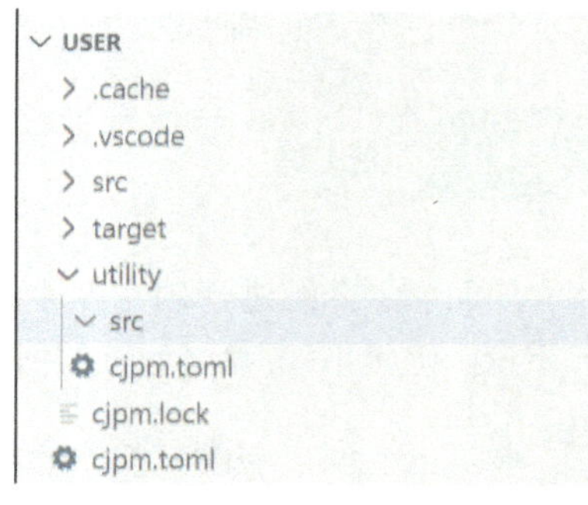

● 图 12-3 子项目

一个项目最重要的部分有两个，即 cjpm.toml 和 src 子目录。下面将分别介绍它们。

12.1.2 cjpm.toml

cjpm.toml 是项目配置文件，它包含着整个项目的元数据。对于我们刚刚创建的项目，它的 cjpm.toml 如图 12-4 所示。

```
[dependencies]
utility = {path = "./utility"}

[package]
  cjc-version = "0.55.3"
  compile-option = ""
  description = "nothing here"
  link-option = ""
  name = "user"
  output-type = "executable"
  override-compile-option = ""
  src-dir = ""
  target-dir = ""
  version = "1.0.0"
  package-configuration = {}
```

● 图 12-4 cjpm.toml

上图的两大部分意义分别如下。

1）[dependencies]：第三方源代码依赖和子项目依赖，有以下两种格式。

① {path = "./utility", version = "1.0.0"}；path 是依赖的源码项目在本地文件系统的目录，可以是相对路径也可以是绝对路径；version 是被依赖的项目版本号，版本号可省略。子项目依赖通常选择这种方式。

② {git = "https://git.url/path/of/dependent_project.git", branch = "master", version = "1.0.0"}；版本号同样可以省略，指定第三方依赖的 git url 和依赖的分支。第三方依赖通常选择这种方式。

2）[package]：项目的基本信息，各选项含义分别如下。

① cjc-version：所需仓颉编译器的最低版本要求，必须。

② name：项目名，必须。

③ description：项目描述，可以省略。

④ version：项目/模块版本信息，每个模块或子项目可以独立定义版本。

⑤ compile-option：编译命令选项，可以在这里指定各种编译器优化选项，比如-O2、-Oz 或--lto=full、--lto=thin 等，可以省略。

⑥ link-option：链接器透传选项，可以省略。

⑦ output-type：编译输出产物，可选项有 executable（编译为可执行文件）、static（编译为静态链接库）、dynamic（编译为动态链接库），对应的就是 cjpm init --type=指定的选项，必须。

12.1.3 模块

仓颉以项目为单位组织各个模块，项目名是模块名，也是模块的根包名。前面章节多次出现的 std.core、std.reflect、std.ast、encoding.base64、crypto.digest 等包开头的 std、encoding、crypto 都是模块名，声明时它们紧随 package 关键词出现，导入时作为根包名出现紧随 import 之后。图 12-5 为 user 项目的 main.cj。

```
package user
//不论项目的编译目标是什么，src目录下都要有一个文件，即使这个文件什么也不做，也要有一行包声明
//这个包就是模块名也就是项目名

main(): Int64 {
    println("hello world")
    return 0
}
```

● 图 12-5　user/src/main.cj

12.1.4　包

通常我们建议 src 目录下只有 main.cj，其他的代码只出现在各个模块的子包内。比如 user 模块下面我们需要接收 http 请求、执行业务逻辑、操作事务、访问数据库等各种逻辑，良好的开发规范应当把不同业务功能的代码放在不同的模块内；而同一模块内不同目的的代码应在不同的包内——接收响应 http 请求的、执行业务逻辑的、操作事务的、访问数据库的、定义业务实体数据类型的、仅在模块内使用的业务无关工具 API——它们都应该在不同的包内。图 12-6 为 user 模块的各个包。

```
∨ USER
  > .cache
  > .vscode
  ∨ src
    ∨ app
    ∨ controller
    ∨ dao
    ∨ model
      ∨ entity
      ∨ mvc
      ∨ po
      ∨ vo
    ∨ service\impl
    ∨ util
      main.cj
  > target
  > utility
    cjpm.lock
    cjpm.toml
```

● 图 12-6　user 模块的包

各 src 子目录意义如下，本章将以这些目录结构组织代码。

- app：应用初始化代码。main 函数调用这个包下面的 API 完成程序初始化。
- controller：处理 http 请求的代码，以类为单位组织 user 相关的不同功能。按照这个项目的规模。一个类就足够了，但是仍然要严格地履行良好的代码规范，并养成好习惯。良好的习惯是成功的一半。
- model/entity：业务逻辑代码。
- model/mvc：接收 http 请求参数和响应数据的类型。
- model/po：与数据库交互的数据类型，通常是一个数据库表对应一个类型。
- model/vo：实例符合不变模式的数据类型，通常类型都很小，可以考虑使用结构体。
- service：访问 dao，操作事务。
- dao：访问数据库。
- util：仅在本模块使用的工具 API。

现在初步这么规划，不一定都会用得到，随着开发的推进，说不定有些目录就没有了，或者添加新的目录。这个目录结构也是笔者开发时通常会创建的。

12.1.5 导入

引入模块和包的概念是为了方便管理项目，使代码能够被结构化地组织和管理，意义、功能相近的代码集中到一个包里，相关性差的代码分布到不同的包的不同模块。这些模块和包之间为了完成功能，就要形成依赖关系。一个包为了使用另一个包的声明就需要导入它们，假设我们的 user 模块的某个源代码文件要依赖 utility.http 包的功能，导入的代码如下。

```
import utility.http.*
```

首先 import 关键词开头，后面是模块名和用.分割的包名，.* 意味着导入这个包下的全部可见声明。另外，如果我们只想依赖某个包下面的一个声明，可以把 * 换成这个声明的名称；如果想依赖一部分而不是全部声明，可以把这些声明用花括号包含起来，如下所示。

```
import utility.base.macros.Data
import utility.db.{SqlExecutor, RootDAO}
```

在一个包导入的声明也有可见性约束，即可以使用可见性修饰符决定当前的这行导入是否可以在其他代码文件、包或模块可见。

> **提示**
>
> 仓颉禁止包间循环依赖，因此必须在开发时就规划好包之间的依赖关系。

12.1.6 各声明可见性总结

main 函数不需要考虑可见性问题，它伴随着仓颉代码的每一个声明，包括顶级声明和导入。前面的章节已多次提到顶级声明，但是一直是在一个文件内开发，也就没有提到顶级声明的可见性。现在我们从项目的维度审视仓颉代码，顶级声明可见性的必要性也就凸显出来了。哪些顶级声明希望被其他的包、其他的模块使用，哪些顶级声明只希望被当前文件使用，哪些顶级声明希望随意可见，这些都需要认真考虑。也正是因为有了顶级声明的可见性这个特性，仓颉项目对代码的组织管理能力才显得有极强的灵活性。各种声明可见性的总结见表 12-1。

表 12-1　各种声明可见性

可　见　性	顶 级 声 明	成 员 声 明	import
public	全局可见	全局可见	全局可见，也叫重导出
protected	当前模块可见	当前模块及子类型可见	当前模块可见
internal	当前包及子包可见	当前包及子包可见	当前包及子包可见
private	当前文件可见	当前类型可见	当前文件可见
默认	internal	internal	private

12.2 编译器参数

本书的大部分代码都可以直接使用编译器 cjc 编译，下面将介绍编译器的几个常用参数。

12.2.1 查看编译器版本

cjc -v 显示当前编译器版本，写作本书时的版本号是 0.57.3。此命令显示如下。

```
Cangjie Compiler:0.57.3 (cjnative)
Target: x86_64-unknown-linux-gnu
```

12.2.2 指定编译文件

执行 cjc /path/of/cangjie_file.cj 命令，完成对指定文件的编译，不过不保存编译结果。要把编译的结果保存下来，需要执行 cjc /path/of/cangjie_file.cj -o /path/of/target_file。

12.2.3 编译优化选项

目前编译器支持以下几个优化选项。

1）-O0：0 级优化，默认优化级别，调试模式下必须采用此优化级别。

2）-O1 或-O：1 级优化。

3）-O2：2 级优化。

4）-Os：类似 2 级优化，对编译目标的文件大小做了额外优化。

5）-Oz：类似-Os，对编译目标的文件大小做了更进一步的优化。

6）--lto=full：参与编译的各个模块合并到一起，全局优化。由于这种方式可以得到参与编译的所有代码，可以获得最大的优化潜力，也是最耗时的编译优化。

7）--lto=thin：编译器以模块为单位收集编译所需的信息，优化效果弱于--lto=full，不过可以并行优化，链接时增量编译，耗时比 full 模式要少。

12.2.4 其他工具链命令

其他工具链命令介绍如下。

1）cjpm -h：获得 cjpm 命令的帮助。

2）cjpm <subcommand> -h：获得 cjpm 子命令的帮助。

3）cjpm test：执行单元测试。cjpm test --filter <package | unittest>执行指定包名下的测试用例或具体的测试用例，支持通配符。

4）cjpm bench：执行性能测试。也支持--filter 参数。

5）cjdoc：生成仓颉项目文档。将代码中的/ * * 这部分注释生成成为文档，cjdoc 支持 markdown 格式 * /。

下面是一个完整的文档注释示例。

```
/**
 * @brif 每行开头的 * 会被去掉(简要文档的描述)
 * 没有@brif 的部分是详细描述部分,所有的@开头的行都是注解部分,每一部分都是可选的
 * @file 当前注释所在文件
 * @author 当前代码的作者
```

```
 * @version 当前代码的版本
 * @date 当前代码的完成日期或修改日期
 * @since 引入特定变化,eg. @since v1.0.0
 * @see 参考另一个主题,文档会生成一个指向它的链接
 * @param 函数参数描述,一个参数一个@param
 * @return 函数返回说明
 * @throws 函数可能会抛出的异常
 * @exception 同上
 * @note 标记提示信息
 * @warning 标记警告信息
 * @attention 标记需要注意的信息
 */
```

6）cjprof：性能分析命令。仅支持 Linux 系统。cjprof --help 显示帮助信息。搭配不同的命令选项，可以输出丰富的分析信息，包括 CPU 热点函数、导入和分析堆内存等。

① cjprof record -f 10000 -p 12345 -o sample.out：对进程号是 12345 的进程执行 CPU 热点函数信息采样，每秒采样 10000 次，并把采样结果输出到 sample.out 文件。

② cjprof report -i sample.out：对采样数据生成文本报告。加-o report.out 将报告输出到文件；加-F -o report.svg，将采样信息生成火焰图并输出为 svg 文件。

③ cjrof heap -d 12345 -o heap.out：将堆内存信息导出到 heap.out 文件。

④ cjprof heap -i heap.out：分析堆内存信息。

12.3 垃圾回收

垃圾回收是一种自动内存管理机制，仓颉是一种带垃圾回收的编程语言。进程运行时，堆中的每个类型实例之间的依赖关系会形成一个有向图。从堆内存中的任意一个实例开始遍历会得到一个生成树，整个进程存在一些根实例，当某个实例不在任意一个根实例的生成树上时，就可以认为这个实例不可达了。这时可以对它执行回收，以免堆内存被耗尽，从而可以持续地给新实例分配内存。

12.3.1 仓颉的垃圾回收算法

仓颉采用全并发内存标记整理垃圾回收算法，延迟极低、内存碎片极低、内存利用率高；彻底摒弃了全局暂停机制，可以做到不必暂停全部应用线程完成垃圾回收。

12.3.2 进程初始化参数

仓颉通过环境变量的方式指定进程初始化参数，下面介绍几个常用选项。

1）cjHeapSize：指定堆内存最大值，支持的单位是 kb、mb、gb，支持设置范围是 4MB 到系统物理内存，超出这个范围无效，仍旧使用默认值。若物理内存低于 1GB，默认是 64MB，否则是 256MB。

2）cjProcessorNum：仓颉线程最大并发数，即操作系统线程数。支持范围是大于 0，小于等于

CPU * 2，超出这个范围仍旧使用默认值。如果调用系统 API 成功获取 CPU 核数，默认就是 CPU 核数，否则默认值是 8。

3）cjStackSize：仓颉线程栈大小，支持 kb、mb、gb。Linux 支持范围是 64KB 到 1GB，Windows 支持 128KB 到 1GB。超出范围仍旧使用默认值，Linux 默认 64KB，Windows 默认 128KB。

12.4 开发一个 RESTful 服务器

现在我们要开发一个 RESTful 服务器，实现用户注册、登录、收藏喜欢的网页 URL。此项目是为了给读者展示如何综合使用本书介绍的仓颉特性开发 web 应用服务器。关于访问数据库、标准库 HTTP 等 API 封装的业务无关代码会在 utility 子项目实现，业务功能在主项目实现。由于只是一个简单例子，不考虑开发完整的 MVC 和 ORM 能力。

正式开始之前，关于链接库项目还需要额外强调一点。尽管初始化链接库项目的时候 cjpm 没有在 src 目录下创建任何文件，却需要开发者在 src 下面创建一个文件，文件名可以任意，通常也没有任何功能代码，但是需要在这个文件里声明根包名。比如我们这个项目是 utility，就需要在这个文件里第一行添加 package utility，而可执行项目由于 main 函数文件就在 src 目录下面，也就不用再专门创建这样一个文件了，可以在 main.cj 里声明根包名，如图 12-7 所示。

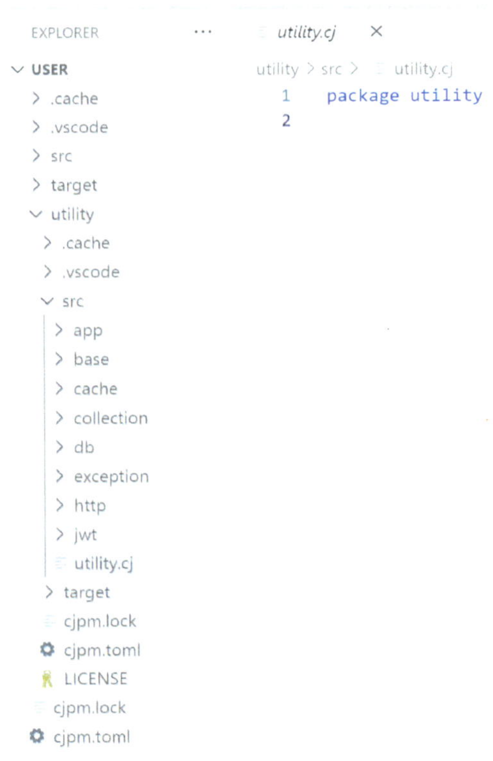

图 12-7 根包的声明

12.4.1 解析带参数的 URL 路径

RESTful 风格的 http 路径通常作为数据资源的标识，比如用户信息、商品信息、订单等，要求它们具备唯一性。因此 http 路径需要带有参数，比如标识某个用户的具体信息，可以用路径/user/info/{userId}；标识某个订单的路径；可以是/mall/order/{orderCode}等。http 客户端发起请求时；可以相应地使用/user/info/1000 查询用户 ID 是 1000 的用户信息，使用/mall/order/1000 查询订单编号是 1000 的订单信息。那么服务器在收到这些请求时，如何确认当前请求的路径对应到哪个函数去完成请求、如何从 URL 路径得到相应的参数呢？如果把服务器定义的每一个路径都遍历一遍，每次请求的最差时间复杂度是 O(n)，有没有性能更高一些的方式呢？观察路径字符串，它们都是由/分割的若干个路径节点构成，而这些路径节点构成了一个从/作为根的树型结构，如图 12-8 所示。于是我们就自然地可以想到，应该可以使用树型数据结构提升路径查询性能，并且可以在匹配路径的过程中完成从路径中提取参数的工作。

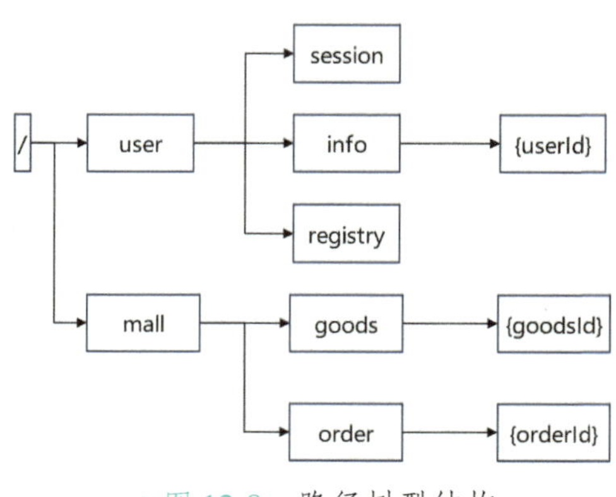

图 12-8 路径树型结构

为了能够使用这样的数据结构匹配路径，我们需要构造一个叫字典树的数据结构，以每个路径节点作为树的节点，逐级向下完成匹配。只需要沿着这棵树逐级向下，从树的根到叶子节点。如果能够完整地匹配整条路径，就可以认为存在当前指定的路径，否则就是不存在。程序清单 12-1 的代码展示了相关逻辑。由于代码太长，下面只展示一部分核心代码。

程序清单 12-1：012/user/utility/src/http/PathPattern.cj

```
open class PathNode <: Equatable<PathNode> {
    protected var name: String
    let prev: Option<PathNode>
    private let subs = HashMap<String, PathNode>()
    private let complexPathNodes = HashMap<String, ComplexPathNode>()
    private let regexPlaceholderPathNodes = HashMap<String, PlaceholderRegexPathNode>()
    private let placeholderPathNodes = HashMap<String, PlaceholderPathNode>()
    private let regexPathNodes = HashMap<String, RegexPathNode>()
    private var starNode: Option<PathNode>
    private var doubleStarNode: Option<PathNode>
    private var end_: Bool
    private var data_: Option<Any>
}
class NonePathNode <: PathNode {
    static let instance: PathNode = NonePathNode()
    private init() {}
    protected operator func ==(o: Any): Bool {
        o is NonePathNode || (o as Option<NonePathNode>).isSome()
    }
}
```

```
//匹配实路径节点
class SubPathNode <: PathNode {
    init(name: String, prev: PathNode) {
        super(name, prev)
    }
}
//匹配路径节点是 *
class StarPathNode <: PathNode {
    init(prev: PathNode) {
        super("*", prev)
        }
    protected operator func ==(o: Any): Bool {
        ois PathNode ||o is String || (o as Option<DoubleStarPathNode>).isSome() ||
            (oas Option<StarPathNode>).isSome() || (o as Option<RegexPathNode>).isSome() ||
            (oas Option<PlaceholderPathNode>).isSome() || (o as Option<ComplexPathNode>).is-
Some() ||
            (oas Option<PlaceholderRegexPathNode>).isSome() || (o as Option<SubPathNode>).
isSome() ||
            (oas Option<String>).isSome()
    }
}
//匹配路径节点是 **
class DoubleStarPathNode <: PathNode {
    public init(prev: PathNode) {
        super("**", prev)
    }
    protected operator func ==(o: Any) {
        ois PathNode ||o is String || (o as Option<DoubleStarPathNode>).isSome() ||
            (oas Option<StarPathNode>).isSome() || (o as Option<RegexPathNode>).isSome() ||
            (oas Option<PlaceholderPathNode>).isSome() || (o as Option<ComplexPathNode>).is-
Some() ||
            (oas Option<PlaceholderRegexPathNode>).isSome() || (o as Option<SubPathNode>).
isSome() ||
            (oas Option<String>).isSome()
    }
}
//匹配路径参数节点,即被{}包含的路径节点,{}内是参数名
class PlaceholderPathNode <: PathNode {
    init(name: String, prev: PathNode) {
        super(name, prev)
    }
    protected operator func ==(o: Any): Bool {
        ois PlaceholderPathNode ||o is String || (o as Option<PlaceholderPathNode>).isSome() ||
            (oas Option<String>).isSome()
    }
    protected func matches(name: String) {
        return this == name
    }
}
```

```
public class PathPattern {
public func compile(pattern: String, data: Any): PathPattern {
        var p = pattern
        p = Regex(#"/\{\*(? =[a-zA-Z][A-Za-z0-9_]*\})"#).matcher(p).replaceAll("/**/{")
        p = Regex(#"/\*{3,}"#).matcher(p).replaceAll("/**")
        p = Regex(#"(/\*{2}){2,}"#).matcher(p).replaceAll("/**")
        p = p.replace("//", "/")
        p = trimRedundantSlash(p)
        let parts = parts(pattern, true)
        synchronized(mutex) {
            if (pattern.contains("**")) {
                let count = countWithoutDoubleStar(pattern, true)
                while (patterns.size < count + 1) {
                    patterns.append(NonePathNode.instance)
                }
                while (originPatterns.size < count + 1) {
                    originPatterns.append(ArrayList<(String, Any)>())
                }
                originPatterns[count].append((pattern, data))
                for (i in count..patterns.size) {
                    var node = patterns[i]
                    if (node is NonePathNode) {
                        node = PathNode()
                        patterns[i] = node
                    }
                    compile(node, parts, data)
                }
            }
            let prev = getPathNode(parts.size)
            return compile(prev, parts, data)
        }
    }
    //pattern 是定义的路径,data 是路径对应的数据,比如这个路径对应的执行函数、是否匹配当前请求方法等
private func compile(prev: PathNode, parts: Array<String>, data: Any): PathPattern {
        var prev_ = prev
        for (i in 0..parts.size) {
            let part = parts[i]
            prev_ = appendSubPathNode(prev_, part)
        }
        prev_.end =true
        prev_.data(data)
        return this
            }
}
```

12.4.2 自定义 HttpRequestDistributor

标准库提供的 HttpRequestDistributor 默认实现只能匹配固定路径，带参数的路径就无能为力了，而且匹配到了路径也不能按照请求方法做区分。因此，我们需要实现一个新的 HttpRequestDistributor 才能满足需求，见程序清单 12-2。

程序清单 12-2：012/user/utlity/src/http/HttpRequestDistributor.cj

```
sealed abstract class HttpRequestPathPatterns <: HttpRequestDistributor{
    protected let patterns = PathPattern()
    public func extractParsableVariableInPath<T>(path: String, name: String): ? T where T <:
Parsable<T> {
        patterns.extractParsableVariableInPath<T>(path, name)
    }
    //从 Controller 函数的注解获取 http 请求元数据并完成注册
    func register(meta: RequestMeta): Unit {
        meta.setPathPattern(patterns)
        patterns.compileIfAbsent<MultiRequestMethodHandler>(meta.path){
            MultiRequestMethodHandler(this)
        }.register(meta)
    }
    func getHandler(path: String) {
        patterns.data<MultiRequestMethodHandler>(path)
    }
}
class HttpRequestDistributorImpl <: HttpRequestPathPatterns {
    static let instance = HttpRequestDistributorImpl()
    private static let NOT_FOUND = NotFoundHandler()
    private init(){}
    //原生定义的 register 函数弃之不用
    public func register(path: String, handler: HttpRequestHandler): Unit {
        throw HttpMappingException("func register(String, HttpRequestHandler): Unit is not
implemented")
    }
    public func register(path: String, handler: (HttpContext) -> Unit): Unit {
        throw HttpMappingException("func register(String, (HttpContext) -> Unit): Unit is not
implemented")
    }
    //获取 MultiRequestMethodHandler 实例
    public func distribute(path: String): HttpRequestHandler {
        let handler = getHandler(path)
        match(handler) {
            case Some(h) => h
            case _ => NOT_FOUND
        }
    }
}
```

12.4.3 处理 RESTful 请求

接收到的全部 http 请求都是由 HttpRequestHandler 实例负责处理，但是截止目前还不能区分请求方法。我们定义一个新的 HttpRequestHandler 实现，用来区分请求方法并做登录状态和权限的检查。程序清单 12-3 是这个实现的核心代码。

程序清单 12-3：012/user/utility/src/http/MultiRequestMethodHandler.cj

```
    public func handle(ctx: HttpContext): Unit {
        let request = ctx.request
        let headers = request.headers
        let method = RequestMethod.parse(request.method)
        func check(meta: RequestMeta) {
            if (!(meta.ignoreAuth ||authChecker.check(ctx, patterns.patterns))) {//检查登录状态
                UNAUTHORIZED.handle(ctx)
                return false
            }else if (!(meta.ignorePrivilege ||privilegeChecker.check(ctx, patterns.patterns)))
{//检查权限
                UNAUTHORIZED.handle(ctx)
                return false
            }else {
                return true
            }
        }
        match (metas.get(method)) {//确认请求方法和 Content-Type 是否匹配
            case Some(h) => if (! h.supportedMediaType(headers.getFirst("Content-Type") ?? "")) {
                UNSUPPORTED_MEDIA_TYPE.handle(ctx)
            }else if (! h.acceptable(headers.getFirst("Accept") ?? "")) {
                NOT_ACCEPTABLE.handle(ctx)
            }else if (! check(h)) {
                return
            }else {//一切匹配
                h.handle(ctx)
            }
            case _ where method == RequestMethod.OPTIONS =>
                let allow = StringBuilder()
                allow.append(method)
                allow.append(", ")
                let last = metas.size
                var i = 0
                for ((method, _) in metas) {
                    allow.append(method)
                    i++
                    if (i < last) {
                        allow.append(", ")
                    }
                }
                let allows = allow.toString()
                let resp = ctx.responseBuilder
                resp.header("Access-Control-Allow-Method", allows).header("Allow", allows)
            case _ where method == RequestMethod.HEAD =>
                match (metas.get(RequestMethod.GET)) {
                    case Some(h) =>
                    if (! check(h)) {
                        return
                    }else if (h.supportedMediaType(headers.getFirst("Content-Type") ?? "")) {
```

```
                h.setHeadOnly()
                h.handle(ctx)
            }else {
                    UNSUPPORTED_MEDIA_TYPE.handle(ctx)
            }
            case _ => METHOD_NOT_ALLOWED.handle(ctx)
        }
        case _ => METHOD_NOT_ALLOWED.handle(ctx)
    }
}
    //注册路径、请求方法、执行逻辑等 controller 函数元数据
func register(meta: RequestMeta): Unit {
    if (let Some(_) <- metas.putIfAbsent(meta.method, meta)) {
        throw HttpMappingException("duplicate handler for ${meta.method} ${meta.path}")
    }
}
```

12.4.4 登录状态验证

用户登录和验证登录状态是基本操作，本项目采用 JWT 维持登录状态，并且可以从 JWT 串获取当前访问的 userId。JWT 的实现在项目的 012/user/utility/jwt/目录内，由于代码特别长，又仅仅是对标准库签名算法实现的包装，就不专门在正文展示了，有兴趣的读者请查阅相关代码。程序清单 12-4 和程序清单 12-5 是使用 JWT 验证登录状态的代码。

程序清单 12-4：012/user/src/util/AuthChecker.cj

```
public class AuthCheckerImpl <: AuthChecker {
    private init(){}
    static let instance = AuthCheckerImpl()
    public func check(ctx: HttpContext, patterns: PathPattern): Bool {
        let auth = ctx.request.headers.getFirst('Authorization')
        if(let Some(x) <- auth){//Authorization 请求头的值是 JWT 串
            let (checked, userId) = UserSession.check(x)
            if(checked){//如果登录验证通过，就用从 JWT 提取的 userId 填充请求头 User-ID
                ctx.request.headers.set('User-ID', userId.toString())
            }
            checked
        }else{
            false
        }
    }
}
public let authChecker: AuthChecker = AuthCheckerImpl.instance
```

程序清单 12-5：012/user/src/util/UserSession.cj

```
public class UserSession {
    private init(){}
    private static let sessions = SimpleCache<Array<Byte>>(timeout: Duration.hour)
    private static func genKey(userId: Int64){
```

```
            'user: ${userId}'
        }
        private static func createJWT(salt: Array<Byte>){
            JWT().hmacSHA1(salt).expire(Duration.hour)//utility.jwt.JWT 支持了标准库提供的全部签
名算法
        }
        public static func set(userId: Int64){
            let salt = SecureRandom().nextBytes(16)
            let jwt = createJWT(salt).addPayload('userId', userId).encoder().sign()
            sessions.put(genKey(userId), salt)//每次登录都创建新的签名盐,并把它缓存在内存
            jwt
        }
        public static func remove(userId: Int64): Unit {
            sessions.remove(genKey(userId))
        }
        public static func check(jwt: String): (Bool, Int64) {
            let jwtInstance = JWT()
            let verifier = jwtInstance.verifier(jwt)//JWT 实现把 jwt 串的数据提取出来填充到 JWT 实例
            if(let Some(at) <- verifier.getExpireAt()){
                if(at <= DateTime.now()){
                    return (false, 0)
                }
            }
            if(let Some(userId) <- verifier.getPayloadValue<Int64>('userId')){//JWT 串有 userId,
因此可以从中提取 userId
                if(let Some(salt) <- sessions.get(genKey(userId))){
                    jwtInstance.hmacSHA1(salt)
                    return (verifier.verify(), userId)//返回登录验证结果和 userId
                }
            }//如果提取不到 userId,说明是无效访问
            (false, 0)
        }
    }
```

12.4.5 http 请求的元数据

http 请求的元数据包含三部分，分别是请求方法、URL 路径和请求参数定义。本项目采用反射和注解实现 http 请求元数据的定义和注册。其实使用宏才能保证最高性能，不过本项目的目的是尽可能展示仓颉特性的各种用法，宏通过 controller 初始化和数据库事务的方式提供展示。

本项目提供了对 POST、GET、PUT、DELETE、PATCH 等请求方法的支持，见程序清单 12-6。

程序清单 12-6：012/user/utility/src/http/RequestMapping.cj

```
sealed abstract class RequestMapping{
    public const RequestMapping(
        private let consumes!: String = '',//对应请求头 Content-Type,可以是利用,分割的多个
mime type
        private let produces!: String = '',//对应请求头 Accept,可以是用,分割的多个 mime type
        private let ignoreAuth!: Bool = false,//是否忽略登录状态验证
```

```
        private let ignorePrivilege!: Bool = false,//是否忽略权限检查
        private let method!: RequestMethod,//请求方法
        private let path!: String = ""//请求路径
    ){}

    /**
     * 当前 RequestMapping 转化成请求元数据,参数是请求执行逻辑,这个函数在 HttpServerLauncher.reg-
ister 函数调用
     * @param handler 参数被 HttpServer.register()内用反射调用被 RequestMapping 实例标注的函数
     */
    public func toMeta(handler: (HttpContext, Bool, PathPattern) -> Unit): RequestMeta{
        RequestMeta(
            consumes:this.consumes.split(','),
            produces:this.produces.split(','),
            ignoreAuth:this.ignoreAuth,
            ignorePrivilege:this.ignorePrivilege,
            method:this.method,
            path:this.path,
            handler: handler
        )
    }
}
/**
 * 每个请求方法一个 RequestMapping 的子类
 */
@Annotation[target: [MemberFunction]]
public class PostMapping <: RequestMapping{
    public const init(
        consumes!: String ='',
        produces!: String ='',
        ignoreAuth!:Bool = false,
        ignorePrivilege!:Bool = false,
        path!: String =""
    ){
        super(consumes: consumes,
              produces: produces,
              ignoreAuth: ignoreAuth,
              ignorePrivilege: ignorePrivilege,
              path: path,
              method: POST)
    }
}
```

本项目的 utility.http 包内还为各种提取请求参数的场景定义了相关注解，比如@PathVariable（从 URL 路径提取参数）、@RequestHeader（从请求头提取参数）、@RequestParam（从表单参数提取参数）。由于它们的逻辑大同小异，程序清单 12-7 只展示@PathVariable 的实现。

程序清单 12-7：012/user/utility/src/http/PathVariable.cj

```
@Annotation[target: [Parameter]]
public class PathVariable {
```

```
    public const PathVariable(
        //路径参数名,即被 RequestMapping 的注解定义的 path 属性字符串内用{}包含的部分,默认是函数参
数名
        private let name!: String = ''
    ) {}
    public func getString(paramName: String, path: String, pattern: PathPattern): String {
        let name = if (name.isEmpty()) {
            paramName
        }else {
            name
        }
        pattern.extractVariableInPath(path, name).getOrThrow{HttpMappingException('path
variable ${name} is not found}.')}
    }
    public func get<T>(paramName: String, path: String, pattern: PathPattern): T where T <:
Parsable<T> {
        match (getString(paramName, path, pattern)) {
            case x: T => x
            case x => T.tryParse(x).getOrThrow{HttpMappingException(
                    'path variable ${name} cannot be parsed to ${TypeInfo.of<T>()}')}
        }
    }
    public func get(paramName: String, path: String, pattern: PathPattern, typeInfo: TypeIn-
fo): Any{
        if(typeInfo == TypeInfo.of<String>()){
            getString(paramName, path, pattern)
        }else if(typeInfo == TypeInfo.of<Int64>()){
            get<Int64>(paramName, path, pattern)
        }else if(typeInfo == TypeInfo.of<Float64>()){
            get<Float64>(paramName, path, pattern)
        }else if(typeInfo == TypeInfo.of<Bool>()){
            get<Bool>(paramName, path, pattern)
        }else{
            throw HttpMappingException('type of controller function param ${paramName} does
not support yet.')
        }
    }
}
```

12.4.6 启动 http 服务

现在万事具备，我们还需要一段代码把所有的 http 请求元数据和处理逻辑注册到前面提到的 HttpRequestDistributor，见程序清单 12-8。

程序清单 12-8：012/user/utility/src/http/HttpServerLauncher.cj

```
//注册 http 请求
public static func register<T>() {
    match (TypeInfo.of<T>()) {
```

```
        case x: ClassTypeInfo => for (f in x.instanceFunctions) {
            for (mapping in f.annotations) {
                match (mapping) {
                    case m: RequestMapping =>//找到类型是 RequestMapping 的注解实例,把它们和被它
们注解的函数注册到 HttpRequestDistributor
                        let params = f.parameters
                        register(m) {//尾闭包是 http 请求处理逻辑
                            ctx, headOnly, pattern =>
                            let actuals = Array<Any>(params.size) {
                                i =>
                                let param = params[i]
                                let name = param.name
                                let typeInfo = param.typeInfo
                                for (annotation in param.annotations) {
                                    match (annotation) {//参数提取逻辑
                                        case x: PathVariable => return x.get(name, ctx.re-
quest.url.path, pattern,
                                            typeInfo)
                                        case x: RequestHeader => return x.get(name, ctx.re-
quest.headers, typeInfo)
                                        case x: RequestParam => return x.get(name, ctx.re-
quest.form, typeInfo)
                                        case _ => ()
                                    }
                                }
                                if(typeInfo == HTTP_CONTEXT_TYPE){
                                    return ctx
                                }else if(typeInfo == HTTP_HEADERS_TYPE){
                                    return ctx.request.headers
                                }else if(typeInfo == FORM_TYPE){
                                    return ctx.request.form
                                }else if(typeInfo == HTTP_REQUEST_TYPE){
                                    return ctx.request
                                }else if(typeInfo == HTTP_RESPONSE_BUILDER_TYPE){
                                    return ctx.responseBuilder
                                }
                                ()
                            }
                            match (f.apply(x.construct(), actuals)) {//响应处理逻辑,一般是把
controller 函数返回值作为响应体
                                case x: InputStream => ctx.responseBuilder.body(x)
                                case x: Array<Byte> => ctx.responseBuilder.body(x)
                                case x: String => ctx.responseBuilder.body(x)
                                case x: ToString => ctx.responseBuilder.body(x.toString())
                                case x: Unit => ()
                                case _ => HttpStatusOnlyHandler(HttpStatus.INTERNAL_SERVER
_ERROR,
                                    message:'returned type of controller function is illegal
').handle(ctx)
```

```
                            }
                            ()
                        }
                    case _ => ()
                }
            }
        }
        case _ => throw HttpMappingException('class which attempts to register as a con-
troller must be a class')
    }
}
//启动服务
public static func launch() {
    initial_.store(true)
    server.serve()
}
```

12.4.7 初始化 controller

初始化 controller 就是实例化 controller 类，并把 controller 类内被 RequestMapping 标注的实例成员函数作为请求执行逻辑注册到 HttpRequestDistributor 的过程。前面已经介绍过注册的过程，程序清单 12-9 的代码展示了实例化 controller 的宏。

程序清单 12-9：012/user/utility/src/http/macros/Controller.cj

```
public macro Controller(input: Tokens): Tokens {
    let decl = parseDecl(input)
    match (decl) {
        case d: ClassDecl => quote(
                $input
                let _ = HttpServerLauncher.register<$(d.identifier)>()
            )//controller 作为泛型实参传入 register,register 函数内用反射实例化 controller 并得到
它的实例成员函数
        case _ =>
            diagReport(ERROR, input,'macro utility.http.Controller can only modify a class
decl', '')
            input
    }
}
```

12.4.8 初始化数据库连接

本项目采用仓颉团队提供的 MySQL 驱动（该项目是对 MySQL C++驱动的薄封装）访问 MySQL。相关的链接库文件在项目的 012/user/lib 目录下。

数据库相关的核心类型在 012/user/utility/db/SqlExecutor.cj，类型 SqlExecutor 的实例维持着一个数据库连接，每次访问数据库都会创建一个新的 SqlExecutor 实例，也就随之从 Datasource 获取一个数据库连接。SqlExecutor 声明见程序清单 12-10。

程序清单 12-10：012/user/utility/src/db/SqlExecutor.cj

```
public class SqlExecutor <: Resource & RootDAO {
    private static var datasource_: Datasource = NoneDatasource.instance
    public mut static prop datasource: Datasource {//从外部接收 Datasource 实例
        get() {
            datasource_
        }
        set(value) {
            if (datasource_ is NoneDatasource) {
                datasource_ = value
                Process.current.atExit{
                    value.close()
                }
            }else {
                throw DBException('datasource has be specified for utility.db.SqlExecutor')
            }
        }
    }
    private static let blankRegex = Regex(#'\s{2,}'#)//用于删除 sql 串内多余的空白符
    private static let current = ThreadLocal<SqlExecutor>()//确保当前事务内多次获取的 SqlExecu-
tor 实例是同一个

    private var sql_ = String.empty//sql 串
    private let args = ArrayList<SqlDbType>()//sql 参数
    private var _connection_: Connection = newConnection()//获取连接
    private var tx = None<Transaction>//事务实例
    private init() {}
    //sql
    private mut prop sql: String
  //获取 SqlExecutor
    public static func getInstance(): SqlExecutor {
        let exe = if (let Some(x) <- current/*: ThreadLocal<SqlExecutor>*/.get()) {
            x
        }else {
            let e = SqlExecutor()
            current.set(e)
            e
        }
        if (!(exe._connection_ is NoneConnection)) {//检查连接状态
            match (exe._connection_.state) {
                case Closed => exe._connection_ = NoneConnection.instance
                case Broken =>
                    try {
                        exe._connection_.close()
                    }catch (_) {}
                    exe._connection_ = NoneConnection.instance
                case _ => ()
            }
        }
```

```
        exe
    }
            //返回自身
    public prop executor: SqlExecutor
    //创建数据库连接
    private static func newConnection(): Connection
//获取当前实例维持的数据库连接
    private prop connection: Connection {
        get() {
            while (!(this._connection_ is NoneConnection)) {//当前连接不是 NoneConnection 才进
入循环
            //NoneConnection 是本包的 Connection 实现,这个实例不做任何事
                match (this._connection_.state) {
                    case Connecting => //一直循环,直到不再是 Connecting
                        continue
                    case Connected => //状态是已连接立即返回这个连接
                        return this._connection_
                    case Closed => //连接已关闭,抛出异常
                        throw DBException('connection is closed')
                    case Broken => //连接断开,关闭连接并抛出异常
                        try {
                            this._connection_.close()
                        }catch (_) {}
                        throw DBException('connection is broken')
                }
            }
            this._connection_ = newConnection()
            this.connection
        }
    }
    //....more
    }
```

12.4.9 启动事务

SqlExecutor 函数接收一个包含业务逻辑的尾闭包，这个函数负责事务的启动、提交、回滚，实现如程序清单 12-11 所示。

程序清单 12-11：012/user/utility/src/db/SqlExecutor.cj

```
//执行 update delete insert
private func execute<T>(extract: (UpdateResult) -> T): T {
    execute<T>(false) {//仅执行一条 sql,通常是 DAO 调用
        let result = statement.update(args.toArray())
        extract(result)
    }
}
public func execute<T>(tx: Bool, executor: () -> T): T {
    try {
```

```
        if (tx) {//要启动事务,通常 Service 会执行此分支
            try {
                newTxAndBegin()//启动事务
                let r = executor()//执行逻辑
                commit()//提交
                r
            }catch (e1: Exception) {
                try {
                    e1.printStackTrace()
                    rollback()//回滚
                }catch (e2: Exception) {
                    let e = DBException(e2)
                    e.addSuppressed(e1)
                    throw e
                }
                if (e1 is DBException) {
                    throw e1
                }
                throw DBException(e1)
            }
        }else {//不启动事务,通常 DAO 会执行此分支
            executor()
        }
    }finally {
        args.clear()
        sql = String.empty
    }
}
```

为了方便开发，减少代码量，为事务管理提供了一个宏见程序清单 12-12。

程序清单 12-12：012/user/utility/src/db/macros/Transactional.cj

```
//用于标注 Service 函数,被标注的函数所在类型必须实现了 utility.db.RootService
public macro Transactional(input: Tokens): Tokens {
    match(parseDecl(input)){
        case x: FuncDecl => //本宏只接收函数声明
            let expr/*尾闭包表达式*/ = TrailingClosureExpr(quote(
                executor.execute(true) $(x.block)
            ))//把函数体的 Block 作为 execute 的尾闭包
            x.block.nodes.clear()//清空原函数体
            x.block.nodes.append(expr)//把尾闭包表达式作为新的 Service 函数体
            let tokens = quote($x)
            return tokens
        case x => diagReport(ERROR, input, 'Transactional accept func decl only, but ${x.iden-
tifier.value} is ${TypeInfo.of(x)}', '')
    }
    quote()
}
```

12.4.10 定义 DAO

按照通常的习惯，我们会把 DAO 声明为一个接口和一个接口的实现。这个实现可以是开发者自己编写代码，或者由框架按照配置在运行时生成。不过我们不必囿于这一种形式，由于仓颉的接口可以有默认实现结合接口扩展特性，可以把 DAO 接口作为 SqlExecutor 的扩展，见程序清单 12-13。

程序清单 12-13：012/user/utility/src/db/macros/DAO.cj。

```
//用于标注 DAO 接口,被标注的接口必须继承 utility.db.RootDAO
public macro DAO(input: Tokens): Tokens {
    match(parseDecl(input)){
        case x: InterfaceDecl =>
            return quote(
                $x
                extend SqlExecutor <: $(x.identifier) {}
            )
        case x => diagReport(ERROR, input, 'DAO accept interface decl only, but ${x.identifi-
er.value} is ${TypeInfo.of(x)}', '')
    }
    quote()
}
```

12.4.11 业务功能

前面介绍了一堆工具代码的实现，基本实现了一个功能不完全但是勉强可用的 MVC 和 ORM。其中 MVC 部分没有实现不同数据类型的支持，也不支持把请求参数填充到类型实例的成员。ORM 部分只实现了数据库连接和增删改查，没有实现动态 sql 和数据映射，也没有提供事务传播、事务隔离级别等特性。此外，实例化的时候仍然需要开发者自己指定成员变量依赖的类型并实例化它们。要完整地实现这些功能需要几万行代码，远不是这样的 DEMO 级项目可以支撑的。本小节以用户登录和删除用户收藏为例，介绍这个项目的业务逻辑部分，详见下面的程序清单。

程序清单 12-14：012/user/src/controller/UserController.cj

```
@PostMapping[path: '/user/session', //用户路径
            produces:'application/json', //Content-Type
            ignoreAuth:true]//忽略登录检查,本项目没有权限检查的需求,HttpServerLauncher 默认持有
一个权限检查的空实现
    public func login(//分别从 form 参数获取请求参数
        @RequestParam name: String,
        @RequestParam password: String
    ){
        userService.login(name, password)
    }
```

程序清单 12-15：012/user/src/service/impl/UserServiceImpl.cj

```
private prop userFinder: (String) -> UserPO {
    get() {
```

```
            {
                name => executor/* : SqlExecutor */.findUser(name)
            }
        }
    }
    public func login(name: String, password: String): String {
        UserSessionEntity(name, password).login(userFinder).toString()
    }
```

提示

上面的程序清单有一个需要注意的问题：UserService 接口继承了 utility.db.RootService，executor 是 RootService 的属性，类型是 utility.db.SqlExecutor，而且 SqlExecutor 扩展了接口 UserDAO。不过即使 executor 属性可以在当前作用域访问，当前作用域内也必须同时明确导入 SqlExecutor 和 UserDAO 两个接口，这个 SqlExecutor 的 UserDAO 接口扩展才能生效。其他的 SqlExecutor 扩展也是如此，不再赘述。如果一个扩展还有泛型约束，泛型约束类型也必须在当前作用域导入，扩展才能生效。

程序清单 12-16：012/user/src/dao/UserDAO.cj

```
    @DAO//展开后 SqlExecutor 就扩展了 UserDAO,一个 Service 实现可能会依赖多个 DAO,所以务必确保各 DAO 的
函数不要有相同声明,最好不要重名
    public interface UserDAO <: RootDAO {
        //....MORE
        func findUser(name: String): UserPO {
            let row: Array<SqlDbType> = [SqlBigInt(0), SqlVarchar(''), SqlVarchar('')]
            executor/* : SqlExecutor */.setSql(//executor 是 RootDAO 的属性
                '''
                select 'id',
                       'name',
                       'password'
                from favorite_user_info
                where 'name' = ?
                limit1'''
            ).setArg(SqlVarchar(name)).query.next(row)
            UserPO(id: (row[0] as SqlBigInt)?.value ?? 0, name: (row[1] as SqlVarchar)?.value ??'
', password: (row[2] as SqlVarchar)?.value ??'')
        }
    }
```

程序清单 12-17：012/user/src/controller/FavoriteController.cj

```
    //检查登录状态
    @DeleteMapping[path: '/user/favorite/{id}', produces: 'application/json', ignoreAuth:
false]
    public func delete(
        @RequestHeader[name: 'User-ID'] userId: Int64,//检查登录状态后,会把 JWT 里的 usreId 提取出来
填到请求头 User-ID
        @PathVariable id: Int64//从请求路径提取请求参数
```

```
){
    favoriteService.delete(userId, id)
}
```

程序清单 12-18：012/user/src/service/impl/FavoriteServiceImpl.cj

```
@Transactional
public func delete(userId: Int64, id: Int64): String{
    executor.deleteFavorite(userId, id)
    let json = JsonObject()
    json.put('status', JsonInt(1))
    json.toString()
}
```

程序清单 12-19：012/user/src/dao/FavoriteDAO.cj

```
@DAO
public interface FavoriteDAO <: RootDAO {
    func deleteFavorite(userId: Int64, id: Int64) {
        executor.setSql(
          '''
        delete
          from favorite
        where user_id = ?
            and id = ?
        ''')
        .setArgs(SqlBigInt(userId), SqlBigInt(id)).delete
    }
}
```

12.4.12 启动项目

本项目的介绍来到了最后的启动部分。前面的章节已经提到，仓颉源代码如果要编译成可执行文件必须有一个 main 函数，进程启动时 main 函数就是功能的入口。

仓颉可执行项目的 main 函数必须在项目的 src 目录下。本项目的 main 函数代码见程序清单 12-2。

程序清单 12-20：012/user/src/main.cj

```
package user
//不论项目的编译目标是什么,src 目录下都要有一个文件,即使这个文件什么也不做,也要有一行包声明
//这个包就是模块名,也就是项目名
import mysqlclient_ffi.*
import user.controller.*
import utility.db.SqlExecutor
import utility.http.HttpServerLauncher
import user.util.authChecker

main() {
    println('user server starting...')
    //初始化数据库驱动,本项目仅仅是一个 DEMO,没有采用连接池
    SqlExecutor.datasource = MysqlDriver("mysql").open(
```

```
        "HOST=127.0.0.1;USER=root;PASSWD=xxxxxx;DB=favorite;PORT=3306;UNIX_SOCKET=;
CLIENT_FLAG=0",
        []
    )
    HttpServerLauncher.authChecker = authChecker//注册登录检查逻辑
    //HttpServerLauncher 内部默认持有一个空的登录检查和权限检查实现,这两个实现什么也不做,仅仅是返回 true
    HttpServerLauncher.launch()
}
```

12.4.13 可执行文件加载链接库

本章的 utility 如果是编译为静态链接库供主项目使用，就不需要考虑这个问题，如果编译为动态链接库就需要做一些额外的工作了。除了主项目使用 ModuleInfo 从指定路径在运行期加载以外，还可以采用以下方式。

1. Linux 系统

1）将动态链接库复制到环境变量 LD_LIBRARY_PATH 指定的路径，可执行文件可自动找到所需的动态链接库。

2）一个简单做法就是使用 sh -c LD_LIBRARY_PATH="/each/dirpath/of/dynamic/libs"：$ LD_LIBRARY_PATH "/path/of/cangjie/executable/file"。

3）在启动脚本内使用 export 命令指定环境变量 LD_LIBRARY_PATH，这个环境变量可以确保仅在当前脚本内生效，从而不影响其他应用程序。

4）在/etc/ld.so.conf 指定动态链接库路径。

5）将动态链接库复制到/lib 或/usr/lib。

2. Windows 系统

1）动态链接库跟可执行文件在同一个目录下。

2）使用 manifest 指定动态链接库。

3）将动态链接库添加到环境变量 PATH。

4）将动态链接库路径添加到注册表项 HKEY_LOCAL_MACHINE\SYSTEM\CurrentControlSet\Control\Session Manager\KnownDLLs。

5）将动态链接库复制到 C:\Windows\System32。

3. macOS

1）编译目标代码时指定搜索路径。

2）将动态链接库路径加入环境变量 LD_LIBRARY_PATH。

3）在/etc/ld.so.conf 指定动态链接库路径

4）将动态链接库复制到/lib 或/usr/lib。

12.5 本章知识点总结和思维导图

本章以一个完整的项目，介绍了仓颉开发工具链的常用参数、项目目录结构、仓颉进程垃圾回收的调优参数，以及一个 RESTful 服务的简单工具库和 JWT 实现。关于垃圾回收，大部分时候默认参数足够满足需求，当默认参数不能满足性能要求时，再考虑修改垃圾回收参数。图 12-9 为本章知识要点。

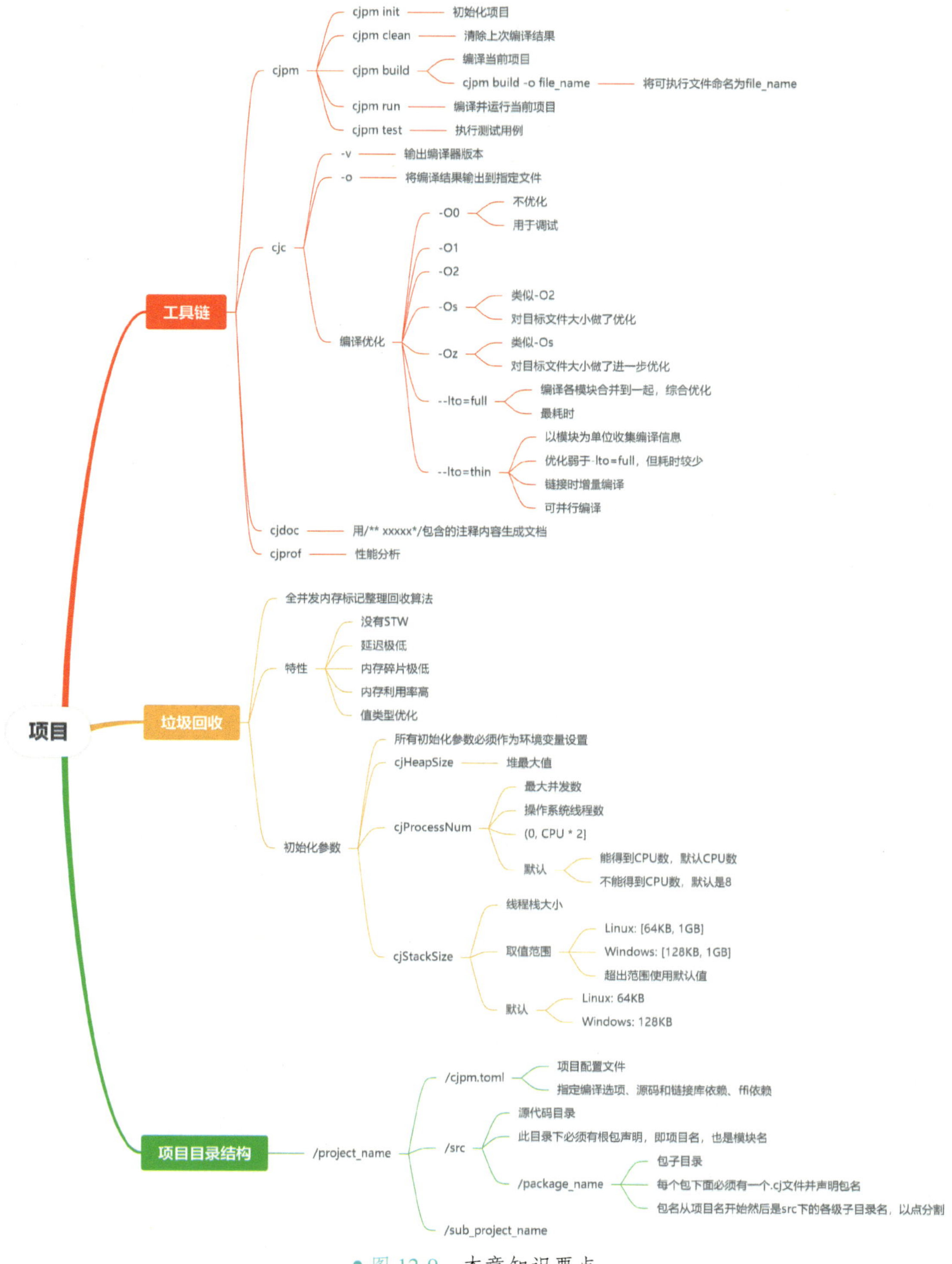

图 12-9　本章知识要点

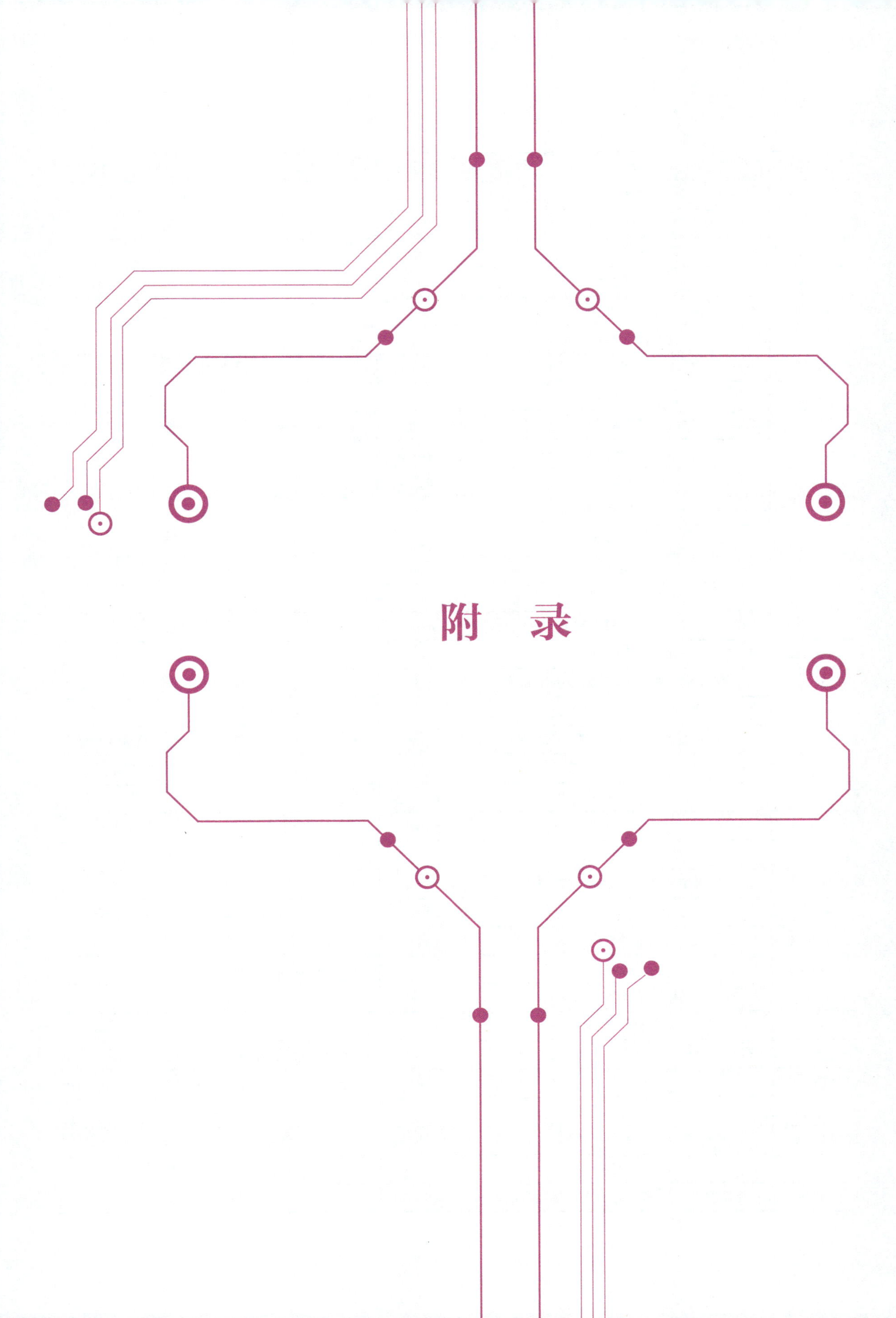

附 录

附录 A　关键词

关键词	说　　明	关键词	说　　明
as	类型转换	abstract	抽象类声明
break	退出循环	Bool	布尔型
case	match 分支	catch	捕获异常
class	声明类	const	声明常量
continue	立即下次循环	Rune	字符型
do	do-while 循环开始	else	分支表达式尾
enum	声明枚举	extend	声明扩展
for	遍历 Iterable<T>	func	声明函数
false	布尔假值	finally	try 表达式最后执行块
foreign	C 函数声明	Float16	半精度浮点数
Float32	单精度浮点数	Float64	双精度浮点数
if	分支表达式开头	in	for 循环
is	判定类型	init	声明一般构造函数
import	导入	interface	声明接口
Int8	一字节有符号整型	Int16	二字节有符号整型
Int32	四字节有符号整型	Int64	八字节有符号整型
IntNative	依赖平台的有符号整型	let	声明不可变量
mut	声明可写属性或可写的结构体函数	main	进程入口函数
macro	声明宏和宏所在的包	match	模式匹配表达式
Nothing	所有类型的子类型，没有具体值	open	声明可继承的类或可覆盖的实例成员函数和属性
operator	声明重载操作符	override	声明覆盖父类的实例成员函数或属性
prop	声明属性	public	全局可见
package	声明包	private	当前文件或当前类型内可见
protected	当前模块或子类可见	quote	生成 Tokens 的表达式
redef	重定义父类静态属性或函数	return	函数返回
spawn	创建并启动一个线程	super	访问父类实例成员或调用父类构造函数
static	声明静态成员	struct	声明结构体
synchronized	同步块	try	捕获表达式开头或自动关闭资源
this	访问当前类型实例成员	true	布尔型真值
type	声明类型别名	throw	抛出异常
This	作为实例成员函数返回类型，指当前类型	unsafe	声明不安全的函数或属性，FFI 调用必须在 unsafe 块内
Unit	Unit 类型	UInt8	一字节无符号整型
UInt16	二字节无符号整型	UInt32	四字节无符号整型
UInt64	八字节无符号整型	UIntNative	依赖平台的无符号整型
var	声明可变量	VArray	声明值类型数组，用于 ffi
where	泛型约束、for 和 case 分支的逻辑表达式	while	while 循环

附录 B　操作符

操作符	优先级	含　　义	结合方向
@	0	宏调用，注解标注	右结合
.	1	成员访问	左结合
[ ]	1	索引	左结合
( )	1	函数调用	左结合
++	2	自增	无
--	2	自减	无
?	2	结合 . 或 [ ] 访问 Option 泛型实参的成员或索引	无
!	3	位反、逻辑非	右结合
-	3	取相反数	右结合
**	4	幂运算	右结合
*，/	5	乘法，除法	左结合
%	5	取模	左结合
+，-	6	加法，减法	左结合
<<	7	整型左移位	左结合
>>	7	整型右移位	左结合
..	8	前闭后开区间字面值	无
..=	8	前闭后闭区间字面值	无
<	9	小于	无
<=	9	小于等于	无
>	9	大于	无
>=	9	大于等于	无
is	9	类型检查	无
as	9	类型转换	无
==	10	等于	无
!=	10	不等于	无
&	11	整型位与	左结合
^	12	整型位异或	左结合
|	13	整型位或	左结合
&&	14	逻辑与	左结合
||	15	逻辑或	左结合
??	16	对 Option 取值，取 Some 的值或?? 的右值	右结合
|>	17	函数调用管道	左结合
~>	17	函数组合	左结合
=	18	赋值	无
**=	18	左**右，计算乘方后再为左值赋值	无
*=	18	左*右，结果为左值赋值	无

（续）

操作符	优先级	含　　义	结合方向
/=	18	左/右，结果为左值赋值	无
%=	18	左%右，结果为左值赋值	无
+=	18	左+右，结果为左值赋值	无
-=	18	左-右，结果为左值赋值	无
<<=	18	左<<右，结果为左值赋值	无
>>=	18	左>>右，结果为左值赋值	无
&=	18	左 & 右，结果为左值赋值	无
^=	18	左^右，结果为左值赋值	无
|=	18	左 | 右，结果为左值赋值	无
&&=	18	左 && 右，结果为左值赋值	无
||=	18	左 || 右，结果为左值赋值	无

附录 C　操作符函数

操作符	声　　明
[ ](索引取值)	operator func[ ](index1: T1, index2: T2,...): R
[ ](索引赋值)	operator func[ ](index1: T1, index2: T2,..., value!: V): R
( )	operator func( )(param1: P1, param2: P2,...): R
!	operator func!(): R
**	operator func **(right: T): R
*	operator func *(right: T): R
/	operator func/(right: T): R
%	operator func%(right: T): R
+	operator func+(right: T): R
-	operator func-(right: T): R
<<	operator func<<(right: T): R
>>	operator func>>(right: T): R
<	operator func<(right: T): R
<=	operator func<=(right: T): R
>	operator func>(right: T): R
>=	operator func>=(right: T): R
==	operator func==(right: T): R
!=	operator func!=(right: T): R
&	operator func&(right: T): R
^	operator func^(right: T): R
|	operator func|(right: T): R

附录 D　元编程 Token 类型列表——TokenKind

下面是 Token 元编程代码清单

```
public enum TokenKind <: ToString {
    DOT |                   /*  "."     */
    COMMA |                 /*  ","     */
    LPAREN |                /*  "("     */
    RPAREN |                /*  ")"     */
    LSQUARE |               /*  "["     */
    RSQUARE |               /*  "]"     */
    LCURL |                 /*  "{"     */
    RCURL |                 /*  "}"     */
    EXP |                   /*  "**"    */
    MUL |                   /*  "*"     */
    MOD |                   /*  "%"     */
    DIV |                   /*  "/"     */
    ADD |                   /*  "+"     */
    SUB |                   /*  "-"     */
    INCR |                  /*  "++"    */
    DECR |                  /*  "--"    */
    AND |                   /*  "&&"    */
    OR |                    /*  "||"    */
    COALESCING |            /*  "??"    */
    PIPELINE |              /*  "|>"    */
    COMPOSITION |           /*  "~>"    */
    NOT |                   /*  "!"     */
    BITAND |                /*  "&"     */
    BITOR |                 /*  "|"     */
    BITXOR |                /*  "^"     */
    BITNOT |                /*  "~"     */
    LSHIFT |                /*  "<<"    */
    RSHIFT |                /*  ">>"    */
    COLON |                 /*  ":"     */
    SEMI |                  /*  ";"     */
    ASSIGN |                /*  "="     */
    ADD_ASSIGN |            /*  "+="    */
    SUB_ASSIGN |            /*  "-="    */
    MUL_ASSIGN |            /*  "*="    */
    EXP_ASSIGN |            /*  "**="   */
    DIV_ASSIGN |            /*  "/="    */
    MOD_ASSIGN |            /*  "%="    */
    AND_ASSIGN |            /*  "&&="   */
    OR_ASSIGN |             /*  "||="   */
    BITAND_ASSIGN |         /*  "&="    */
    BITOR_ASSIGN |          /*  "|="    */
    BITXOR_ASSIGN |         /*  "^="    */
    LSHIFT_ASSIGN |         /*  "<<="   */
    RSHIFT_ASSIGN |         /*  ">>="   */
    ARROW |                 /*  "->"    */
    BACKARROW |             /*  "<-"    */
    DOUBLE_ARROW |          /*  "=>"    */
    RANGEOP |               /*  ".."    */
```

```
CLOSEDRANGEOP |           /*  "..="          */
ELLIPSIS |                /*  "..."          */
HASH |                    /*  "#"            */
AT |                      /*  "@"            */
QUEST |                   /*  "?"            */
LT |                      /*  "<"            */
GT |                      /*  ">"            */
LE |                      /*  "<="           */
GE |                      /*  ">="           */
IS |                      /*  "is"           */
AS |                      /*  "as"           */
NOTEQ |                   /*  "!="           */
EQUAL |                   /*  "=="           */
WILDCARD |                /*  "_"            */
INT8 |                    /*  "Int8"         */
INT16 |                   /*  "Int16"        */
INT32 |                   /*  "Int32"        */
INT64 |                   /*  "Int64"        */
INTNATIVE |               /*  "IntNative"    */
UINT8 |                   /*  "UInt8"        */
UINT16 |                  /*  "UInt16"       */
UINT32 |                  /*  "UInt32"       */
UINT64 |                  /*  "UInt64"       */
UINTNATIVE |              /*  "UIntNative"   */
FLOAT16 |                 /*  "Float16"      */
FLOAT32 |                 /*  "Float32"      */
FLOAT64 |                 /*  "Float64"      */
RUNE |                    /*  "Rune"         */
BOOLEAN |                 /*  "Bool"         */
NOTHING |                 /*  "Nothing"      */
UNIT |                    /*  "Unit"         */
STRUCT |                  /*  "struct"       */
ENUM |                    /*  "enum"         */
VARRAY |                  /*  "VArray"       */
THISTYPE |                /*  "This"         */
PACKAGE |                 /*  "package"      */
IMPORT |                  /*  "import"       */
CLASS |                   /*  "class"        */
INTERFACE |               /*  "interface"    */
FUNC |                    /*  "func"         */
MACRO |                   /*  "macro"        */
QUOTE |                   /*  "quote"        */
DOLLAR |                  /*  "$"            */
LET |                     /*  "let"          */
VAR |                     /*  "var"          */
CONST |                   /*  "const"        */
TYPE |                    /*  "type"         */
INIT |                    /*  "init"         */
THIS |                    /*  "this"         */
```

```
SUPER |                     /*  "super"          */
IF |                        /*  "if"             */
ELSE |                      /*  "else"           */
CASE |                      /*  "case"           */
TRY |                       /*  "try"            */
CATCH |                     /*  "catch"          */
FINALLY |                   /*  "finally"        */
FOR |                       /*  "for"            */
DO |                        /*  "do"             */
WHILE |                     /*  "while"          */
THROW |                     /*  "throw"          */
RETURN |                    /*  "return"         */
CONTINUE |                  /*  "continue"       */
BREAK |                     /*  "break"          */
IN |                        /*  "in"             */
NOT_IN |                    /*  "! in"           */
MATCH |                     /*  "match"          */
WHERE |                     /*  "where"          */
EXTEND |                    /*  "extend"         */
WITH |                      /*  "with"           */
PROP |                      /*  "prop"           */
STATIC |                    /*  "static"         */
PUBLIC |                    /*  "public"         */
PRIVATE |                   /*  "private"        */
PROTECTED |                 /*  "protected"      */
OVERRIDE |                  /*  "override"       */
REDEF |                     /*  "redef"          */
ABSTRACT |                  /*  "abstract"       */
SEALED |                    /*  "sealed"         */
OPEN |                      /*  "open"           */
FOREIGN |                   /*  "foreign"        */
INOUT |                     /*  "inout"          */
MUT |                       /*  "mut"            */
UNSAFE |                    /*  "unsafe"         */
OPERATOR |                  /*  "operator"       */
SPAWN |                     /*  "spawn"          */
SYNCHRONIZED |              /*  "synchronized    */
UPPERBOUND |                /*  "<:"             */
MAIN |                      /*  "main"           */
IDENTIFIER |                /*  "x"              */
PACKAGE_IDENTIFIER |        /*  "x-y"            */
INTEGER_LITERAL |           /*  e.g. "1"         */
RUNE_BYTE_LITERAL |         /*  e.g. "b'x'"      */
FLOAT_LITERAL |             /*  e.g. "'1.0'"     */
COMMENT |                   /*  e.g. "//xx"      */
NL |                        /*  newline          */
END |                       /*  end of file      */
SENTINEL |                  /*  ";"              */
RUNE_LITERAL |              /*  e.g. "r'x'"      */
```

```
    STRING_LITERAL |          /*  e.g. ""xx""              */
    JSTRING_LITERAL |         /*  e.g. "J"xx""             */
    MULTILINE_STRING |        /*  e.g. """"aaa""""         */
    MULTILINE_RAW_STRING |    /*  e.g. "#"aaa"#"           */
    BOOL_LITERAL |            /*  "true" or "false"        */
    UNIT_LITERAL |            /*  "()"                     */
    DOLLAR_IDENTIFIER |       /*  e.g. "$x"                */
    ANNOTATION |              /*  e.g. "@When"             */
    ILLEGAL
}
```

附录 E　仓颉基本特性分解图

图 E-1~图 E-11 为仓颉编程语言相关基本特性分解图。

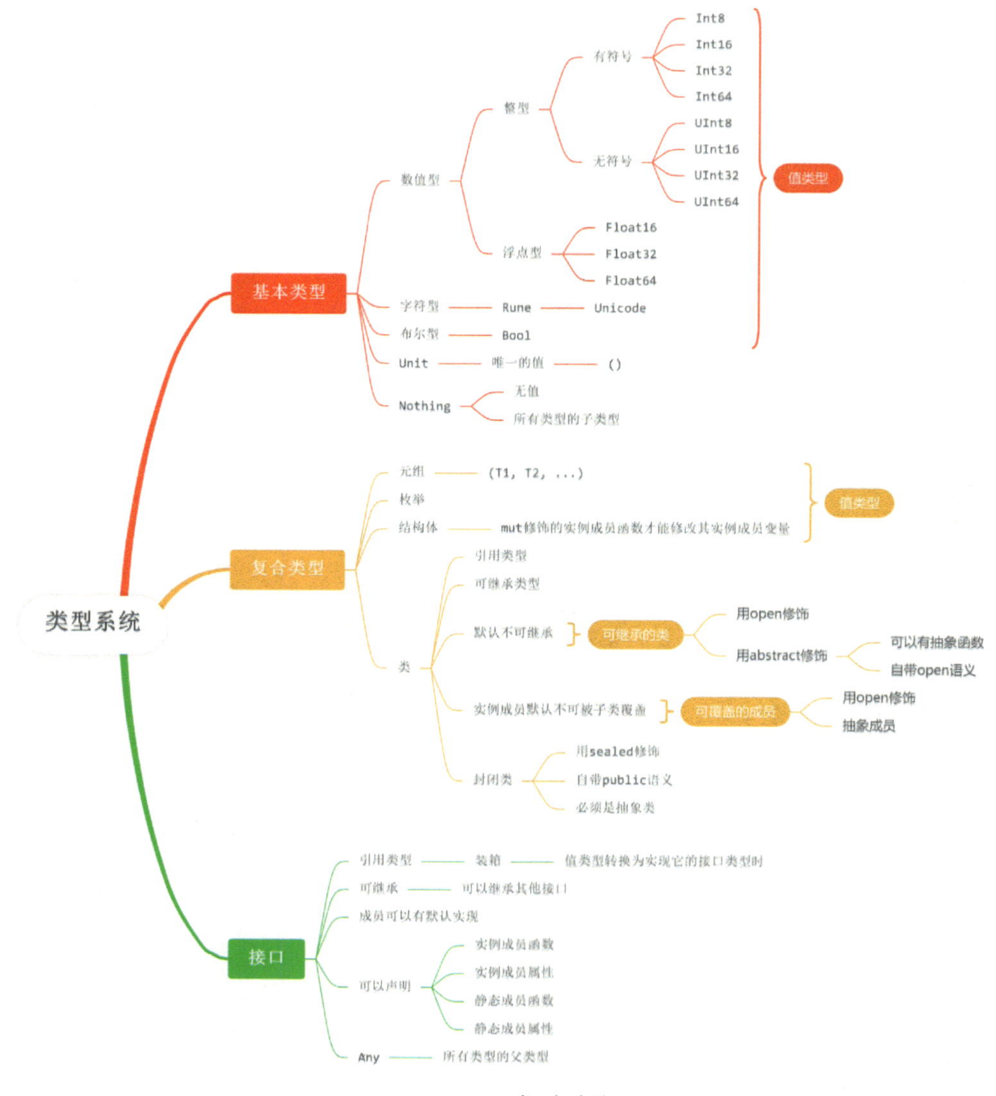

图 E-1　类型系统

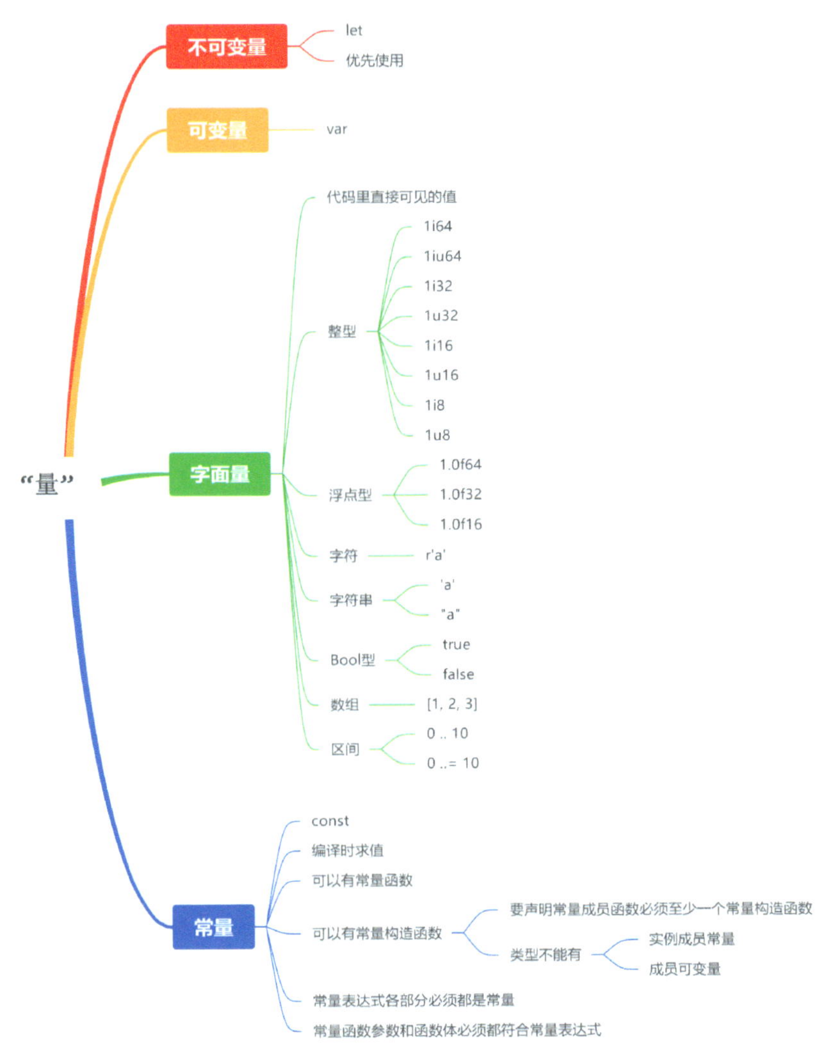
不可变量
let
优先使用
可变量
var
字面量
代码里直接可见的值
整型
1i64
1iu64
1i32
1u32
1i16
1u16
1i8
1u8
浮点型
1.0f64
1.0f32
1.0f16
字符
r'a'
字符串
'a'
"a"
Bool型
true
false
数组
[1, 2, 3]
区间
0 .. 10
0 ..= 10
"量"
常量
const
编译时求值
可以有常量函数
可以有常量构造函数
要声明常量成员函数必须至少一个常量构造函数
类型不能有
实例成员常量
成员可变量
常量表达式各部分必须都是常量
常量函数参数和函数体必须都符合常量表达式

● 图 E-2 仓颉的“量”

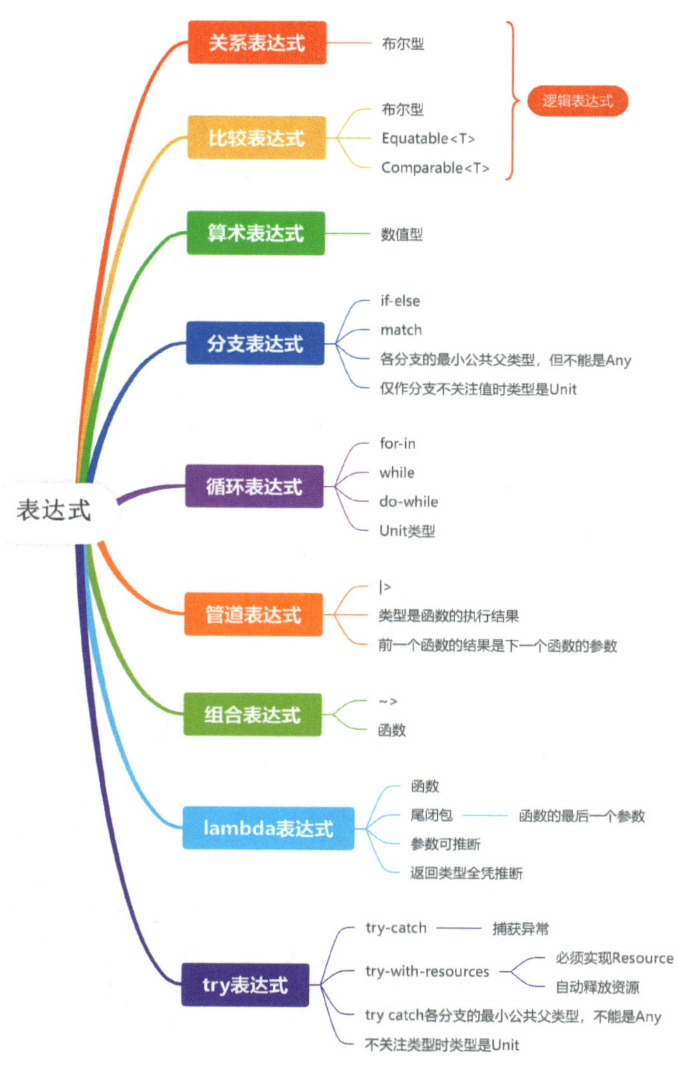
表达式
关系表达式
布尔型
比较表达式
布尔型
Equatable<T>
Comparable<T>
逻辑表达式
算术表达式
数值型
分支表达式
if-else
match
各分支的最小公共父类型，但不能是Any
仅作分支不关注值时类型是Unit
循环表达式
for-in
while
do-while
Unit类型
管道表达式
|>
类型是函数的执行结果
前一个函数的结果是下一个函数的参数
组合表达式
~>
函数
lambda表达式
函数
尾闭包
函数的最后一个参数
参数可推断
返回类型全凭推断
try表达式
try-catch
捕获异常
try-with-resources
必须实现Resource
自动释放资源
try catch各分支的最小公共父类型，不能是Any
不关注类型时类型是Unit

图 E-3　表达式

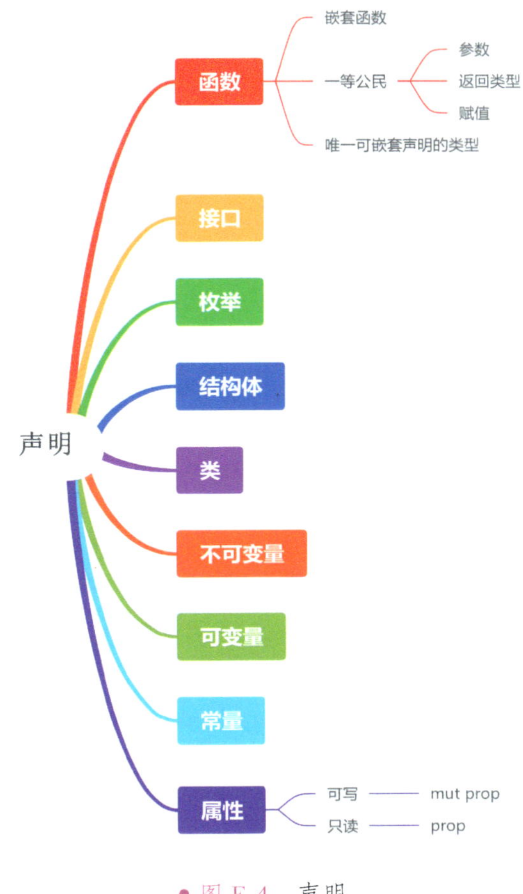
函数
嵌套函数
一等公民
参数
返回类型
赋值
唯一可嵌套声明的类型
接口
枚举
结构体
声明
类
不可变量
可变量
常量
属性
可写
mut prop
只读
prop

● 图 E-4 声明

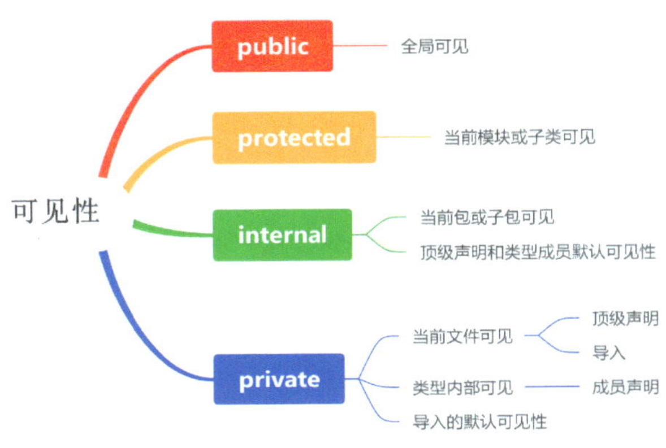
public
全局可见
protected
当前模块或子类可见
可见性
internal
当前包或子包可见
顶级声明和类型成员默认可见性
private
当前文件可见
顶级声明
导入
类型内部可见
成员声明
导入的默认可见性

● 图 E-5 可见性

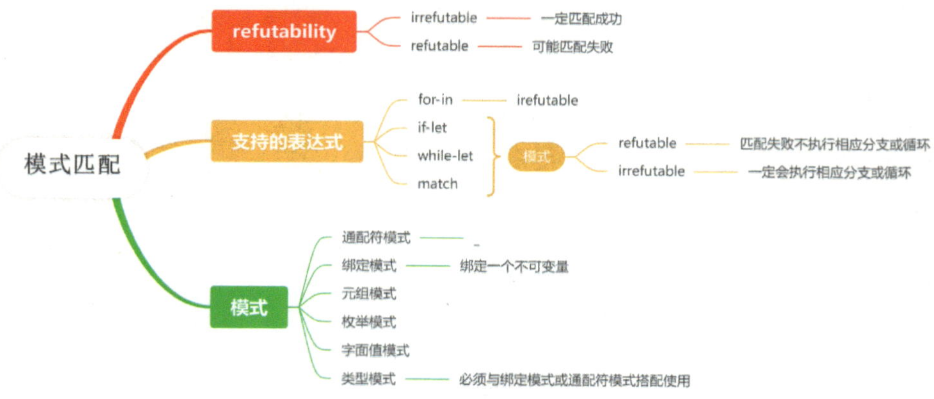

● 图 E-6 模式匹配

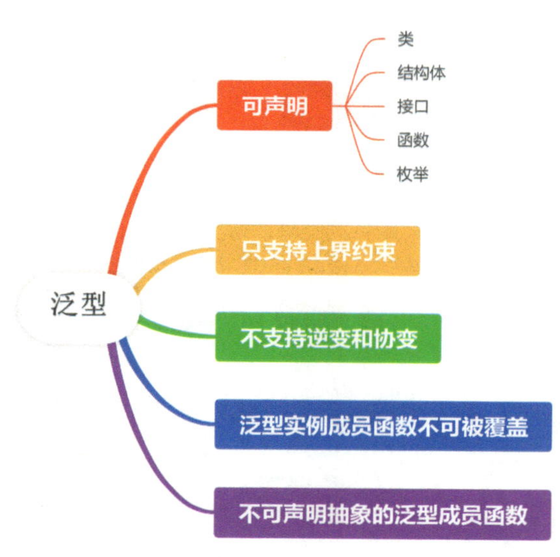

● 图 E-7 泛型

图 E-8 操作符重载

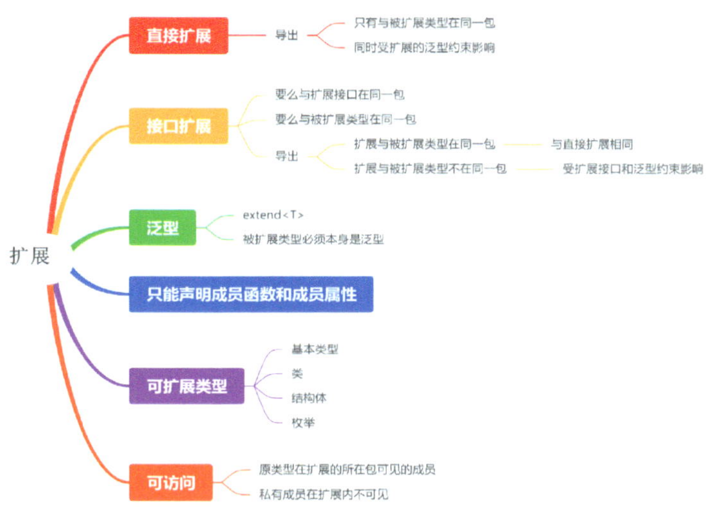

图 E-9 扩展

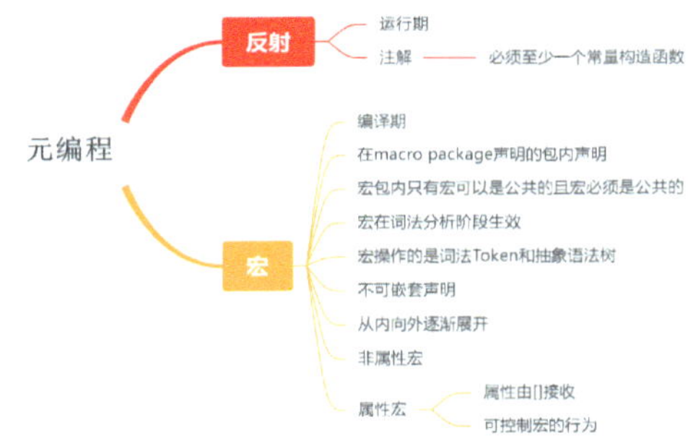

图 E-10 元编程

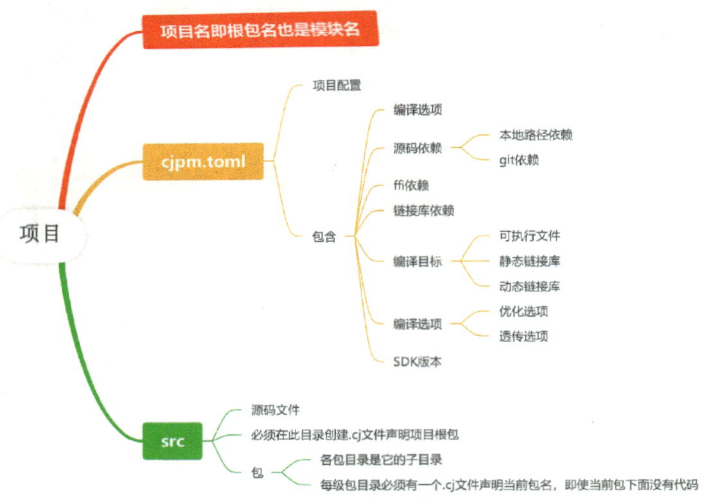
项目
项目名即根包名也是模块名
cjpm.toml
项目配置
包含
编译选项
源码依赖
本地路径依赖
git依赖
ffi依赖
链接库依赖
编译目标
可执行文件
静态链接库
动态链接库
编译选项
优化选项
透传选项
SDK版本
src
源码文件
必须在此目录创建.cj文件声明项目根包
包
各包目录是它的子目录
每级包目录必须有一个.cj文件声明当前包名，即使当前包下面没有代码

图 E-11　项目